高等院校“+互联网”系列精品教材

电子产品制造工艺

主编 梁 娜 王 薇

副主编 杨晓波 张国兵

主审 郝敏钗

電子工業出版社
Publishing House of Electronics Industry
北京·BEIJING

内 容 简 介

本书是在校企深度融合的基础上，由石家庄职业技术学院专任教师和石家庄数英仪器有限公司高级工程师共同编写完成。依据电子产品制造行业对技能型应用人才的能力需求，将全书设为6个项目，包括：认识电子产品及其生产企业；电子元器件的识别、检验及应用；通孔插装元器件的焊接；表面组装工艺及工艺文件编制；印制电路板的设计、制作与调试；电子产品的整机装配与调试。每个项目包含若干工作任务，并以学生感兴趣的电子产品或企业真实的生产任务为载体，按照任务提出、任务导学、知识准备、任务实施、任务评价、任务小结的流程实施教学。本书内容编排合理、生动有趣、图文并茂、资源丰富、通俗易懂、线上线下相结合，突出实践性和操作性。

本书为高等职业本专科院校电子信息类、自动化类、计算机类专业的教材，同时也可作为开放大学、成人教育、中职学校以及电子制造企业培训不同层次工程技术人员的参考用书。

本书配有免费的电子教学课件、微课视频等教学资源，详见前言。

图书在版编目（CIP）数据

电子产品制造工艺 / 梁娜，王薇主编. —北京：电子工业出版社，2019.6

全国高等院校“+互联网”系列精品教材

ISBN 978-7-121-34959-1

Ⅰ. ①电… Ⅱ. ①梁… ②王… Ⅲ. ①电子产品－生产工艺－高等职业教育－教材 Ⅳ. ①TN05

中国版本图书馆 CIP 数据核字（2018）第 199380 号

责任编辑：陈健德（E-mail：chenjd@phei.com.cn）

印　　刷：涿州市般润文化传播有限公司

装　　订：涿州市般润文化传播有限公司

出版发行：电子工业出版社

北京市海淀区万寿路 173 信箱　邮编　100036

开　　本：787×1 092　1/16　印张：11.75　字数：300.8 千字

版　　次：2019 年 6 月第 1 版

印　　次：2024 年 8 月第 8 次印刷

定　　价：42.00 元

凡所购买电子工业出版社图书有缺损问题，请向购买书店调换。若书店售缺，请与本社发行部联系，联系及邮购电话：（010）88254888，88258888。

质量投诉请发邮件至 zlts@phei.com.cn，盗版侵权举报请发邮件至 dbqq@phei.com.cn。

本书咨询联系方式：chenjd@phei.com.cn。

前　言

为贯彻落实教育部新的高等职业教育教学改革精神，石家庄职业技术学院与石家庄数英仪器有限公司深度合作，校企共建“校外生产性实训基地”，并启动了“以服务为宗旨、以就业为导向”的教学改革和教材建设，依托校外生产性实训基地的优势资源，借助“互联网+”的信息技术手段，开发建设了电子产品制造工艺课程项目化教学模式以及面向工程应用的专业教材。

本书由石家庄职业技术学院专任教师和石家庄数英仪器有限公司高级工程师共同编写完成。依据电子产品制造行业对技能型应用人才的能力需求，将全书设为 6 个项目，包括：项目 1 认识电子产品及其生产企业；项目 2 电子元器件的识别、检验及应用；项目 3 通孔插装元器件的焊接；项目 4 表面组装工艺及工艺文件编制；项目 5 印制电路板的设计、制作与调试；项目 6 电子产品的整机装配与调试。每一个项目包含若干工作任务，按照任务提出、任务导学、知识准备、任务实施、任务评价、任务小结的流程实施教学。本书力求突出下列特点。

(1) 对接企业，讲究实战。本书由校企合作共同完成，以学生感兴趣的电子产品或企业真实的生产任务为载体，以“理论够用、精讲多练”为原则，内容的组织极富操作性，使学生在实践中收获技能。

(2) 任务驱动，趣味性强。本书以完成一个个有趣、实用的工作任务为主线（如制作声控闪光灯、制作双音报警器等），通过任务驱动激发学生兴趣、引导教学过程。每一个任务都是一个完整的工作过程，学生在完成任务的过程中收获知识、提高能力、培养职业素养，为就业打下良好的基础。

(3) 资源丰富，便于教学。本书开发了丰富的教学资源，包括 54 个多媒体课件、56 个微课视频等资源，扫一扫书中的二维码可阅览或下载相应教学资源，方便了教学。本书对应的慕课已在“智慧职教 MOOC 学院”上线，并获评为“河北省职业教育精品在线开放课程”，学习者可加入课程在线学习（课程网址：https://mooc.icve.com.cn/course.html?cid=DZJSJ313711，或下载“云课堂智慧职教”移动端软件，随时随地学习）。

本书内容编排合理、生动有趣、图文并茂、资源丰富、通俗易懂、线上线下相结合，突出实践性和操作性。通过对本书的学习，学生能够了解电子产品生产企业，能够熟练地识别和检测常用的电子元器件，能够熟练地进行手工焊接，能够操作回流焊设备和波峰焊设备，能够制作印制电路板，能够进行电子产品的总装和调试，并可以考取“电子设备装接工”职业资格证书。

本书为高等职业本专科院校电子信息类、自动化类、计算机类专业的教材，同时也可作为开放大学、成人教育、中职学校以及电子制造企业培训不同层次工程技术人员的参考用书。

本书由石家庄职业技术学院梁娜副教授和王薇教授担任主编并统稿。具体编写分工如下：

王薇编写项目 1；梁娜编写项目 2 和项目 3；容海亮、刘瑞涛和李鑫分别编写项目 4 中的任务 4.1、任务 4.2 和任务 4.3；杨晓波编写项目 5；石家庄数英仪器有限公司高级工程师张国兵编写项目 6。本书内容由石家庄职业技术学院郝敏钗教授进行主审。本书得到了石家庄职业技术学院同行专家以及石家庄数英仪器有限公司工程技术人员的大力支持，在此一并表示感谢！

本书配有免费的电子教学课件、微课视频等教学资源，请有此需要的教师登录华信教育资源网（http://www.hxedu.com.cn）免费注册后再进行下载，如有问题请在网站留言或与电子工业出版社联系（E-mail:hxedu@phei.com.cn）。

编者 

项目 1　认识电子产品及其生产企业 ……1
任务 1.1　认识电子产品 ……2
任务提出　任务导学 ……2
知识准备 ……2
1.1.1　电子产品的特点 ……2
1.1.2　电子工艺的概念与发展 ……3
任务实施　任务评价 ……4
任务小结 ……5
任务 1.2　认识电子产品生产企业 ……5
任务提出　任务导学 ……5
知识准备 ……6
1.2.1　我国电子信息制造行业的发展现状及未来趋势 ……6
1.2.2　电子产品的生产环境 ……6
1.2.3　电子产品的生产流程 ……7
1.2.4　电子信息行业的就业岗位 ……7
任务实施 ……8
任务评价　任务小结 ……10
项目 2　电子元器件的识别、检测及应用 ……11
任务 2.1　制作简易电压表 ……12
任务提出　任务导学 ……12
知识准备 ……12
2.1.1　指针式电压表的测量原理 ……12
2.1.2　电阻器的识别与检测 ……13
任务实施 ……22
任务评价　任务小结　拓展训练 ……24
任务 2.2　制作简易直流稳压电源 ……25
任务提出　任务导学 ……25
知识准备 ……25
2.2.1　简易直流稳压电源的组成结构 ……25
2.2.2　电感器及变压器的识别与检测 ……26
2.2.3　二极管的识别与检测 ……31
2.2.4　电容器的识别与检测 ……36
任务实施 ……42
任务评价 ……44

任务小结　拓展训练……45
任务 2.3　制作光控路灯……45
任务提出……45
任务导学……46
知识准备……46
2.3.1　光控路灯的工作原理……46
2.3.2　三极管的识别与检测……47
2.3.3　固态继电器的识别与检测……51
任务实施……54
任务评价……55
任务小结　拓展训练……56
任务 2.4　声控闪光灯的设计与制作……57
任务提出　任务导学……57
知识准备……57
2.4.1　声控闪光灯电路的工作原理……57
2.4.2　传声器的识别与检测……58
2.4.3　扬声器的识别与检测……61
任务实施……63
任务评价　任务小结……64
任务 2.5　制作双音报警器……65
任务提出　任务导学……65
知识准备……65
2.5.1　555 定时器的工作原理及应用……65
2.5.2　双音报警器的工作原理……69
2.5.3　集成电路的识别与检测……70
任务实施……73
任务评价　任务小结……75
拓展训练……76
项目 3　通孔插装元器件的焊接……77
任务 3.1　手工焊接充电小台灯……78
任务提出　任务导学……78
知识准备……78
3.1.1　焊接过程与质量要求……78
3.1.2　手工焊接的工具与材料……80
3.1.3　元器件引线加工与插装……84
3.1.4　直插元件的手工焊接技术……85
3.1.5　拆焊技术……89
任务实施……90
任务评价……91

任务小结……92
任务 3.2 利用波峰焊技术焊接电路板……93
任务提出 任务导学……93
知识准备……93
3.2.1 浸焊工艺……93
3.2.2 波峰焊工艺……95
任务实施……97
任务评价……98
任务小结……99
项目 4 表面组装工艺及工艺文件编制……100
任务 4.1 手工焊接贴片练习……101
任务提出 任务导学……101
知识准备……101
4.1.1 SMT 生产工艺……102
4.1.2 表面组装元器件的识别……103
4.1.3 SMT 手工焊接技术……107
任务实施 任务评价……110
任务小结……111
任务 4.2 贴片收音机的半自动化生产……111
任务提出……111
任务导学……112
知识准备……112
4.2.1 回流焊技术……112
4.2.2 SMT 生产设备……114
4.2.3 贴片收音机的工作原理……117
任务制作……118
任务评价……122
任务小结……123
任务 4.3 贴片收音机工艺文件的编制……123
任务提出 任务导学……123
知识准备……124
4.3.1 电子产品技术文件……124
4.3.2 设计文件……124
4.3.3 工艺文件……127
任务实施……130
任务评价 任务小结……137
项目 5 印制电路板的设计、制作与调试……138
任务 5.1 物体流量计数器印制电路板的设计与制作……139
任务提出……139

任务导学……140
知识准备……140
5.1.1 物体流量计数器的电路原理……140
5.1.2 印制电路板的基础知识……142
5.1.3 印制电路板的设计……144
5.1.4 印制电路板的制作流程……148
任务实施……150
任务评价 任务小结……151
任务 5.2 物体流量计数器的装配与调试……152
任务提出 任务导学……152
知识准备……152
5.2.1 电子产品的调试流程与仪器……152
5.2.2 故障查找与排除的方法……154
任务实施……156
任务评价……157
任务小结……158
项目 6 电子产品的整机装配与调试……159
任务 6.1 函数信号发生器的整机装配……160
任务提出 任务导学……160
知识准备……160
6.1.1 电子产品的总装要求和工艺流程……160
6.1.2 整机装配的工艺规范……162
任务实施……163
任务评价 任务小结……168
任务 6.2 函数信号发生器的整机调试……168
任务提出……168
任务导学……169
知识准备……169
6.2.1 函数信号发生器的面板功能与操作……169
6.2.2 函数信号发生器的工作原理……173
6.2.3 整机调试步骤……174
任务实施……175
任务评价……177
任务小结……178
参考文献……179

项目1 认识电子产品及其生产企业

本项目组织学生认识电子产品，并参观电子产品生产企业。通过生活实践、网络搜索、市场调研、现场参观等形式，引导学生了解电子产品的种类、特点及生产工艺，激发学生对电子产品制造工艺的好奇心和求知欲。通过参观企业，使学生了解电子行业的发展现状与未来趋势，熟悉区域内的电子信息企业，了解企业就业岗位、企业文化、职业素养，为今后的学习和就业打下基础。

任务 1.1　认识电子产品

任务提出

电子产品是由电子元器件组成的实现一定功能的应用产品。电子工艺就是人类在生产电子元器件和电子产品的过程中逐渐积累起来的操作经验和技术能力。本任务要求学生通过生活实践、网络搜索、市场调研等多种渠道了解电子产品及其生产工艺。

任务导学

任务 1.1	认识电子产品	建议学时	4 学时
材料及设备	计算机、手机、网络、电子信息类的书籍杂志、常用电子产品等		
任务解析	认识电子产品是学习电子产品制造工艺的开始，从日常用到的电子产品中，我们可以发现电子产品的特点、生产工艺、发展趋势及市场空间		
任务内容	1. 了解生产生活中的电子产品。　2. 了解电子产品的特点。 3. 了解电子产品的生产工艺		
检验标准	能够通过多种渠道了解不同种类的电子产品，并写出电子产品调研表及调研报告		

知识准备

扫一扫看种类繁多的电子产品微视频

1.1.1　电子产品的特点

近年来，电子技术飞速发展，工艺手段不断改进，各种电子产品（如图 1.1.1 所示）已广泛应用于国防、科技、医疗、家庭等各个领域，且种类繁多。它们具有以下特点。

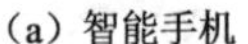

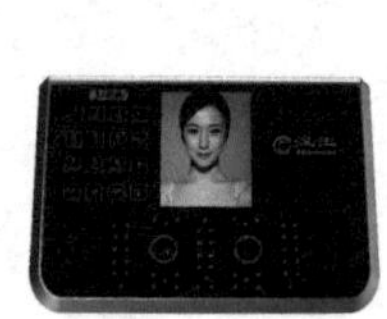

（a）智能手机　（b）笔记本电脑　（c）医疗仪器　（d）楼宇对讲器　（e）智能电饭煲　（f）电视机

图 1.1.1　种类繁多的电子产品

（1）电子产品具有体积小、质量轻、功耗低的特点。电子产品不断向着小型化和微型化发展，不断降低能源消耗，提高了生产效率和工作效率，同时也最大限度地提高了经济效益。

（2）电子设备的精度高、自动化程度高。电子设备的更新换代推动了当代科学技术的进步，使人类在征服自然方面取得了诸多辉煌成绩，比如我国的探月工程、载人航天工程等，都离不开先进的电子设备。

（3）电子产品的技术综合性强。它不仅涉及电子、电气技术，还涉及精密机械、化学、

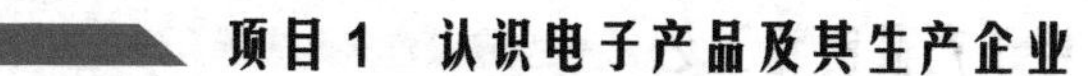

光学、声学和生物学等多学科知识，多学科的融合使电子产品的功能越来越强大。

（4）电子产品的可靠性高、故障率低、使用寿命长。电子产品的这一特点使其在科研、军事及航天等高新技术领域得到了广泛的应用，比如卫星的太阳能供电，要求在工作期内不能断电，这就对电子产品的可靠性和使用寿命提出了更高的要求。

（5）电子产品的更新速度快。随着电子技术、电子器件的发展，人们的需求不断提高，电子产品的种类在不断增加，性能在不断完善，将来一定会更好地服务于我们生活的各个方面。

1.1.2 电子工艺的概念与发展

扫一扫看什么是电子工艺微视频

扫一扫看电子工艺的发展微视频

1. 什么是电子工艺

工艺（Craft）是劳动者利用生产工具和生产设备对各种原材料、半成品进行增值加工或处理，最终使之成为成品的方法与流程。简单说，工艺就是人类在生产过程中逐渐积累起来的操作经验和技术能力。

广义的电子工艺包括基础电子制造工艺和电子产品制造工艺两个部分。基础电子制造工艺包括以电子信息技术为核心的微电子制造工艺、无源元件制造工艺和印制电路板制造工艺；电子产品制造工艺又称为整机制造工艺或电子组装工艺，包括印制电路板组件制造工艺、其他零部件制造工艺和整机组装调试工艺。狭义上的电子工艺是指电子产品制造工艺。

2. 电子工艺的发展

电子工艺的发展大概可分为四个时代。第一代电子工艺是指20世纪50年代的电子管时代，这一时代主要以手工装连焊接技术为基础，进行捆扎导线和手工焊接等生产活动。第二代电子工艺是20世纪50年代至70年代的晶体管和集成电路时代，这一时代的工艺技术主要是通孔插装技术（Trough Hole Technology，简称THT），并且开始出现手工和机器插装、浸焊和波峰焊等技术。第三代电子工艺是20世纪70年代开始的大规模集成电路时代，表面组装技术（Surface Mounted Technology，简称SMT）的发明使双表面贴装和回流焊成为主流的组装工艺，手机、电脑和数码产品就是这一时代的代表产品。第四代电子工艺是20世纪90年代开始的超大规模集成电路时代，这一时代涌现出微组装技术（Microelectronics Packaging Technology，简称MPT），让组装工艺朝着多层、高密度、立体化和系统化方向飞跃式发展。现在处于第二代到第四代技术交汇的时代，即第三代SMT技术已经成熟，且成为现代电子产品制造的主流技术；第四代MPT技术正在发展，已经部分进入实际应用阶段；而第二代THT技术仍然还有部分应用。

处于这样一个特殊时代，电子信息产业的突出特点是工程技术人员成为工业生产劳动的主要力量。在产品的生产过程中，科学的经营管理、先进的仪器设备、高效的工艺手段、严格的质量检查和低廉的生产成本成为赢得竞争的关键。时间、速度、能源、方法、程序、手段、质量、环境、组织、管理等一切与商品生产有关的因素，变成人们研究的主要对象。

3. 微组装技术

扫一扫下载电子工艺的发展教学课件

微组装技术（MPT）也称裸片组装技术，即将若干裸片组装到多层高性能基片上形成电路功能块乃至一件电子产品。微组装技术被称为第四代组装技术，它是基于微电子学、半导体技术特别是集成电路技术，以及计算机辅助系统发展起来的最先进

的组装技术。微组装技术和集成电路技术的不断发展是实现电子产品微型化的两大支柱。MPT 已不是通常安装的概念，用普通安装方法是无法实施微组装的。MPT 是以现代多种高新技术为基础的精细组装技术，它主要有以下基本内容：

（1）设计技术。微组装设计主要以微电子学及集成电路技术为依托，运用计算机辅助系统进行系统总体设计、多层基板设计、电路结构及散热设计以及电性能模拟等。

（2）高密度多层基板制造技术。高密度多层基板有很多类型，从塑料、陶瓷到硅片，原膜及薄膜多层基板，混合多层及单层多次布线基板等，涉及陶瓷成型、电子浆料、印刷、烧结、真空镀膜、化学镀膜、光刻等多种相关技术。

（3）芯片贴装及焊接技术。除了表面组装所用到的组装、焊接技术外，还要用到丝焊、倒装焊、激光焊等特种连接技术。

（4）可靠性技术。主要包括在线测试、电性能分析以及失效分析等技术。

任务实施

电子产品在衣、食、住、行、文化、医疗、娱乐、工业生产以及航空航天等各个方面给人们的生活与生产带来了极大的方便。本任务要求学习者了解电子产品及其生产工艺，通过生活实践、网络搜索、市场调研等多种渠道了解电子产品，填写产品调研表 1.1.1，并以小组为单位进行汇总和整理，写出调研报告。

表 1.1.1　电子产品调研

	名称	品牌	产地	生产工艺	价格	功能特点
家电产品						
仪器仪表						
通信设备						
IT 数码产品						
医疗电子产品						

任务评价

教师组织学生展示各自的调研表，并以小组为单位进行交流、讨论、汇总和梳理，写出

调研报告。每组选出一个代表将成果进行分享，使学生能够获取更全面的信息，相互学习，相互促进。填写考核评价表 1.1.2。

表 1.1.2　考核评价

内　　容	评分人	分　　值	得　　分
电子产品调研表（个人）	组长评分	50 分	
电子产品调研报告（小组）	教师评分	50 分	
总分			

任务小结

1. 电子产品具有体积小、质量轻、功耗低、可靠性高、更新快等特点。

2. 广义的电子工艺包括基础电子制造工艺和电子产品制造工艺两个部分。

3. 电子工艺的发展经历了电子管时代、晶体管和集成电路时代、大规模集成电路时代、超大规模集成电路时代等四个时代。

4. 微组装技术被称为第四代组装技术，是以现代多种高新技术为基础的精细组装技术。

任务 1.2　认识电子产品生产企业

任务提出

电子产品生产企业是电子信息产业的核心组成部分之一，也是电子信息行业新技术、新产品和科技人才的摇篮。本任务将带领学生参观电子产品生产企业，充分利用多种渠道、各种方法，了解企业的文化、历史、产品、岗位及人才需求，获取电子信息行业的信息，为今后的学习和就业提供指导。

任务导学

<table>
<tr><td>任务 1.2</td><td>认识电子产品生产企业</td><td>建议学时</td><td>4 学时</td></tr>
<tr><td>材料及设备</td><td colspan="3">笔记本、笔、照相机、电脑等</td></tr>
<tr><td>任务解析</td><td colspan="3">本任务通过参观电子产品生产企业，感受现代企业的生产环境，直接获取电子产品、企业及行业的有关信息，了解电子信息行业的发展前景、电子产品的生产流程以及电子信息行业的就业岗位</td></tr>
<tr><td>任务内容</td><td colspan="3">1. 参观电子产品生产企业。　2. 了解电子产品制造行业的现状和发展前景。
3. 了解电子产品生产环境和生产流程。　4. 了解电子信息行业的就业岗位</td></tr>
<tr><td>检验标准</td><td colspan="3">1. 能够简述参观企业的概况（企业文化、企业规模、发展历程、主要产品、组织架构）。
2. 通过搜集资料，了解本地区的电子产品生产企业的分布状况、发展规模及主营业务，并能列举出若干具有代表性的企业。
3. 能够描述电子产品的生产流程。
4. 能够描述电子信息行业的就业方向及岗位能力要求。
5. 能够写出企业参观报告</td></tr>
</table>

知识准备

扫一扫看电子信息制造行业发展现状及趋势微视频

1.2.1　我国电子信息制造行业的发展现状及未来趋势

电子信息产业具有技术含量高、附加值高、污染少等特点，以家用电器、智能终端、消费电子等为代表的电子产品近年来取得爆发式发展，电子信息产业对社会的影响日益加大，并被全球各主要国家作为战略性发展产业，助推了电子信息制造业进入了快速发展阶段。

中国是电子产品消费大国和制造大国。2017年，在错综复杂的国内外形势下，我国宏观经济环境持续好转，产业结构调整和转型升级的步伐加快，企业生产经营环境得到明显改善，电子信息制造业实现较快增长。数据显示，2017年规模以上电子信息制造业增加值增长13.8%，高于全国工业平均水平7.2个百分点；规模以上电子信息制造业收入接近14万亿元，利润总额为7000多亿元；全行业实现主营业务收入同比增长13.2%，利润总额同比增长22.9%，主营业务收入利润率为5.16%。

由于中国制造业的崛起和全球电子产业从垂直结构向水平结构转变，价值链分工日益细化，中国成为全球电子制造的主要生产基地之一，并由此促进了中国电子产业的快速成长。中国电子制造业作为中国电子信息产业的重要力量，目前全球领先的电子制造服务商均把中国作为其全球产业布局的重要一环，扩大了我国电子制造业的产业规模。目前，我国手机、微型计算机、网络通信设备、彩电等主要产品产量居全球首位。

自2013年起，“工业4.0”成为了全球制造业的重要发展方向，各国开始着重发展智能化工业。中国也开始聚焦智能化工业，并发布了《中国制造2025》行动纲领。在“工业4.0”下，工业互联网将通过连接各生产环节，集成、控制、侦测、识别等多种技术，将生产中的供应、制造、销售等信息数据化、智能化，从而建设更具适应性、实现高效配置资源的智能化工厂。未来，工业互联网的发展将有力助推我国电子制造行业向智能制造的跨越式发展。

扫一扫看2018年电子信息百强企业

1.2.2　电子产品的生产环境

1. 电子产品生产车间

传统的电子产品生产车间如图1.2.1所示，流水线两边设置工作台并配备工位，有利于技术人员的流水作业。工作台上配备气动工具、风扇、工艺看板、电烙铁、仪表台、插座以及传送带等。

图1.2.1　传统的电子产品生产车间

2. SMT 生产车间

表面组装技术（SMT），是目前电子组装行业里最流行的一种技术和工艺。SMT 生产线对防静电、无尘要求比传统生产车间的要求更高。SMT 车间如图 1.2.2 所示。

图 1.2.2　SMT 生产车间

1.2.3　电子产品的生产流程

电子产品的装配是先将零件、元器件组装成部件，再将部件组装成整机。电子产品的装配过程大致可分为技术文件准备、装配准备（元器件整形、导线加工）、整机装配（印制电路板及其他装配）、整机调试、整机检验、产品包装入库等几个阶段，其生产流程如图 1.2.3 所示。

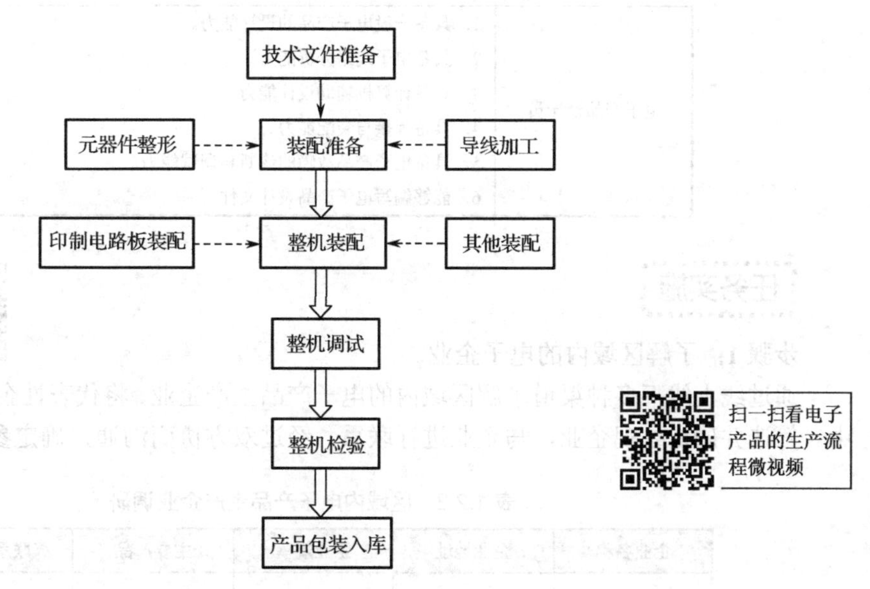

图 1.2.3　电子产品生产流程

1.2.4　电子信息行业的就业岗位

电子信息行业的覆盖面广、市场巨大，就业面也非常广。一般企业的工作岗位有：生产厂长、生产部经理、质量管理部经理、车间主任、质量检测（QC）与管理员、生产线长、技

术员、工艺管理员、售后技术服务员、营销员等，其中企业需求量最大的是专业技术人员。表 1.2.1 所示为电子信息行业企业专业技术岗位的类型和岗位能力要求。

表 1.2.1 电子信息行业企业专业技术岗位的类型及能力要求

岗位类型	岗位能力要求
电子产品装配员	1．具有电子元器件识别和测试能力。 2．能熟练进行电子产品装配、焊接。 3．能识读电子产品工艺文件。 4．能操作生产设备。 5．熟知生产安全操作规程和环保要求
电子产品调试员	1．具备电子线路分析能力。 2．能读懂电子产品的电路原理图及印制电路板图。 3．具备电子产品故障的诊断和调试能力。 4．能熟练使用仪器仪表。 5．具备焊接技能
电子产品工艺员	1．具备电子产品识图能力。 2．熟悉电子产品制造工艺。 3．能编写电子产品工艺文件
电子产品检验员	1．能熟练使用仪器仪表及检测设备。 2．熟悉测试方法，具备数据处理能力。 3．熟悉国家标准和企业标准。 4．了解产品质量、计量相关的法律法规。 5．具备电子线路分析和故障诊断能力
电子产品设计员	1．具备一般电子产品的设计能力。 2．具备电子线路分析能力。 3．具备计算机辅助设计能力。 4．具备焊接与装配能力。 5．具备电子产品故障的诊断和调试能力。 6．能够编写电子产品设计文件

任务实施

扫一扫看参观电子产品生产企业微视频

步骤 1：了解区域内的电子企业。

通过线上线下多种渠道了解区域内的电子产品生产企业，将代表性企业信息填入表 1.2.2 中。筛选并确定参观企业，与企业进行联系，经过双方协商沟通，确定参观日程安排。

表 1.2.2 区域内电子产品生产企业调研

企业名称	企业地址	企业规模	主要产品	联系方式

续表

企业名称	企业地址	企业规模	主要产品	联系方式

步骤 2：做好参观前的准备工作。

通过与企业进行沟通和协商，确定参观的时间、线路及流程等事项，做好参观前的准备工作，将内容填入表 1.2.3 中。

表 1.2.3 参观前准备工作

项　目	具 体 内 容
预先了解企业概况	
明确参观目标	
预先准备感兴趣的问题	
携带必要的工具	

步骤 3：参观实施。

按照校企双方制定的参观实施方案，在企业人员的引导下，文明参观。对主要信息做好记录，并填入表 1.2.4 中。

表 1.2.4 参观实施

项　目	内　容
企业名称	
企业文化	
发展历程	
主要产品	
企业岗位	
人才需求	
参观区域	
参观收获	

任务评价

参观企业后，对材料和信息进行分析、整理，写出参观报告，并与同学进行分享，相互促进。填写考核评价表1.2.5。

表1.2.5　考核评价

考核内容	分值	得分
1．能够简述参观企业的概况	20	
2．了解本地区的电子信息企业的分布状况、发展规模及主营业务，并能列举出若干具有代表性的企业	20	
3．能够描述电子产品的生产流程	20	
4．能够描述电子信息行业的就业岗位及岗位能力要求	20	
5．写出参观报告	20	
总分		

任务小结

1．中国是电子产品消费大国和制造大国，电子信息产业快速成长，电子制造业已成为中国电子信息产业的重要力量。

2．“工业 4.0”成为了全球制造业的重要发展趋势。在“工业 4.0”下，工业互联网将通过连接各生产环节，从而建设更具适应性、资源高效配置的智能化工厂。

3．电子产品生产流程包括技术文件准备、装配准备、印制电路板及其他装配、整机装配、整机调试、整机检验和产品包装入库等环节。

4．电子制造行业企业的专业技术岗位有电子产品的装配员、调试员、工艺员、检验员、设计员等。

项目2 电子元器件的识别、检测及应用

电子元器件是组成电子产品的基本元素，能够熟练地识别、检验和应用电子元器件是电子从业人员必须掌握的一项基本技能。本项目以“制作简易电压表”“制作简易直流稳压电源”“制作光控路灯”“制作声控闪光灯”和“制作双音报警器”五个任务为载体，带领学生在有趣的电子制作过程中学习常用的电子元器件，如：电阻、电感、变压器、电容、二极管、三极管、电声器件、继电器、集成电路等，掌握元器件的种类、型号、命名、参数、作用、特性，并利用万用表正确地对元器件进行检测，判别质量好坏。

通过对本项目的学习，学生能够熟练地识别、检测和应用电子元器件，并能够应用这些元器件在面包板上构建电路，实现相应的功能。

任务 2.1　制作简易电压表

任务提出

电压表是电子、电气领域不可缺少的测量仪表，其功能是测量电路中的电压。本任务要求利用一块内阻是 3 kΩ、满偏电流是 50 μA 的表头，制作一款多挡量程的指针式电压表。本任务以 5 V 和 10 V 两挡量程为例，选择合适的元器件，在面包板上构建电路，并对其进行测试。

任务导学

任务 2.1	制作简易电压表		建议学时	6 学时
材料与设备	电阻器、电位器、微安表头、面包板、连接导线、直流稳压电源、数字万用表			
任务解析	电阻器是构成电压表测量电路的重要元件。本任务通过制作一款简易的多挡量程的指针式电压表，使学生了解电阻（位）器的作用，学会电阻（位）器的识别和检测方法，学会电阻器的参数选择及应用，并初步了解电子产品调试的概念。 本任务涵盖 2 个知识点：知识点 1 介绍指针式电压表的测量原理；知识点 2 介绍电阻器的识别和检测方法。在任务制作环节，利用所学知识计算电阻器的参数、选用合适的电阻、检测电阻、构建电路，最后进行测试，实现电路功能			
知识目标	1．了解指针式电压表的组成结构及其工作原理。 2．掌握电阻（位）器及其参数。 4．掌握电阻（位）器的检测方法	3．知道电阻（位）器的作用、分类及其命名方法。		
能力目标	1．能够熟练地识别和检测电阻（位）器。 3．能够在面包板上构建电路，并进行测试	2．能够根据任务要求选取合适的电阻（位）器。		
素质目标	1．培养认真、细致的工作作风。 3．维护整洁、有序的工作环境	2．做到安全用电、规范操作。		
重点	1．电阻（位）器的作用、种类、命名方法和主要参数。 2．电阻（位）器的识别和检测方法			
难点	1．电阻器的识别和检测。	2．电路的测试和调整		

知识准备

2.1.1　指针式电压表的测量原理

1．指针式电压表的组成结构

用图 2.1.1 所示电路为例来说明指针式电压表的组成结构，它由三部分组成：测量机构（表头）、转换开关和测量电路。

被测电压通过转换开关选择不同的量程，进入相应的测量电路，最终由流入测量机构的电流驱动指针发生偏摆。电流的大小不同，指针偏摆的角度不同，通过读取表盘上的刻度值，表征出被测电压的大小。电压测量的过程如图 2.1.2 所示。

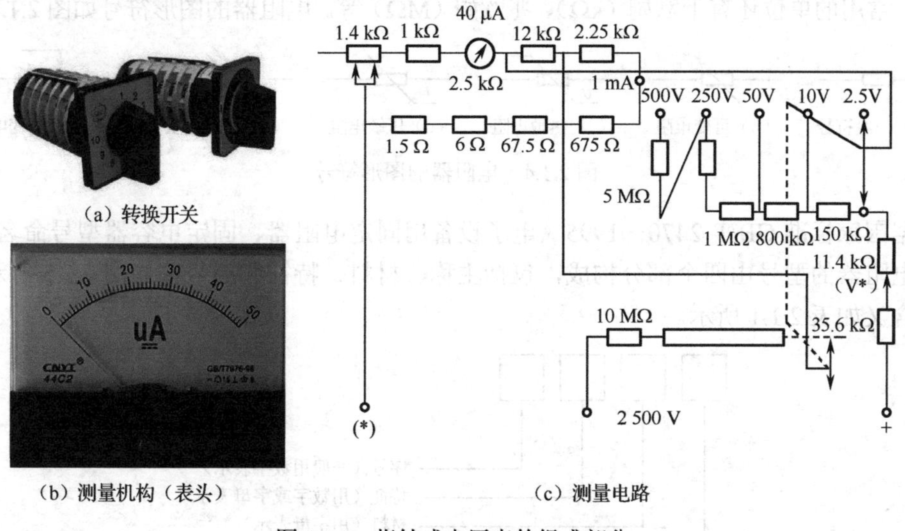

（a）转换开关

（b）测量机构（表头）

（c）测量电路

图 2.1.1　指针式电压表的组成部分

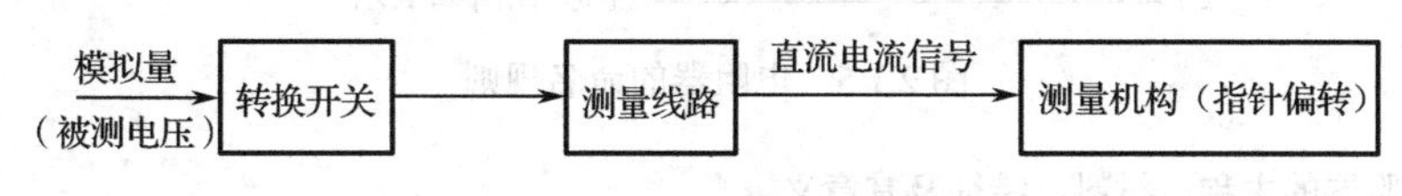

图 2.1.2　电压测量流程图

2．电压测量电路

在本任务中，测量机构采用内阻是 3 kΩ（记作 R_0）、满偏电流是 50 μA（记作 I_0）的表头，当有电流流过表头时，指针发生偏摆，指针指示的数值是流过微安表头的电流值。由欧姆定律 $U=RI$ 可知，该表头两端能够加载的电压最大为：$U_0=R_0I_0=3\,000\times50\times10^{-6}=0.15$ V。

即表头两端的电压达到 0.15 V 时，流过表头的电流达到 50 μA，指针满偏。显然，这并不能满足任务的要求，如何才能使表头承受更高的电压呢？

电阻器（简称电阻）具有分压的作用，表头上串联一个适当的电阻器（倍增电阻器）进行分压，就可以扩展电压量程，改变倍增电阻器的阻值，就能改变电压的测量范围，如图 2.1.3 所示。本任务要求量程分别为 5 V 和 10 V，即选择 5 V 量程挡时，测量 5 V 电压时指针满偏（指向 50 μA），而选择 10 V 量程挡时，测量 10 V 电压时指针满偏，根据这一条件便可计算出串联电阻的大小。

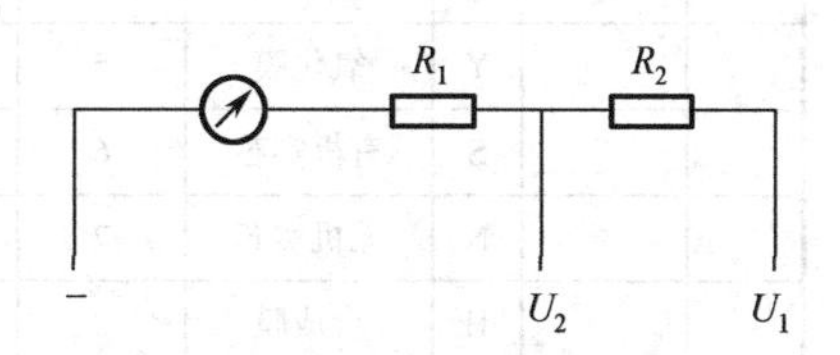

图 2.1.3　电压测量电路

由上面的分析可知，电路的核心元件是表头和电阻器。显然，不同的量程需要选择不同的电阻器，对于形形色色不同种类的电阻器，我们该如何选择呢？接下来，我们一起学习有关电阻器的知识。

2.1.2　电阻器的识别与检测

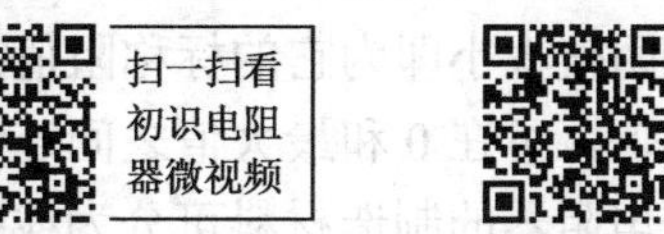

1．电阻器的图形符号及命名方法

在电路中具有电阻性能的实体元件称为电阻器。它是电路中应用最为广泛的元件之一，在电路中主要起着分流、限流和分压的作用，属于一种无源元件。电阻器的基本单位是欧

姆（Ω），常用的单位还有千欧姆（kΩ）、兆欧姆（MΩ）等。电阻器的图形符号如图 2.1.4 所示。

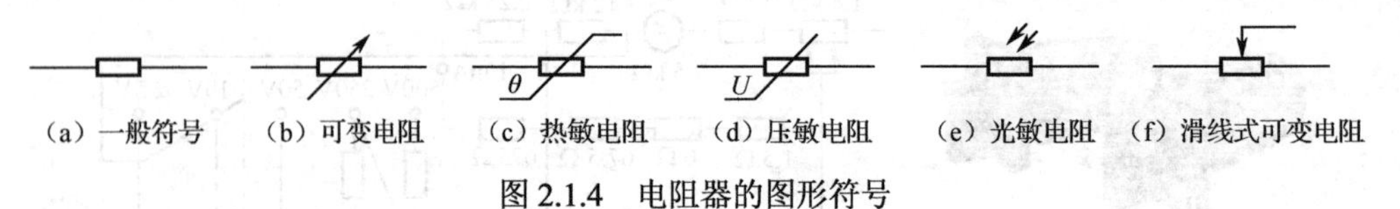

图 2.1.4　电阻器的图形符号

根据国家标准 GB/T 2470—1995《电子设备用固定电阻器、固定电容器型号命名方法》规定，电阻器的型号由四个部分构成，包括主称、材料、特征和序号（如图 2.1.5 所示），各部分的含义如表 2.1.1 所示。

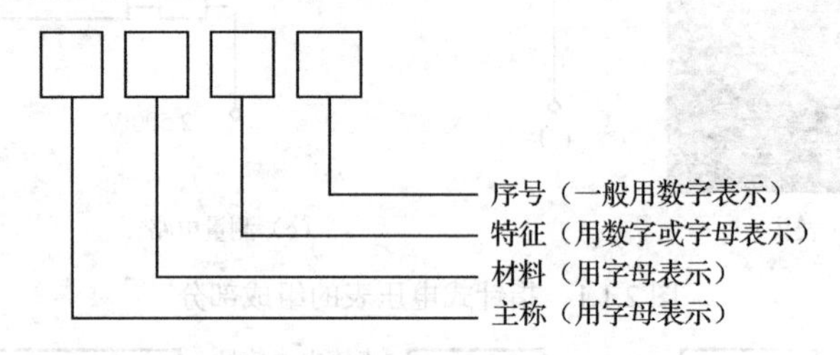

图 2.1.5　电阻器的命名规则

表 2.1.1　电阻器的主称、材料、特征及其意义

第一部分		第二部分		第三部分	
用字母表示主称		用字母表示材料		用数字或字母表示特征	
符号	意义	符号	意义	符号	意义
R	电阻器	T	碳膜	1	普通
		J	金属膜（箔）	2	普通
		X	线绕	3	超高频
		I	玻璃釉膜	4	高阻
		Y	氧化膜	5	高温
		S	有机实芯	6	
		N	无机实芯	7	精密
		H	合成膜	8	高压
				9	特殊
				G	功率型

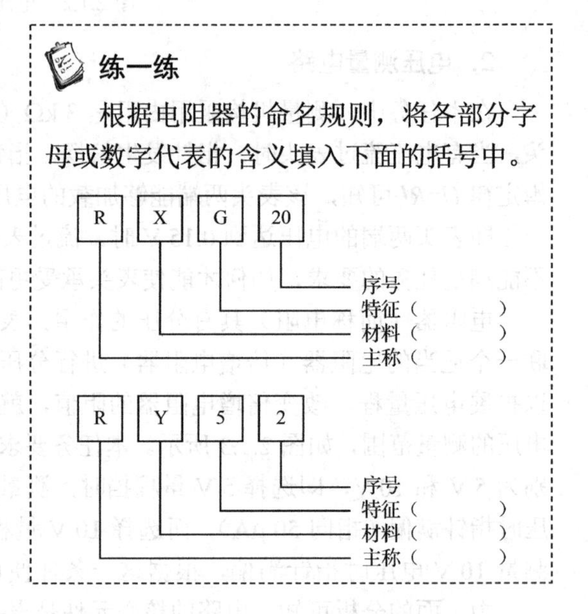

练一练
根据电阻器的命名规则，将各部分字母或数字代表的含义填入下面的括号中。
R
X
G
20
序号
特征（　　　）
材料（　　　）
主称（　　　）
R
Y
5
2
序号
特征（　　　）
材料（　　　）
主称（　　　）

2．电阻器的分类

（1）按电阻器的阻值能否变化可分为固定电阻器和可变电阻器。固定电阻器的阻值是固定不变的，阻值大小即为它的标称阻值。可变电阻器的阻值可以在一定范围内调整，其标称阻值是最大值，可在 0 和最大值之间连续调节。

（2）按电阻器的制造材料可分为线绕电阻器、金属膜电阻器、碳膜电阻器等。

（3）按电阻器的用途可分为普通电阻器和敏感电阻器。敏感电阻器又分为光敏电阻器、热敏电阻器、压敏电阻器、力敏电阻器和气敏电阻器等。

扫一扫看常用电阻器及特点微视频

扫一扫下载常用电阻器及特点教学课件

3. 常用电阻器的外形及其性能特点

常用电阻器的外形及其性能特点如表2.1.2所示。

表2.1.2 常用电阻器的外形及其性能特点

种类	外形	性能特点
碳膜电阻器		稳定性高，阻值范围宽，高频特性好，价格便宜，但精度较差。多用于中低档电子产品中
金属膜电阻器		体积小，噪声低，稳定性好，精度高，广泛应用于仪器仪表、高档家用电器及高档电气设备中
金属氧化膜电阻器		外形和金属膜电阻器相似，除具有金属膜电阻器特点外，比金属膜电阻器的抗氧化性和热稳定性好，功率大，但阻值范围小，主要用来补充金属膜电阻器的低阻部分
线绕电阻器	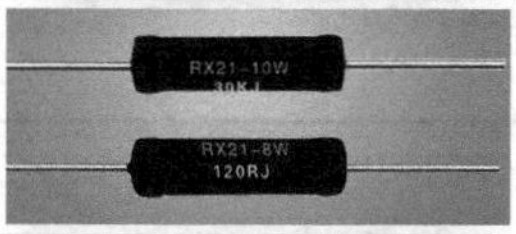	精度高，噪声低，耐高温，功率大（可达100 W），精度高（可达0.1%），但体积大，阻值范围小，高频特性差（自身电感量较大），适用于高温大功率电路及精密仪器中
水泥电阻器	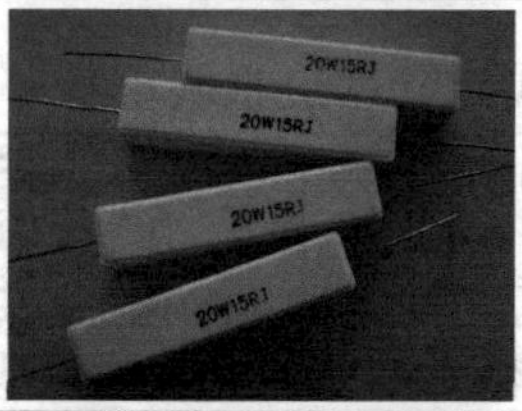	功率大，散热性好，稳定性高，绝缘性好，成本低，但阻值范围小，精度低，主要用于大功率电路中
熔断电阻器	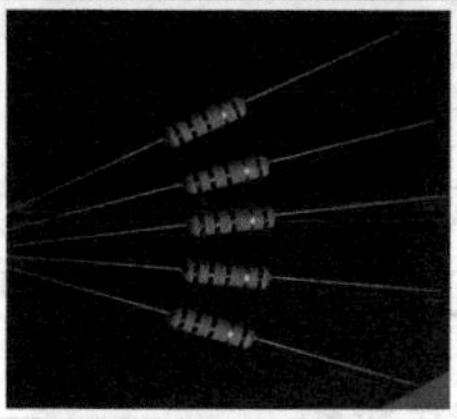	熔断电阻器是一种具有电阻器和熔断器双重作用的特殊元件，分为可恢复式熔断电阻器和一次性熔断电阻器两种
集成电阻器（排阻）	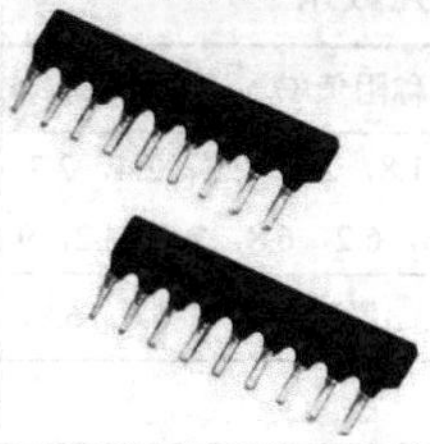	集成电阻器是将多个电阻器集中封装在一起而制成的复合电阻器。它体积小，精度高，安装密度高，装配方便，广泛用于各种电子仪器及计算机产品中，常与集成电路配合使用

续表

种　类	外　形	性 能 特 点
热敏电阻器		热敏电阻器分为两种：NTC 和 PTC。NTC 是一种负温度系数的热敏电阻器，其阻值随温度的升高而减小。PTC 是一种正温度系数的热敏电阻器，当超过一定的温度时，它的阻值随着温度的升高呈阶跃性增高
光敏电阻器		光敏电阻器是对光照十分敏感的电阻元件。随着光照强度的升高，电阻值迅速降低，亮电阻可小至 1 kΩ以下。在无光照时，呈高阻状态，暗电阻可达 1 MΩ以上
压敏电阻器		压敏电阻器是一种限压型保护器件。当加在它两端的电压低于阈值时，阻值非常大，当电压高于它的阈值时，阻值瞬间减小，流过它的电流激增。当过电压出现在压敏电阻器的两极间，压敏电阻器可以将电压钳位到一个相对固定的电压值，从而实现对后级电路的保护
电位器		电位器是通过旋转轴来调节阻值的可变电阻器。电位器有三个引脚，其中两个引脚为固定端，另一个引脚是滑动端，调节滑动端的位置即可改变滑动端与固定端之间的阻值，在电路中常用作分压器或可变电阻器

4. 电阻器的主要技术参数

电阻器的主要技术参数有标称阻值、允许偏差、额定功率、极限电压、高频特性及温度系数等。

扫一扫看电阻器的主要技术参数微视频

扫一扫下载电阻器的主要技术参数教学课件

1）标称阻值

电阻器表面所标示的阻值称为标称阻值，也是电阻器生产的规定值。其基本单位是欧姆（Ω），工程上也常用 kΩ、MΩ、GΩ、TΩ等。各单位之间的换算关系是：

$$1\ \text{M}\Omega=10^3\ \text{k}\Omega=10^6\ \Omega;\ 1\ \text{T}\Omega=10^3\ \text{G}\Omega=10^6\ \text{M}\Omega$$

在我国，除了一些特殊电阻器外，电阻器的阻值必须按照 GB/T 2471—1995《电阻器和电容器优先数系》中的规定进行生产。电阻器的标称值优先系数如表 2.1.3 所示。

表 2.1.3　普通电阻器的标称值优先数系

系列	允许偏差/%	电阻器的标称阻值/Ω
E24	±5	1.0，1.1，1.2，1.3，1.5，1.6，1.8，2.0，2.2，2.4，2.7，3.0，3.3，3.6，3.9，4.3，4.7，5.1，5.6，6.2，6.8，7.5，8.2，9.1
E12	±10	1.0，1.2，1.5，1.8，2.2，2.7，3.3，3.9，4.7，5.6，6.8，8.2
E6	±20	1.0，1.5，2.2，3.3，4.7，6.8
E3	>±20	1.0，2.2，4.7

同一系列电阻器的阻值为表中的数值乘以 10^n（n 为整数）。以 E24 系列中的标称阻值 2.2 为例，它所对应的电阻器的标称阻值可为：2.2 Ω，22 Ω，220 Ω，2.2 kΩ，22 kΩ，220 kΩ，2.2 MΩ等，其他系列以此类推。

除上表所列的标称值外，精密元件的标称值系列还有 E48（允许偏差±2%）、E96（允许偏差±1%）、E192（允许偏差±0.5%、±0.25%或±0.1%）等。

2）允许偏差

在电阻器的生产过程中，由于使用材料、制造设备、生产工艺等原因，厂家生产出的电阻器其实际阻值与标称阻值之间总是存在一定的偏差。标称阻值与实际阻值之间允许的最大偏差范围的百分数称作电阻器的允许偏差，也称作允许误差。允许偏差的标准系列值如表 2.1.4 所示。

表 2.1.4 允许偏差的标准系列值

%	±0.001	±0.002	±0.005	±0.01	±0.02	±0.05	±0.1	±0.2	±0.5	±1	±2	±5	±10	±20
符号	E	X	Y	H	U	W	B	C	D	F	G	J	K	M

允许偏差越小，电阻器的精度越高，同时生产成本及销售价格也就越高。在实际选用时，应根据产品需求合理选用不同精度的电阻器。

3）额定功率

电阻器的额定功率是指在标准大气压和额定温度下，长期安全使用所允许承受的最大功率，又称为标称功率，单位为瓦（W）。常用的电阻器额定功率有：1/8 W、1/4 W、1/2 W、1 W、2 W、3 W、5 W、10 W、20 W 等。电路图上标记电阻器额定功率的方法如图 2.1.6 所示。

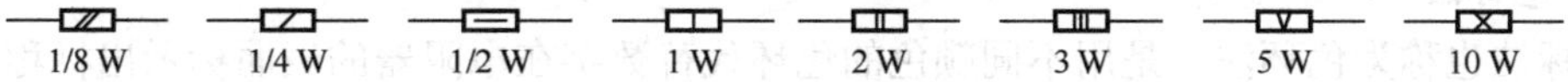

1/8 W　1/4 W　1/2 W　1 W　2 W　3 W　5 W　10 W

图 2.1.6 额定功率的标记方法

电阻器的额定功率主要取决于电阻的材料、外形尺寸和散热面积。一般来讲，额定功率大的电阻，体积也比较大。通常额定功率大于 2 W 的电阻，由于其外形尺寸比较大，其额定功率均标示在电阻体上。小于 2 W 的电阻，其额定功率值不直接标示在电阻体上，一般可以通过比较同类型电阻器的外形尺寸，大致判断电阻器的额定功率。

如果电阻器在电路中消耗的实际功率超过额定功率，会造成电阻器过热而烧坏。因而在实际选用时，电阻器的额定功率应超过实际功率的数倍。

扫一扫看电阻器的识别微视频

5. 电阻器的识别

为了便于电阻器的识别，其主要参数常以多种形式标注在电阻器的表面，常用的标注方法有直标法、文字符号法、色标法和数码法等。

扫一扫下载电阻器的识别教学课件

1）直标法

用字母、阿拉伯数字和单位符号在电阻器表面直接标出电阻器的材质、主要参数（有些只标出部分参数）的方法称为直标法，一般用于功率较大的电阻器。如图 2.1.7（a）所示，其表面标有 RX 5 W，1.2 k±5%，表示线绕电阻器，功率为 5 W，其阻值为 1.2 kΩ，允许偏差为±5%。如果电阻器上未标注偏差，则默认偏差为±20%，如图 2.1.7（b）所示。这种标示方

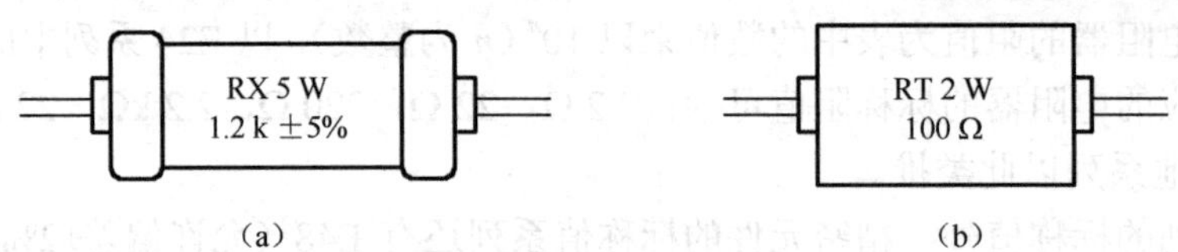

图 2.1.7 电阻器的直标法

法直观、易读，但数字中的小数点不易辨别，因此又常采用文字符号法代替直标法。

2）文字符号法

文字符号法是用阿拉伯数字和字母按照一定的组合规律来标示出电阻器的阻值和允许偏差的方法。在文字符号法中，标称阻值由三部分构成：整数部分、阻值单位、小数部分（如无小数部分则不写）。阻值单位常用 R 或Ω［如果有小数点则用 R 或Ω代替小数点，单位为Ω、k（代表 kΩ）、M（代表 MΩ）］等文字符号表示，例如：R47（0.47 Ω）、4Ω7（4.7 Ω）、4R7（4.7 Ω）、4k7（4.7 kΩ）、4M7（4.7 MΩ）。标称阻值后面的文字符号为允许偏差，如图 2.1.8 所示。电阻器表面标有“4k7　J”，表示阻值为 4.7 kΩ，允许偏差是±5%；电阻器表面标有“8R2　M”，表示阻值为 8.2 Ω，允许偏差是±20%。文字符号法的优点是识读方便、直观，由于不使用小数点，提高了数值标记的可靠性。

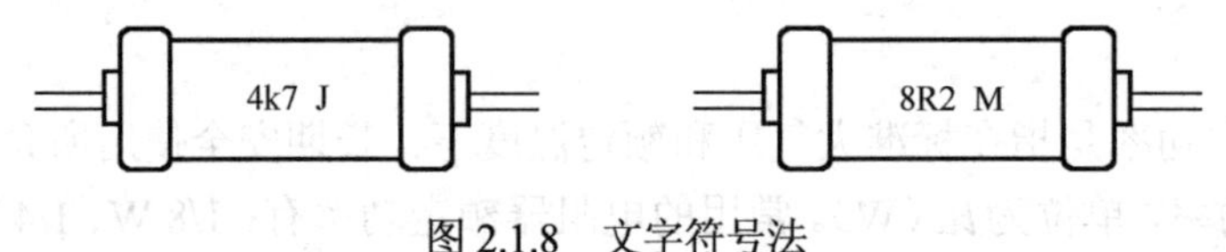

图 2.1.8 文字符号法

3）色标法

色标法也称为色环法，是用不同颜色的色环代替数字在电阻器的表面标示出标称阻值和允许偏差的方法，色标电阻的单位一律为Ω。色标法又分为四色标法和五色标法两种标志方法，如图 2.1.9 所示。色环颜色的含义如表 2.1.5 所示。

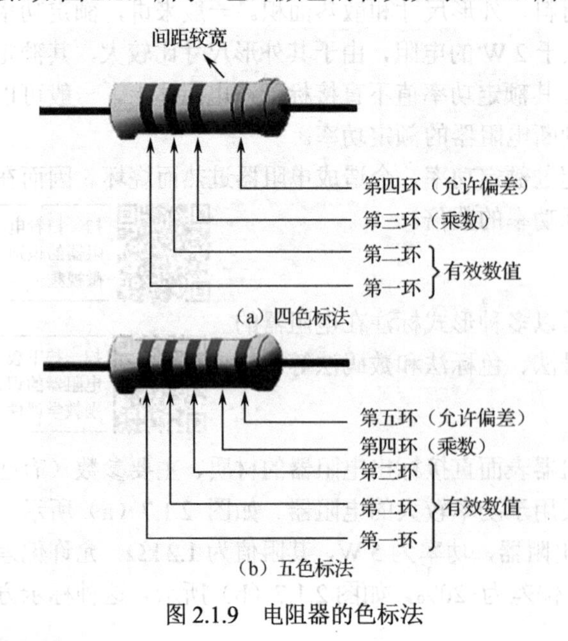

图 2.1.9 电阻器的色标法

表 2.1.5 色环及其含义

颜色	有效数字	乘数	允许偏差/%
银色	—	10^{-2}	±10
金色	—	10^{-1}	±5
黑色	0	10^{0}	—
棕色	1	10^{1}	±1
红色	2	10^{2}	±2
橙色	3	10^{3}	—
黄色	4	10^{4}	—
绿色	5	10^{5}	±0.5
蓝	6	10^{6}	±0.25
紫	7	10^{7}	±0.1
灰	8	10^{8}	—
白色	9	10^{9}	+50～-20
无色	—	—	±20

四色标法规定为：第一、二环是有效数值，第三环是乘数（乘以 10 的幂，也可以理解为有效数值后面添 0 的个数），第四环是允许偏差。五色标法规定为：第一、二、三环是有效数值，第四环是乘数，第五环是允许偏差。如图 2.1.9（a）所示电阻器，色环为“棕、黑、红、银”，其阻值为 1 000 Ω（1 kΩ），允许偏差为±10%。

4）数码法

数码法是用三位阿拉伯数字表示电阻器阻值的方法。数码从左到右，前两位为有效数值，最后一位为乘数（乘以 10 的幂，也可以理解为有效数值后面添 0 的个数），单位为Ω，允许偏差用文字符号表示。如图 2.1.10 所示，图（a）中的数字 102 表示 10×10^2 Ω，即 1 kΩ；图（b）中的数字 103 表示 10×10^3 Ω，即 10 kΩ。

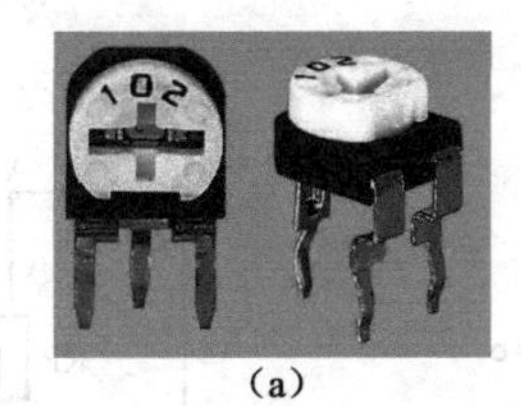

（a）

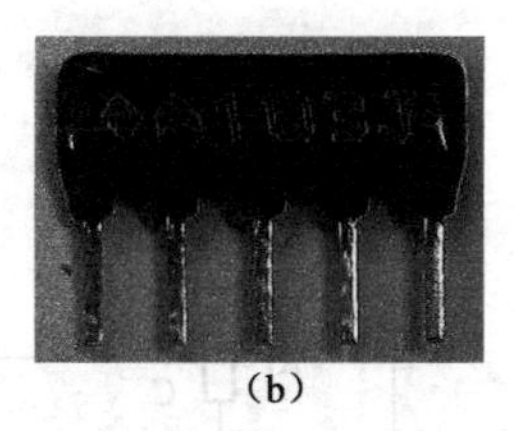

（b）

图 2.1.10 数码法表示电阻值

练一练

根据电阻器的标注，在下面的括号中写出其主要参数。

（ ）

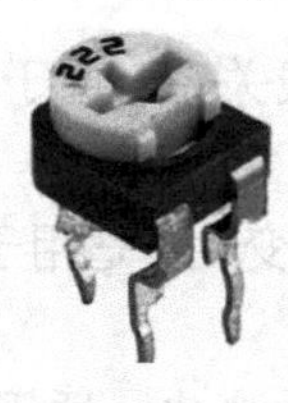

（ ）

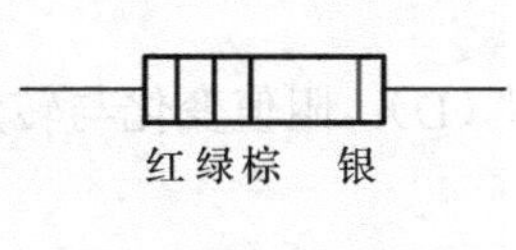

（ ）

6. 可变电阻器的识别

可变电阻器又称作电位器，是具有三个引出端、阻值可按某种变化规律调节的电阻元件，其结构原理如图 2.1.11 所示，实物示例如图 2.1.12 所示。

可变电阻器有三个引脚，其中两个引脚为固定端，另一个引脚是滑动端。调节滑动端的位置即可改变滑动端与固定端之间的阻值，在电路中常用做分压器或可变电阻器。使用方法如图 2.1.13 所示。

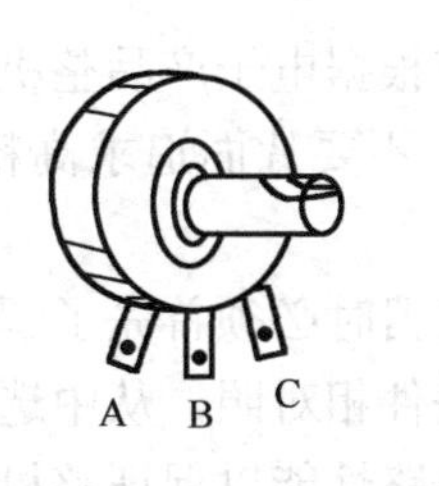

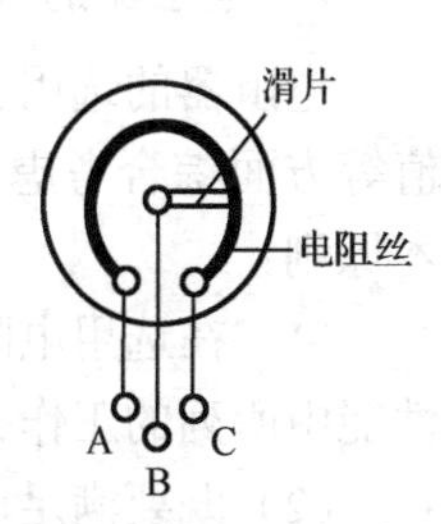

图 2.1.11 碳膜电位器的外形与内部结构

（a）微调式电位器

（b）多联电位器

（c）旋转式电位器

（d）推拉式电位器

图 2.1.12 电位器实物

可变电阻器的参数除了与固定电阻器一样有标称阻值、允许偏差和额定功率外，还有阻值的变化规律这一参数，如图 1.1.14 所示。常用的有直线型、对数型、指数型，分别用 X、D、Z 来表示，其字母通常都印在电位器上，使用时应注意。

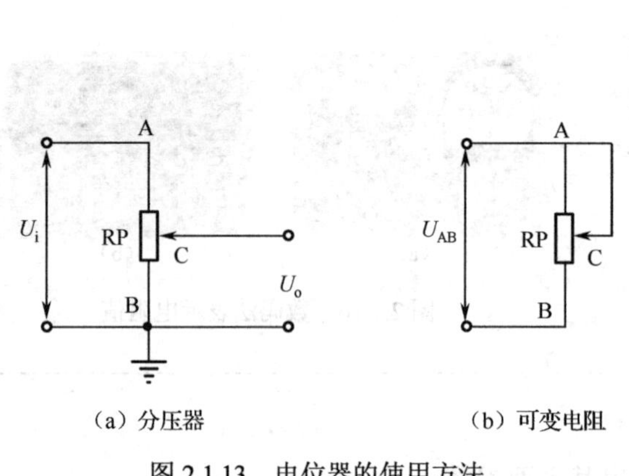

（a）分压器　　（b）可变电阻

图 2.1.13　电位器的使用方法

图 2.1.14　电位器阻值的变化规律

直线型（X）：阻值变化与转角成直线关系。用于要求阻值均匀调节的场合，如分压器电路。

对数型（D）：阻值变化与转角成对数变化。适用于音调控制电路，其特点是先粗调、后细调。

指数型（Z）：阻值变化与转角成指数变化。适用于音量控制电路，其特点是先细调、后粗调。

7．电阻器的选用与代换

电阻器的选用应根据电子产品整机的使用条件和电路的具体要求，从电气性能到经济价值等方面综合考虑，不要片面追求高精度和非标准系列的电阻产品，选用时应遵循以下基本原则：

（1）在选用电阻器时必须首先了解电子产品整机的工作环境和工作状态，然后与电阻器性能中所列的工作条件相对照，从中选用条件相一致的电阻器。

（2）既要满足电路性能以保证整机的正常工作，又要考虑经济性及货源供应情况。

（3）电阻器的阻值应选取最靠近计算值的一个标称值。

（4）电阻器的额定功率应选取比计算的耗散功率大一些（1.5～2 倍）的标称值。

（5）电阻器的耐压也应充分考虑，选取比额定值大一些的，否则容易引起电阻器击穿、烧毁或表面飞弧。

电阻器代换时应遵循以下原则：

（1）普通电阻器损坏后，可用同功率、同阻值的碳膜电阻器或金属膜电阻器代换。

（2）碳膜电阻器损坏后，可用同功率、同阻值的金属膜电阻器代换，反之不行。

（3）若手中没有同规格的电阻器代换，可采用电阻器串、并联的方法应急。

（4）代换时功率不能小于原电阻器的额定功率。

8. 电阻器的检测

首先应对电阻器进行外观检测，查看标志是否清晰，有无烧焦，有无伤痕，有无锈蚀，电阻体与引脚是否牢固连接。如外观正常，则用万用表电阻挡测量其阻值，合格的电阻器阻值应该稳定在允许偏差的范围内，如超出允许偏差范围或阻值不稳定，则不能选用。

1）普通固定电阻器的检测

将万用表（电阻挡）的两表笔（不分正负）分别与电阻器的两端引脚相接触即可测出实际电阻值。为了提高测量精度，应根据被测电阻器标称值的大小来选择量程。

如果使用指针式万用表，由于电阻挡刻度的非线性关系，它的中间一段分度较为精细，因此应使指针指示值尽可能落到刻度的中段位置，即全刻度起始的20%～80%弧度范围内，以使测量更准确。

如果使用数字万用表，量程太大将降低测量精度且不易读数，量程过小将不能显示测量结果，应尽量选择合适量程，使实际值处于量程中段位置。

注意：（1）测量时，手不要触及表笔和电阻器的导电部分，尤其不能接触电阻器的两个引脚，否则会将手和电阻器并联，影响测量准确度；

（2）在电路中用万用表电阻挡测量电阻器阻值时应断电测量，并将电阻器从电路中拆焊下来，至少要焊开一个引脚，以免电路中的其他元件对测量产生影响，造成测量误差。

2）电位器的检测

首先转动旋柄，看看旋柄转动是否平滑，并听一听电位器内部接触点和电阻体摩擦的声音，如有“沙沙”声说明质量不好。如果电位器带开关，则判断开关是否灵活，开关通、断“喀哒”声是否清脆。

其次检测电位器标称阻值。用万用表的电阻挡测“1”“3”两端，如图2.1.15所示。其读数应为电位器的标称阻值，如相差很多，则表明该电位器已损坏。

最后检测电位器的活动臂与电阻片的接触是否良好。用万用表的欧姆挡测“1”“2”（或“2”“3”）两端，慢慢旋转轴柄，电阻值应逐渐平稳变化，当轴柄旋至极限位置时，阻值应为零或接近电位器的标称值。如果阻值在电位器的轴柄转动过程中有跳动现象，说明活动触点与电阻片接触不良。

图2.1.15 电位器结构图

3）熔断电阻器和敏感电阻器的检测

熔断电阻器的检测：熔断电阻器的阻值非常小，一般只有几欧到几十欧，若测得阻值无穷大，说明已熔断。

光敏电阻器的检测：光敏电阻器在有光照的情况下阻值明显减小（降至几千欧，光照越强阻值越小），无光照时阻值非常大（可达兆欧，光线越暗，阻值越大）。根据这一特性，可在有光照和无光照（用手或物遮住光敏电阻器上表面的感光窗口）情况下测量两次阻值，若阻值有明显变化，则元件良好，若无变化或变化不大，则说明元件已损坏。

热敏电阻器的检测：PTC 随温度升高时阻值变大，NTC 随温度升高时阻值减小。以 PTC 为例，在常温下一般阻值不大，若用烧热的烙铁靠近电阻器，阻值应明显增大，说明该电阻器正常，若无变化说明元件损坏。NTC 则相反。

任务实施

步骤 1：准备技术文件，熟悉指针式电压表的工作原理。

由 2.1.1 节知识可知，串联电阻器可实现电压量程的扩大，电路原理如图 2.1.16 所示。串联电阻器的阻值越大，分压越大，量程也就越大，因此，U_2 端为 5 V 量程挡，U_1 端为 10 V 量程挡。表头满偏电流为 50 μA（I_0），内阻为 3 kΩ（R_0），根据这些条件可以计算出串联电阻器的参数。

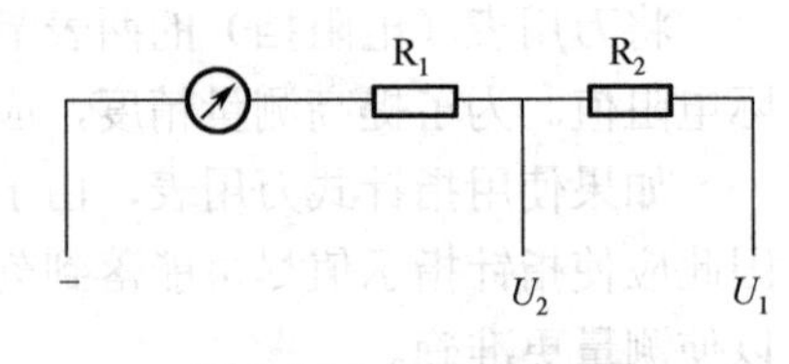

图 2.1.16　电路原理图

步骤 2：根据任务要求，计算元器件的参数。

设：表头内阻为 R_0，满偏电流为 I_0

分压电阻器的计算：

$$(R_0+R_1)I_0=U_2$$

$$(R_0+R_1+R_2)I_0=U_1$$

代入数值，计算可得：

$$R_1=97\ \text{k}\Omega，R_2=100\ \text{k}\Omega$$

由于电阻器与表头串联，流过电阻器的最大电流为表头的满偏电流 I_0，因此，电阻器在电路中消耗的最大功率为：

$$P_1=I_0^2 R_1$$

$$P_2=I_0^2 R_2$$

代入数值后得：

$$P_1=0.24\ \text{mW}$$

$$P_2=0.25\ \text{mW}$$

步骤 3：选择元器件。

（1）选择电阻器的材质。本任务所制作的指针式电压表为民用测量仪表，综合考虑产品性能、使用场合及成本问题，可选用精度较高、价格适中、稳定性好的金属膜电阻器。

（2）确定电阻器的参数。本任务需要两个电阻器，分别为 97 kΩ和 100 kΩ，查询电阻器的标称阻值系列值，此处可选用阻值为 47 kΩ、50 kΩ和 100 kΩ，功率为 1/8 W，允许偏差为 ±1%的金属膜电阻器。在仪器仪表中，选用精度高的元器件，将会降低由元器件误差引起的测量误差，但也要综合考虑使用场合及成本等因素。元器件清单见表 2.1.6。

表 2.1.6　元器件清单

序号	名　称	数量	主要参数	序号	名称	数量	主要参数
1	微安表头	1	3 kΩ，50 μA	4	电阻器	1	50 kΩ，1/8 W，±1%
2	电阻器	1	47 kΩ，1/8 W，±1%	5	电阻器	1	100 kΩ，1/8 W，±1%
3	精密电位器	1	10 kΩ				

步骤4：元器件的识别和检测。检测元器件并将检测结果填入表2.1.7中。

表2.1.7 元器件检测

序号	色环颜色	标称阻值	允许偏差	实测阻值	检测结果
1					
2					
3					
4					
5					

步骤5：电路的装配。

检测合格的元器件，按照如图2.1.16所示原理图，插装在面包板上。

步骤6：电路的测试与调整。

装配完成后，不要急于加电测试。应首先认真观察电路的连接是否正确，有无短路或断路，元器件的插装位置是否正确，若无以上故障可对电路进行测试。

（1）测试5 V电压挡。打开直流稳压电源，将直流电压输出调节为0 V，将简易电压表的5 V测量端连接到直流稳压电源的输出端（注意正负极），逐渐增大电压输出（最大增加到5 V），记录表头指向的刻度值，填入表2.1.8中。

表2.1.8 5 V量程挡测试结果

被测电压值（V）（直流稳压电源输出值）	指针指向的刻度值	转换为相应的电压值（V）
1		
2		
3		
4		
5		

（2）测试10 V电压挡。将简易电压表的10 V测量端连接直流稳压电源的输出端（注意正负极），从0 V开始逐渐增大电压输出（最多达到10 V），记录表头指向的刻度值，填入表2.1.9中。

表2.1.9 10 V量程挡测试结果

被测电压值（V）（直流稳压电源输出值）	指针指向的刻度值	转换为相应的电压值（V）
0		
2		
4		
6		
8		
10		

任务评价

教师对学生进行考核和评价，选出优秀作品进行展示和点评。总结学生在任务完成过程中出现的问题，帮助学生完善知识、提升技能。填写考核评价表 2.1.10。

表 2.1.10 考核评价

考核内容		分值	得分
知识自评（20分）	1．电阻器的主要技术参数有______、______、______。 2．热敏电阻器可以分为两种，分别是______、______。 3．电阻器的标志方法有______、______、______、______。 4．RT、RJ、RX 和 RI，______不适用于高频电路，______不适用于精密仪器设备。 5．4 色环电阻器上的色环依次是黄、紫、红、金，则其标称阻值是______，允许偏差是______。 6．指针式万用表红表笔接表内电池的______极，数字式万用表红表笔接表内电池的______极。 7．______型电位器用于音量控制，______型电位器用于音调控制	20 分	
技能考评（60分）	1．原理图绘制、参数计算及元器件选用	10 分	
	2．元器件的识别和检测	10 分	
	3．电路制作（要求元件插装正确，走线规范整齐，布局合理）	20 分	
	4．电路测试	20 分	
职业素养（20分）	1．出勤和纪律	5 分	
	2．正确使用仪器仪表，安全用电，规范操作	10 分	
	3．整理工作台面，及时清扫地面，维护整洁有序的工作环境	5 分	
总分			

任务小结

1．利用电阻器的分压、分流作用可以扩展万用表的电压、电流量程。

2．电阻器的种类多种多样，不同的电阻器具有不同的特性，应根据电子产品的设计需求、使用环境等选择相应的电阻器。

3．电阻器的主要技术参数有标称阻值、允许误差和额定功率。

4．电阻器常用的标注方法有直标法、文字符号法、色标法和数码法。

5．电位器按照阻值的变化规律可分为直线型、对数型和指数型。直线型常用做分压器，对数型常用于音调控制，指数型常用于音量控制。

拓展训练

利用一块内阻是 3 kΩ、满偏电流是 50 μA 的表头，制作一款具有多挡量程的指针式电流表。使其电流测量量程为 5 mA 和 10 mA 两档，选择合适的元器件，在面包板上模拟制作该电流表，并进行测试。

任务 2.2 制作简易直流稳压电源

任务提出

电源模块是电子产品必不可少的组成部分，在生产生活中，多数电子产品都需要直流电源供电，本任务要求制作一款简易直流稳压电源，将频率为 50 Hz、电压有效值为 220 V 的工频交流电转换成 5 V 直流电压。在面包板上构建电路，并进行测试。

任务导学

任务 2.2	制作简易直流稳压电源	建议学时	8 学时
材料与设备	电阻器、变压器、二极管、电容器、导线、面包板、示波器、万用表		
任务解析	电阻器、变压器、二极管、电容器是直流稳压电源电路的重要组成元件。本任务通过制作简易直流稳压电源，使学生掌握这些元器件的分类、命名方法和技术参数，了解变压器、电容器、二极管等电子元器件的特性与作用，学会它们的识别和检测方法，并将所学知识应用于电路制作中。 本任务涵盖 4 个知识点：知识点 1 介绍直流稳压电源的组成和工作原理；知识点 2 介绍电感器、变压器的分类、命名、参数和识别检测方法；知识点 3 介绍二极管的分类、命名、参数和识别检测方法；知识点 4 介绍电容器的分类、命名、参数和识别检测方法。 在任务实施环节，综合利用所学知识，选取合适的元器件，并对元器件进行识别和检测，在面包板上构建电路并进行测试，完成制作		
知识目标	1．了解直流稳压电源的电路组成和工作原理。 2．掌握电感、变压器的种类、命名、参数，学会它们的识别和检测方法。 3．掌握二极管的种类、命名、参数，学会二极管的识别和检测方法。 4．掌握电容器的种类、命名、参数，学会电容器的识别和检测方法		
能力目标	1．能够熟练地识别和检测电感器、变压器、电容器和二极管。 2．能根据电路的要求合理选用元器件。　3．能够在面包板上构建电路并进行电路的测试。 4．通过测试，能排除电路中的简单故障		
素质目标	1．培养认真、细致的工作作风。　2．做到安全用电、规范操作。 3．维护整洁、有序的工作环境		
重点	1．电感器、变压器、电容器、二极管的种类、命名方法和技术参数。 2．电感器、变压器、电容器、二极管的识别和检测方法		
难点	1．直流稳压电源的电路原理。　2．元器件的识别和检测。 3．直流稳压电源电路的制作和测试		

知识准备

2.2.1 简易直流稳压电源的组成结构

简易直流稳压电源由变压器电路、整流电路、滤波电路和稳压电路四部分组成，其结构框图如图 2.2.1 所示。电源变压器的作用是将 220 V 的交流电 u_1 进行降压，得到符合需要的交流电 u_2，整流电路的作用是将交流电 u_2 整流成脉动的直流电 u_3，滤波电路的作用是将脉动直流电变为比较平滑的直流电 u_4，最后经过稳压电路得到稳定的直流电压 U_o。

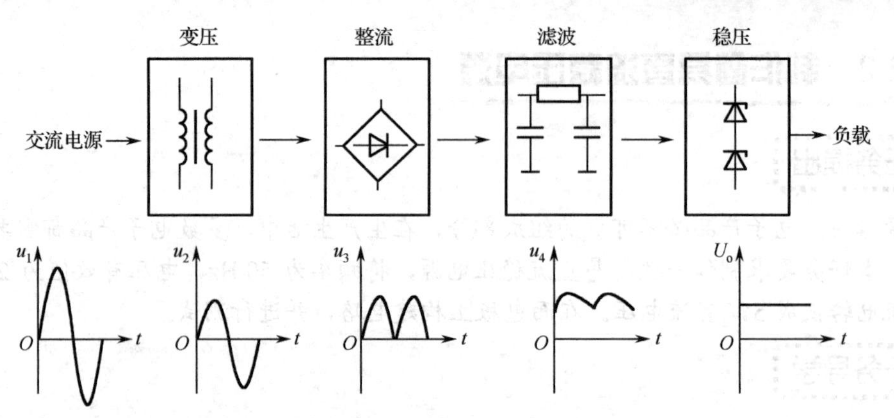

图 2.2.1　直流稳压电源的组成结构及各部分输出波形

由以上分析可知，组成简易直流稳压电源的核心元器件为：变压器、整流二极管、电容器、稳压二极管（或集成稳压器）。下面分别介绍这些元器件的识别和检测方法。

2.2.2　电感器及变压器的识别与检测

电感器（简称电感）是能够把电能转化为磁能而存储起来的元件，在电路中用字母 L 表示；变压器是利用电磁感应原理来改变交流电压的装置，在电路中用字母 T（旧标准为 B）表示。电感器和变压器均是用绝缘导线（例如漆包线、纱包线等）绕制而成的电磁感应元件，是电子电路中常用的元器件之一。

1．电感器、变压器的图形符号和命名方法

常用的电感器、变压器的图形符号如图 2.2.2 所示。

电感器和变压器的命名方法与电阻的命名方法类似。电感器的名称一般由四部分构成，如图 2.2.3 所示，名称各部分代表的含义如表 2.2.1 所示。

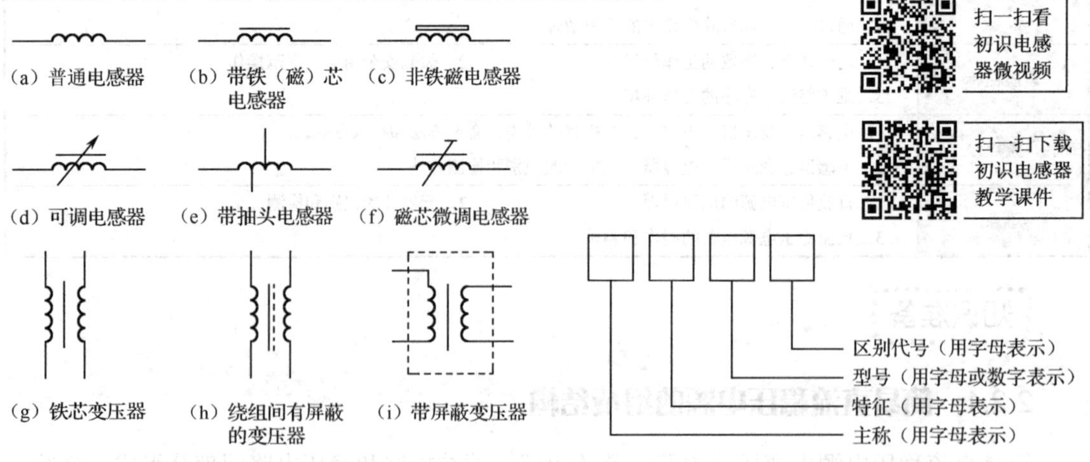

图 2.2.2　常用电感器及变压器的图形符号

图 2.2.3　电感器的命名规则

中频变压器的名称一般由五部分组成，如图 2.2.4 所示，各部分代表的含义如表 2.2.2 所示。

表 2.2.1　电感器名称各部分代表的含义

第一部分　主称	第二部分　特征	第三部分　型号	第四部分　区别代号
L—电感器 ZL—阻流圈	G—代表高频； 低频一般不标	X—小型； 1—表示轴向引线（卧式）； 2—表示同向引线（立式）	一般不标

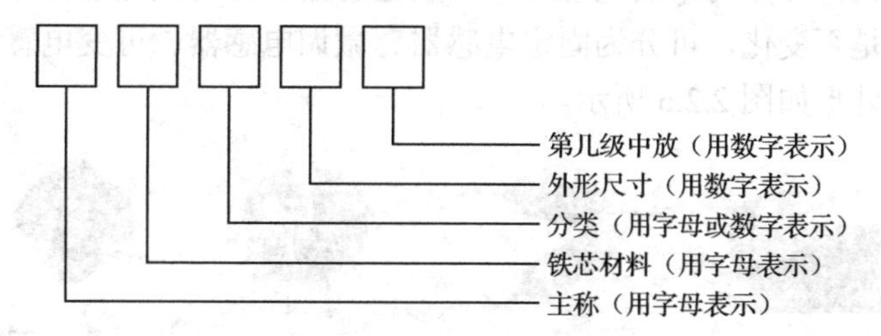

图 2.2.4　中频变压器命名规则

表 2.2.2　中频变压器名称各部分代表的含义

第一部分　主称	第二部分　铁芯材料	第三部分　分类	第四部分　外形尺寸（mm）	第五部分　第几级中放
T—中频变压器	T—磁性材料	F—调幅中波 S—短波	1—7×7×12 2—10×10×14 3—12×12×16 4—20×25×36	1—第 1 级 2—第 2 级 3—第 3 级

其他变压器名称一般由三部分构成，如图 2.2.5 所示，各部分代表的含义如表 2.2.3 所示。

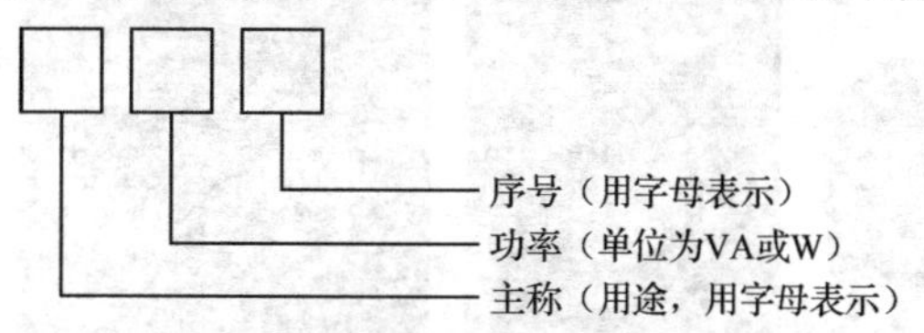

图 2.2.5　变压器（除中频变压器外）命名规则

表 2.2.3　变压器（除中频变压器外）名称各部分代表的含义

第一部分　主称（用途）	第二部分　功率	第三部分　序号
DB—电源变压器 CB—音频输出变压器 RB—音频输入变压器 GB—高压变压器 KB—开关变压器	用数字表示变压器的额定功率	用数字表示产品的序号

练一练

根据电感器的命名规则，在括号中写出下列名称代表的含义。

（1）LG1-B-47 μH±10%，表示（　　　　　　　）。

（2）TTF-2，表示（　　　　　　　　　　　　　　　　　　　　）。

（3）DB-60-2，表示（　　　　　　　）。

2．电感器、变压器的分类

1）电感器的分类

（1）按导磁性质，可分为空心电感器、磁芯电感器、铁芯电感器、铜芯电感器等。

（2）按用途，可分为天线电感器、振荡电感器、扼流电感器、陷波电感器、偏转电感器等。

（3）按绕线结构，可分为单层电感器、多层电感器、蜂房式电感器等。

（4）按电感量是否变化，可分为固定电感器、微调电感器、可变电感器等。

常见电感器的外形如图 2.2.6 所示。

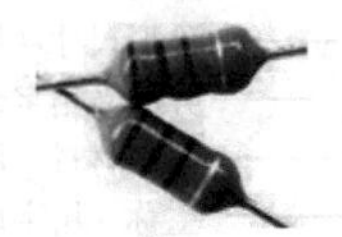

图 2.2.6　常见电感器

扫一扫看电感器的主要技术参数微视频

2）变压器的分类

（1）按用途，可分为电源变压器、隔离变压器、调压器、输入/输出变压器（音频变压器、中频变压器、高频变压器）、脉冲变压器。

（2）按导磁材料，可分为硅钢片变压器、低频磁芯变压器、高频磁芯变压器。

（3）按铁芯形状，可分为 E 形变压器、C 形变压器、R 形变压器、O 形变压器。

常见的变压器外形如图 2.2.7 所示。

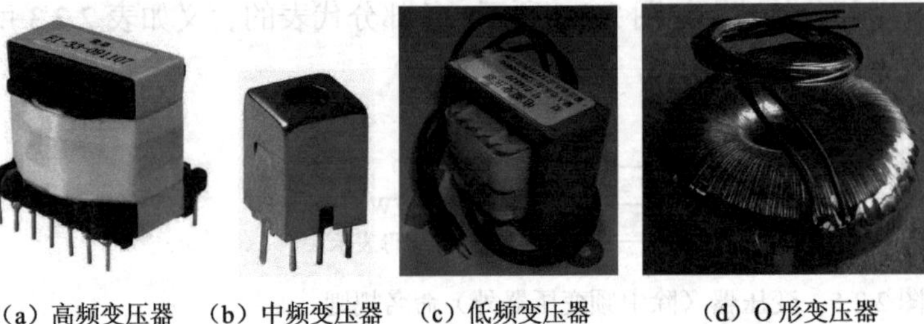

（a）高频变压器　（b）中频变压器　（c）低频变压器　（d）O 形变压器　（e）C 形变压器

图 2.2.7　常见的变压器

扫一扫下载电感器的主要技术参数教学课件

3．电感器、变压器的主要技术参数

1）电感器的主要技术参数

（1）标称电感量：标称电感量表示电感器本身的固有特性，主要取决于线圈的匝数、结构和绕制方法。它反映电感线圈存储磁场能的能力，也反映电感线圈通过变化电流时产生感应电动势的能力，单位为亨（H），常用单位还有毫亨（mH）、微亨（μH）和纳亨（nH）等。

$$1\ \text{H}=1\times10^{3}\ \text{mH}=1\times10^{6}\ \mu\text{H}==1\times10^{9}\ \text{nH}$$

（2）允许偏差：电感器的实际电感量相对于标称值的最大允许偏差范围称为允许偏差。

（3）品质因数 Q：电感器中储存能量与消耗能量的比值称为品质因数，它是衡量电感器品质的一个参数，用字母 Q 表示，又称为 Q 值。Q 为电感器的感抗 ωL 与等效电阻 R 的比值，即 $Q=\omega L/R$。Q 值越高，表明电感器的损耗越小。

（4）额定电流：电感器长期工作不损坏所允许通过的最大电流称为额定电流。它是高频、

低频扼流线圈和大功率谐振线圈的重要参数。

（5）分布电容：电感器的分布电容是指各匝绕组之间通过空气、绝缘层和骨架而形成的电容效应。分布电容可以看成与电感线圈并联的等效电容。低频时，分布电容对电感器的工作没有影响，高频时会改变电感器的性能。

2）变压器的主要技术参数

（1）变压比 K：变压比是指变压器初级电压 U_1 与次级电压 U_2 的比值或一次绕组匝数 N_1 与二次绕组匝数 N_2 的比值。一般会直接标志在变压器的外壳上，如 220 V/10 V。

$$K=\frac{U_1}{U_2}=\frac{N_1}{N_2}$$

（2）额定功率：额定功率是指在规定的频率和电压下，变压器能长期连续工作，而不超过规定温升的输出功率。一般用伏安（VA）、瓦（W）或千瓦（kW）表示。

（3）效率：效率是指变压器的输出功率与输入功率的比值（用百分比表示）。一般来说，变压器的容量（额定功率）越大，其效率越高；变压器的容量（额定功率）越小，其效率越低。例如，变压器的额定功率为 100 W 以上时，其效率可达到 90%以上；变压器的额定功率为 10 W 以下时，其效率只有 60%～70%。

（4）绝缘电阻：绝缘电阻是指变压器各绕组之间及各绕组对铁芯（或机壳）之间所加的直流电压与漏电流的比值，是变压器安全工作的重要参数。若绝缘电阻过低，会造成仪器和设备的机壳漏电，造成工作不稳定，甚至对设备和人身造成伤害。

扫一扫看电感器的识别微视频

4．电感器、变压器的识别

电感器的识别方法与电阻器相似，也有直标法、文字符号法、色标法和数码法四种。

（1）直标法：在电感器的外壳上直接用数字和文字标出电感器的电感量、允许误差及额定电流等主要参数。

（2）文字符号法：用文字符号表示电感器的标称电感量（单位为μH）及允许偏差。

（3）色标法：同电阻器标法一样，单位为μH。需要注意的是色环电感器比色环电阻器外形上要短而粗。

（4）数码法：电感器的数码标示法与电阻器一样，前面的两位数为有效数，第三位为乘数（10 的幂，也可以理解为有效数值后添 0 的个数），单位为μH。

练一练

根据电感器表面的标注，在括号中写出相应的参数。

（　　　　）

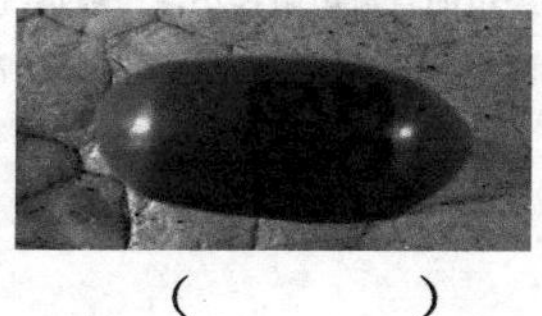

（　　　　）

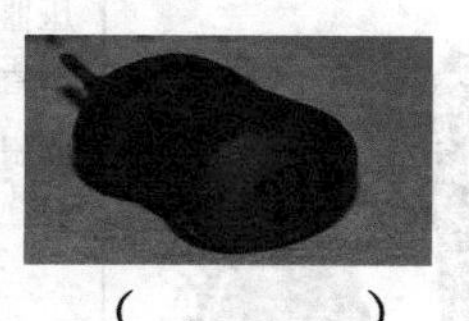

（　　　　）

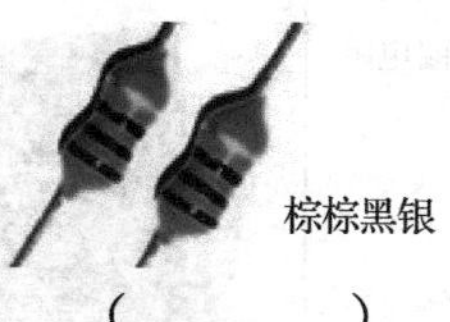

棕棕黑银

（　　　　）

5．电感器、变压器的检测

扫一扫看电感器的检测视频

扫一扫下载电感器的识别教学课件

1）电感器的检测

电感器的检测方法如表 2.2.4 所示。

表 2.2.4　电感器的检测方法

类别	图形示意	检测方法
外观检查		检测电感器时先进行外观检查，看线圈有无松散，引脚有无折断，线圈是否烧毁或外壳是否烧焦。若有上述现象，则表明电感器已损坏
万用表检测		用万用表的电阻挡测电感器的直流电阻。电感器的直流电阻值一般很小，匝数多、线径细的线圈能到几十欧姆；对于有抽头的线圈，各引脚之间的阻值均很小，仅有几欧姆左右。若阻值无穷大说明线圈已经开路损坏；阻值比正常值小很多，则说明有局部短路；阻值为零，说明线圈完全短路

2）变压器的检测

变压器的检测方法如表 2.2.5 所示。

表 2.2.5　变压器的检测方法

类别	图形示意	检测方法
外观检查		仔细查看变压器外观，看其引脚断是否断开、包装是否损坏、骨架是否良好、铁芯是否松动等。往往较为明显的故障，用观察法就可判断出来
检测线圈电阻		用万用表电阻挡分别测量变压器初级绕组、次级绕组的两个接线端子之间的阻值。若为∞，则说明有断路故障；若阻值为 0，说明有短路故障。变压器绕组的直流电阻很小，一般情况下，电源变压器（降压式）初级绕组的直流电阻多为几十至上百欧姆，次级绕组的直流电阻多为零点几至几欧姆

续表

类别	图形示意	检测方法
检测绝缘性能	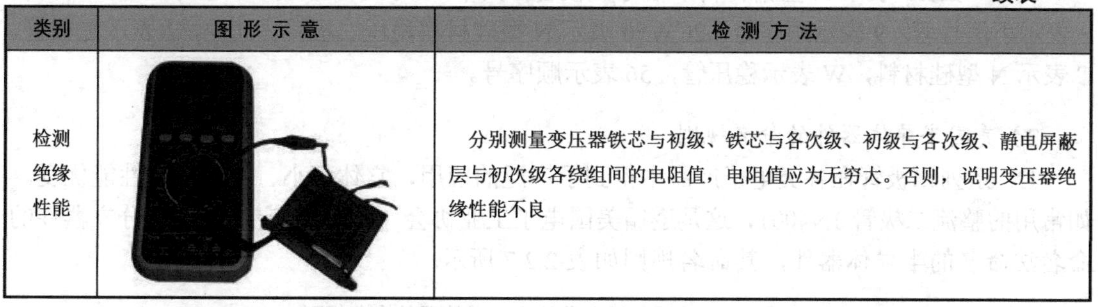	分别测量变压器铁芯与初级、铁芯与各次级、初级与各次级、静电屏蔽层与初次级各绕组间的电阻值，电阻值应为无穷大。否则，说明变压器绝缘性能不良

2.2.3　二极管的识别与检测

二极管是电子电路中常用的电子元器件之一，它主要起开关、整流、限幅、稳压等作用，其外形如图2.2.8所示。

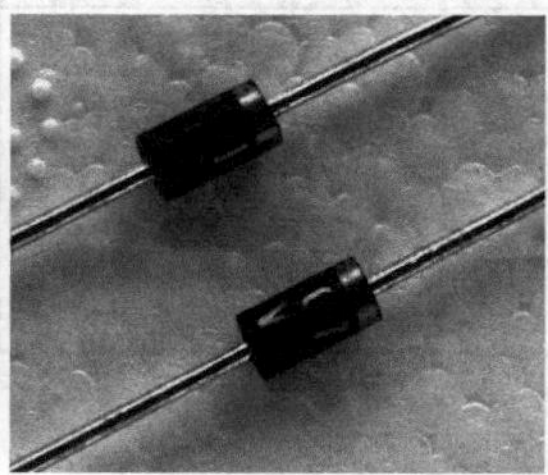
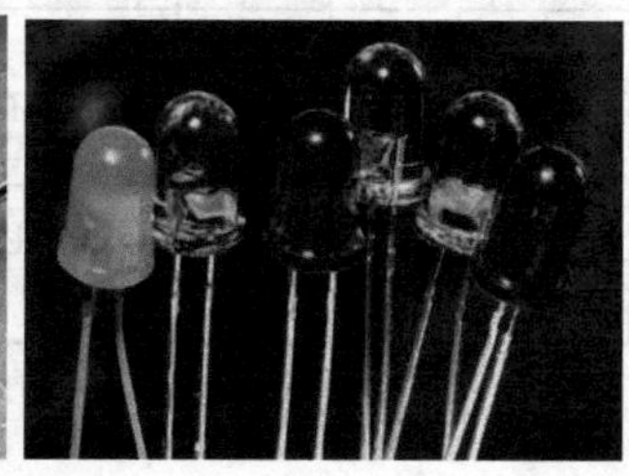

图2.2.8　常见的二极管

1. 二极管的命名规则

1）国产二极管的命名规则

国家标准GB/T 249—2017《半导体分立器件型号命名方法》规定，国产二极管的型号命名由五部分组成，如图2.2.9所示。二极管名称各部分代表的含义如表2.2.6所示。

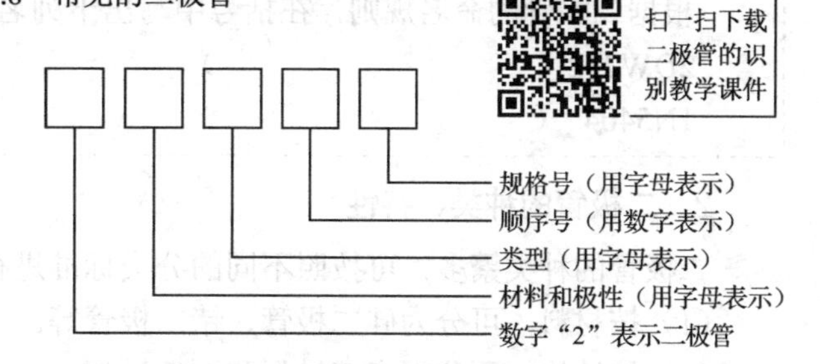

图2.2.9　国产二极管的命名规则

表2.2.6　二极管名称各部分代表的含义

第一部分　主称	第二部分　材料与极性（用字母表示）	第三部分　类型（用字母表示）	第四部分　序号	第五部分　规格号
2—二极管	A—N型锗材料 B—P型锗材料 C—N 型硅材料 D—P型硅材料 E—化合物或合金材料	P—小信号管 W—稳压管 L—整流堆 N—噪声管 Z—整流管 V—检波管 K—开关管 B—雪崩管 GF—发光二极管	用数字表示同一类别的产品登记顺序号	用字母表示产品规格号

例如，2AP9 表示 N 型锗材料小信号二极管。其中，2 表示二极管，A 表示 N 型锗材料，P 表示小信号管，9 表示顺序号；2CW56 表示 N 型硅材料稳压二极管，其中，2 表示二极管，C 表示 N 型硅材料，W 表示稳压管，56 表示顺序号。

2）美国半导体器件的命名规则

1N 系列二极管在各类电子产品中得到了广泛的应用，它体积小、价格低、性能优良。如常用的整流二极管 1N4001，这是遵循美国电子工业协会（EIA）规定的晶体管分立器件的命名法命名的半导体器件，其命名规则如表 2.2.7 所示。

表 2.2.7　美国电子工业协会半导体器件命名规则

第一部分		第二部分		第三部分		第四部分		第五部分	
用符号表示用途		用数字表示 PN 结数目		美国电子工业协会注册标志		美国电子工业协会注册顺序号		用字母表示器件分挡	
符号	意义	数字	意义	符号	意义	符号	意义	符号	意义
JAN 或 J	军用品	1	二极管	N	该器件在美国电子工业协会注册	多位数字	该器件在美国电子工业协会注册的顺序号	A	同一型号的不同挡别
		2	三极管					B	
无	非军用品	3	3 个 PN 结器件					C	
		n	*n* 个 PN 结器件					D	

练一练

根据二极管的命名规则，在括号中写出下列名称代表的含义。

2DW232（　　　　　　　　）　　2CZ82A（　　　　　　　　）

1N5404（　　　　　　　　）　　2CU2C（　　　　　　　　）

2．二极管的种类、特性

二极管的种类繁多，可按照不同的分类标准进行分类。

（1）按材料，可分为硅二极管、锗二极管等。

（2）按结构，可分为点接触型和面接触型。

（3）按用途，可分为普通二极管、特殊二极管。普通二极管又分为整流二极管、检波二极管、开关二极管、稳压二极管等；特殊二极管又分为变容二极管、光电二极管、发光二极管等。

二极管的基本特性是单向导电性，其伏安特性曲线如图 2.2.10 所示。二极管的其他特性如下。

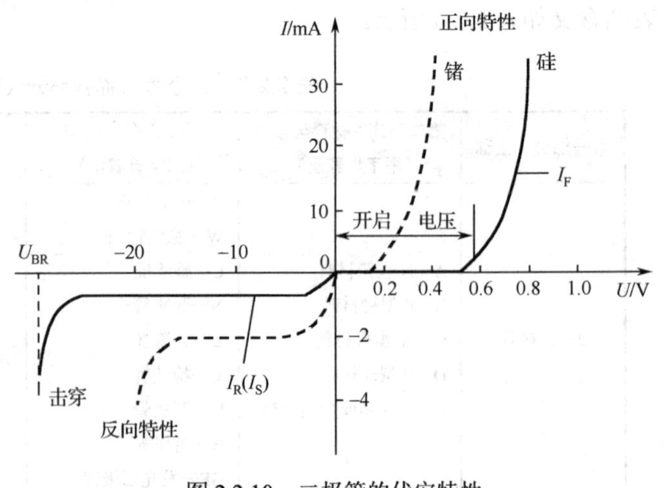

图 2.2.10　二极管的伏安特性

（1）正向特性：当加在二极管两端的正向电压很小时（锗管

小于 0.1 V，硅管小于 0.5 V），管子不导通，处于“截止”状态，当正向电压超过一定数值后，管子才导通，电压再稍微增大，电流急剧增加。硅二极管的导通电压（也称开启电压）约为 0.5～0.7 V，锗二极管的导通电压约为 0.1～0.3 V。

（2）反向特性：二极管两端加上反向电压时，反向电流很小。当反向电压在一定范围内逐渐增加时，反向电流基本保持不变，这时的电流称为反向饱和电流。

（3）击穿特性：当反向电压增加到某一数值时，反向电流急剧增大，这种现象称为反向击穿。这时的反向电压称为反向击穿电压。不同结构、工艺和材料制成的二极管，其反向击穿电压值差异很大，可由几伏到几百伏，甚至高达数千伏。

扫一扫看二极管的主要技术参数微视频

3. 二极管的主要技术参数

用来表示二极管的性能好坏和适用范围的技术指标称为二极管的技术参数。不同类型的二极管有不同的技术参数，初学者应了解以下几个主要参数。

扫一扫下载二极管的主要技术参数教学课件

1）最大整流电流

最大整流电流是指二极管长期连续工作时允许通过的最大正向平均电流值，该值与 PN 结的面积及外部散热条件有关。因为电流通过管子时会使管芯发热，温度上升，温度超过容许限度（硅管为 141 ℃左右，锗管为 90 ℃左右）时，就会使管芯过热而损坏，所以在规定的散热条件下，二极管使用时不要超过其最大整流电流值。

例如，常用的 1N4001、1N4007 整流二极管的最大整流电流为 1 A。

2）最高反向工作电压

二极管两端承受的反向电压达到一定值时，会将管子击穿，失去单向导电能力。为了保证使用安全，规定了最高反向工作电压值，也称为反向耐压值。该值通常规定为反向击穿电压的一半，注意它是一个瞬时值。

例如，1N4001 二极管的反向耐压为 50 V，1N4007 的反向耐压为 1000 V。

3）反向电流

反向电流是指二极管在规定的温度和最高反向电压作用下，流过二极管的反向电流。反向电流越小，管子的单向导电性能越好。值得注意的是反向电流与温度有着密切的关系，大约温度每升高 10 ℃，反向电流增大一倍。

例如 2AP1 型锗二极管，在 25 ℃时反向电流为 250 μA；温度升高到 35 ℃，反向电流将上升到 500 μA；在 75 ℃时，它的反向电流达 8 mA，此时管子失去了单向导电特性，还有可能因过热而损坏。又如，2CP10 型硅二极管，25 ℃时反向电流仅为 5 μA；温度升高到 75 ℃时，反向电流达到 160 μA。故硅二极管比锗二极管在高温下具有较好的稳定性。

4）反向恢复时间

二极管由正向导通到反向截止，理想情况下电流能瞬时截止。而实际上，二极管在接反向电压的时候，二极管两端的空穴和电子是不接触的，没有电流流过，同时形成了一个等效电容，如果这个时候二极管改变两端的电压方向，自然有一个充电的过程，这个充电的时间就是二极管的反向恢复时间。该过程使二极管不能在快速连续脉冲电压下当做开关使用。如果反向脉冲电压的持续时间比反向恢复时间短，则二极管在正、反向都可导通，起不到开关

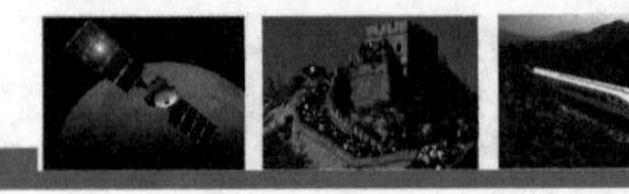

作用。因此了解二极管反向恢复时间对正确选取二极管和合理设计电路是非常重要的。

5）最高工作频率

最高工作频率是指二极管能正常工作的最高频率。选用二极管时，必须使它的工作频率低于最高工作频率。

扫一扫下载常用二极管的结构特点教学课件

4. 常见二极管的结构特点及选用原则

常见二极管的结构特点及选用原则如表 2.2.8 所示。

表 2.2.8 常见二极管的结构特点及选用原则

名称	图形符号、实物外形	结构特点	作用及选用原则
整流二极管		整流二极管正向工作电流较大，多用硅半导体制成，结构上多采用面接触型，能够承受较大的正向电流和较高的反向电压。有全密封金属结构封装和塑料封装两种形式	整流二极管的作用是将交流电源整流成脉动的直流电。选用时应考虑其最大整流电流、最高反向工作电压及反向恢复时间等参数
检波二极管		检波二极管工作在高频电路中，要求正向压降小、检波效率高、结电容小、频率特性好。一般采用锗材料点接触型结构，其外形常为 EA 玻璃封装形式	检波二极管的作用是把调制在高频载波中的低频信号检出来。在选用时，应根据电路的具体要求来选择工作频率高、反向电流小、频率特性好的二极管
开关二极管		在开关电路中利用二极管的单向导电特性可以对电流起接通和关断的作用，把用于这一目的的二极管称为开关二极管	中速开关电路和检波电路可以选用 2AK 系列普通开关二极管。高速开关电路可以选用 RLS、ISS、1N 等系列的高速开关二极管。具体选用时应根据电路的正向电流、最高反向电压、反向恢复时间等参数来选择
稳压二极管		稳压二极管简称稳压管，采用特殊工艺制成，反向击穿时不损坏二极管，且反向击穿电压基本上不随电流的改变而改变。稳压管工作在反向击穿区，击穿时的电压值即为它的稳定电压值（稳压值）	稳压管在电路中起到稳压、限幅、过载保护的作用，广泛用于稳压电源装置中。选用时应根据需要选用某一稳压值的稳压管。稳压管的最大稳定电流应高于电路的最大负载电流 50%左右。使用时应串联限流电阻器
变容二极管		变容二极管是电压控制型元件，利用 PN 结的结电容随着外加的反向电压的增加而结电容减小这一特性制成。即：当加到变容二极管两端的反向电压增大时，变容二极管的容量减小	变容二极管主要用于高频调谐、通信等电路中，作为可变电容使用。选用时应重点考虑其最高工作频率、最高反向工作电压、最大正向电流等参数，同时应选用结电容变化大、反向漏电流小的变容二极管

续表

名称	图形符号、实物外形	结构特点	作用及选用原则
发光二极管		发光二极管是采用磷化镓、磷砷化镓等半导体材料制成的。除具有普通二极管的特性外，还将电能转化成光能。红外发光二极管是一种特殊的发光二极管，其外形与发光二极管相似，只是它发出的是肉眼看不到的红外光	发光二极管常用于指示、显示、照明等电路中，也可用于测试装置、遥控设备中。其正常工作电流一般为 10～25 mA，工作电压为 1.5～3 V。发光二极管的工作电流应不超过额定值，否则会烧毁，使用时应串联限流电阻器
光电二极管		光电二极管也叫光敏二极管，工作在反偏状态。光电二极管的 PN 结被封装在透明玻璃外壳中，其 PN 结装在管子的顶部，当光线照射在 PN 结上时，反向电流随光线照射强度的增加而增大，光线越强反向电流越大	光电二极管在电路中常与发光二极管配合使用，组成一对光电开关。当没有光照射时，光电二极管反向截止，当有光照射时，反向电流迅速增加，呈导通状态。使用时应串联限流电阻器
光电耦合器	(a) (b) (c) (d)	光电耦合器是将发光二极管或红外发光二极管和光敏元件组装在一起而形成的器件。它以光信号作为媒介，实现了电—光—电的传递与转换	光电耦合器主要用于信号隔离、电平匹配等电路中，起信号的传输和隔离作用

注意：(1) 开关电源的整流电路及脉冲整流电路中使用的整流二极管，应选用工作频率较高、反向恢复时间较短的整流二极管或快速恢复二极管。

(2) 不同颜色的发光二极管工作电压不同，如表 2.2.9 所示。

(3) 变色发光二极管有三个引脚：R（红）、G（绿）、C（公共端），内部有两个发光二极管。电路符号如图 2.2.11 所示。

表 2.2.9　发光二极管的工作电压

颜色	基本材料	工作电压/V（10 mA 时）	光强度/mcd（10 mA 时）
红外光	GaAs	1.3～1.5	
红	GaAsP	1.6～1.8	0.4～1
鲜红	GaAsP	2.0～2.2	2～4
黄	GaAsP	2.0～2.2	1～3
绿	GaP	2.2～2.4	0.5～3

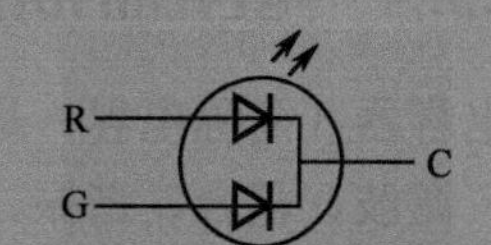

图 2.2.11　变色发光二极管图形符号

5. 二极管的检测

二极管是由 PN 结构成的半导体器件，具有单向导电性，可以用万用表测试其性能和极性。

扫一扫看二极管的检测微视频

1）普通二极管检测

普通二极管的检测方法如表 2.2.10 所示。

表 2.2.10　普通二极管的检测

测试步骤	示 意 图	测 试 说 明
正向特性测试		将数字万用表置于二极管挡位，用表笔测量二极管两端，若显示二极管的导通电压（硅管为 0.5～0.7 V，锗管为 0.1～0.3 V），则说明二极管正偏导通，红表笔接的是二极管的阳极，黑标笔接的是二极管阴极，同时说明其正向特性良好。
反向特性测试		按照上述方法测量时，若显示 0，说明二极管内部已短路，若显示 1.，说明其内部已断路或处于反偏状态，此时应调换二极管的方向再测一次，若依然显示 1.，则说明二极管内部断路，不能使用，若显示导通电压，说明二极管正反向特性良好

2）稳压二极管的检测

稳压二极管正反向特性的检测方法与普通二极管相同，只是还需检测它的稳压值。测试方法如图 2.2.12 所示，从 0 V 开始，不断增大电源电压，并用电压表测量稳压管两端的电压值，当电压表稳定在某一数值时，该数值就是稳压管的稳压值。

3）发光二极管的检测

发光二极管极性及正反向特性的测试方法与普通二极管相似，需要注意的是，不同颜色的发光二极管导通电压不同。用数字万用表的二极管挡位测量使其正偏导通时，发光二极管会发光，红外发光二极管也会发出肉眼不可见的红外光，同时万用表会显示其正向导通电压。

2.2.4　电容器的识别与检测

电容器（简称电容）是各类电子电路中使用非常广泛的电子元器件，常用于隔直流、通交流、滤波、耦合、谐振、能量转换等场合。

扫一扫看初识电容器微视频

扫一扫下载初识电容器教学课件

1. 电容器的图形符号及命名方法

常用电容器的图形符号如图 2.2.13 所示。

电容器与电阻器都是根据国家标准 GB/T 2470—1995《电子设备用固定电阻器、固定电容器型号命名方法》来命名的，名称各部分代表的含义如表 2.2.11 所示。

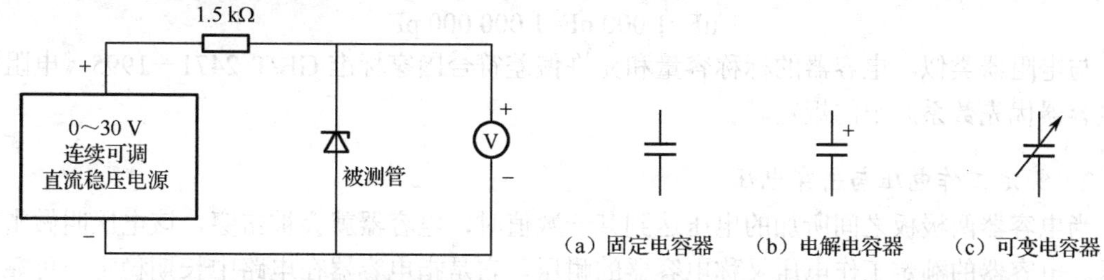

（a）固定电容器　（b）电解电容器　（c）可变电容器

图 2.2.12　测量稳压二极管的稳压值　　图 2.2.13　常用电容器的图形符号

表 2.2.11　电容器名称各部分代表的含义

第一部分　主称（用字母表示）		第二部分　材料（用字母表示）		第三部分　特征（用数字或字母表示）		第四部分　序号
符号	意义	符号	意义	符号	意义（瓷介电容）	
C	电容	C	1 类陶瓷			
		I	玻璃釉			
		O	玻璃膜			
		Y	云母			
		V	云母纸			
		Z	纸	1	圆形	
		J	金属化纸	2	管形（圆柱）	
		B	非极性有机薄膜	3	迭片	
		L	极性有机薄膜	4	多层独石	
		S	3 类陶瓷	5	穿心	
		Q	漆膜	6	支柱式	
		H	复合	7	交流	
		D	铝电解	8	高压	
		A	钽电解	G	高功率	
		G	合金电解			
		N	铌电解			
		T	2 类陶瓷			
		E	其他材料电解			

例如，电容器的型号名称为 C C G 2 时，各部分的含义如图 2.2.14 所示。

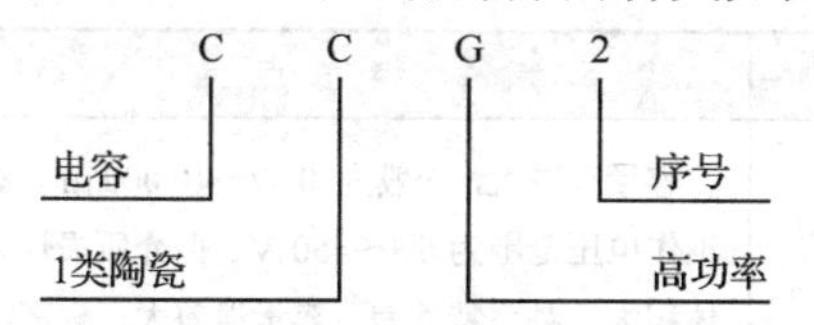

图 2.2.14　电容器命名示例

扫一扫看电容器的主要技术参数微视频

扫一扫下载电容器的主要技术参数教学课件

2．电容器的主要技术参数

1）标称容量与允许偏差

标称容量是指在电容器上所标注的容量值。电容量的单位是法拉，简称法，符号是 F，常用的电容量单位有毫法（mF）、微法（μF）、纳法（nF）和皮法（pF）。换算关系是：

$$1\ \text{F}=1\ 000\ \text{mF}=1\ 000\ 000\ \mu\text{F}$$

$$1\ \mu F = 1\ 000\ nF = 1\ 000\ 000\ pF$$

与电阻器类似，电容器的标称容量和允许偏差符合国家标准 GB/T 2471—1995《电阻器和电容器优先数系》中的规定。

2）额定工作电压与击穿电压

当电容器两极板之间所加的电压达到某一数值时，电容器就会被击穿，该电压叫做击穿电压。电容器的额定工作电压又称电容器的耐压，它是指电容器在电路中长期稳定、可靠工作时，所承受的最大直流电压，其值通常为击穿电压的一半。

电容器不同，耐压也不同。常用的固定电容器额定工作电压系列有 6.3 V、10 V、16 V、25 V、50 V、63 V、100 V、250 V、400 V、500 V、630 V、1 000 V、1 600 V、2 500 V 等。

3）绝缘电阻

电容器的绝缘电阻是指电容器两极之间的电阻，也称为电容器的漏电阻。绝缘电阻越大，漏电流越小。一般小容量的电容器绝缘电阻很大，在几百兆欧姆或几千兆欧姆之间。电解电容器的绝缘电阻一般较小。

3. 电容器的种类及特点

（1）按电解质，可分为有机介质电容器、无机介质电容器、电解电容器和空气介质电容器等。

（2）按用途，可分为旁路电容器、滤波电容器、耦合电容器、隔直电容器等。

（3）按介质材料，可分为陶瓷电容器、涤纶电容器、云母电容器、聚丙烯电容器等。

（4）按容量可否变化，可分为固定电容器、半可变电容器（又称微调电容器，其电容量变化范围较小）、可变电容器（电容量变化范围较大）等。

（5）按有无极性，可分为电解电容器（有极性电容器）和无极性电容器。

几种常见电容器的外形、特点及用途如表 2.2.12 所示。

扫一扫看电容器的种类及特点微视频

扫一扫下载电容器的种类及特点教学课件

表 2.2.12 常见电容器的外形、特点及用途

种类	外　形	特　点	用　途
铝电解电容器 CD		容量范围大，一般为 0.47～10 000 μF，额定工作电压范围为 6.3～450 V。但介质损耗大、体积大、频率特性差、容量误差大、耐高温性较差，存放时间长时特性容易失效	通常用在直流电源电路中或中低频电路中起滤波、耦合、隔直流、时间常数设定等作用
钽电解电容器 CA		介质损耗小、频率特性好、耐高温、漏电流小，但生产成本高、耐压低	广泛应用于通信、航天、军工及高端家用电器中

续表

种类	外形	特点	用途
云母电容器 CY		稳定性好、分布电感小、精度高（0.01%）、损耗小、绝缘电阻大、温度特性及频率特性好、耐压高（50～7 000 V），但容量小（4.7～30 000 pF），成本高，体积大	一般在高频电路中起信号耦合、旁路、调谐等作用
聚丙烯电容器 CBB		损耗小、性能稳定、绝缘性能好、容量大（可达几十μF）、耐高压（63～2 000 V）	广泛用于中低频电子电路中
瓷片电容器 CC		高频瓷片电容器的温度系数小、稳定性高、损耗低、耐压高。低频瓷片电容器的绝缘电阻小、损耗大、稳定性差，但质量轻、容量大、价格低廉	高频瓷片电容器主要用于高频调谐电路，低频瓷片电容器广泛应用于中低频电路中，起隔直流、耦合、旁路和滤波等作用

4. 电容器的识别

电容器的标注方法主要有直标法、文字符号法、数码法和色标法。

1）直标法

用字母、阿拉伯数字和单位符号在电容器表面直接标出主要参数的方法称为直标法。

有些电容器采用 R 表示小数点。如 R47 μF 表示 0.47 μF。如果是“零点零几”常把整数位的零省去，如 01 μF 表示 0.01 μF。

扫一扫下载电容器的识别教学课件

2）文字符号法

文字符号法是用阿拉伯数字和字母按照一定的组合规律来标出电容器主要参数的方法。该方法用字母表示电容量的单位，n 表示 nF、p 表示 pF、μ表示μF。如果没有标单位，则按下面的规则识别。

（1）整数部分有有效数字，单位为 pF。如：5.1 表示 5.1 pF，4 700 表示 4 700 pF。

（2）整数部分无有效数字，单位为 μF。如：0.01 表示 0.01 μF，R33 表示 0.33 μF，.068 表示 0.068 μF。

3）数码法

数码法是用三位阿拉伯数字表示电容量的方法。数码从左到右，前两位为有效数值，最后一位为乘数（即有效数值后添 0 的个数），单位为 pF。偏差同电阻器的标示方法一样，用字母符号表示。

注意： 如数码法的第三位为 9 时，表示 10^{-1}，而非 10^{9}，如 229，表示 2.2 pF。

4）色标法

四环色标法：第一、二环表示有效数值，第三环表示乘数，第四环表示允许偏差。五环色标法：第一、二、三环表示有效数值，第四环表示乘数，第五环表示允许偏差。对于圆片

或矩形片状电容器，读码方向从顶部向引脚方向读。色环及其含义如图 2.2.15 所示。色环电容器容量值的单位是 pF。

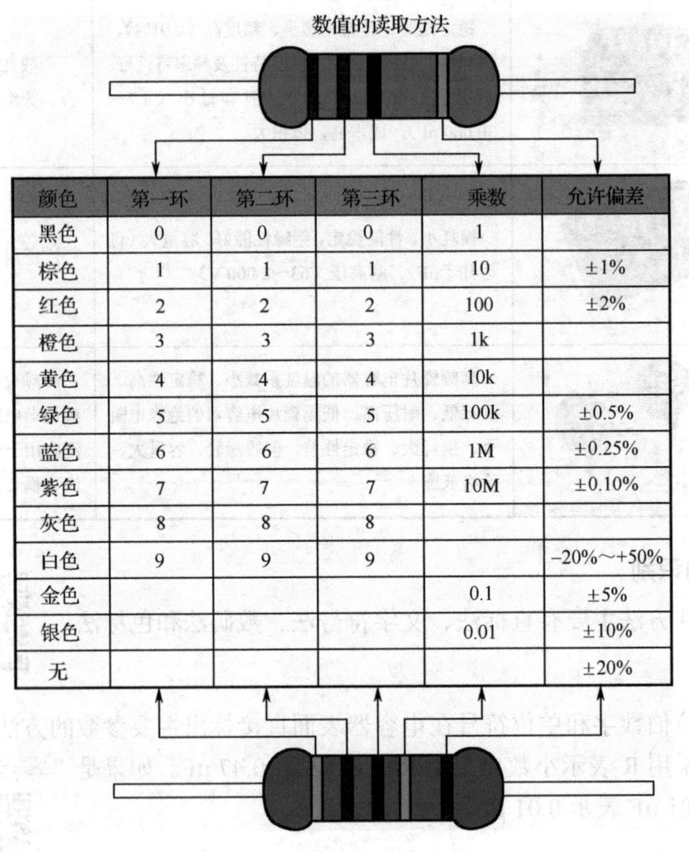

颜色	第一环	第二环	第三环	乘数	允许偏差
黑色	0	0	0	1	
棕色	1	1	1	10	±1%
红色	2	2	2	100	±2%
橙色	3	3	3	1k	
黄色	4	4	4	10k	
绿色	5	5	5	100k	±0.5%
蓝色	6	6	6	1M	±0.25%
紫色	7	7	7	10M	±0.10%
灰色	8	8	8		
白色	9	9	9		−20%～+50%
金色				0.1	±5%
银色				0.01	±10%
无					±20%

图 2.2.15　色环及其含义

练一练

根据电容器表面的标注，在括号中写出相应的参数。

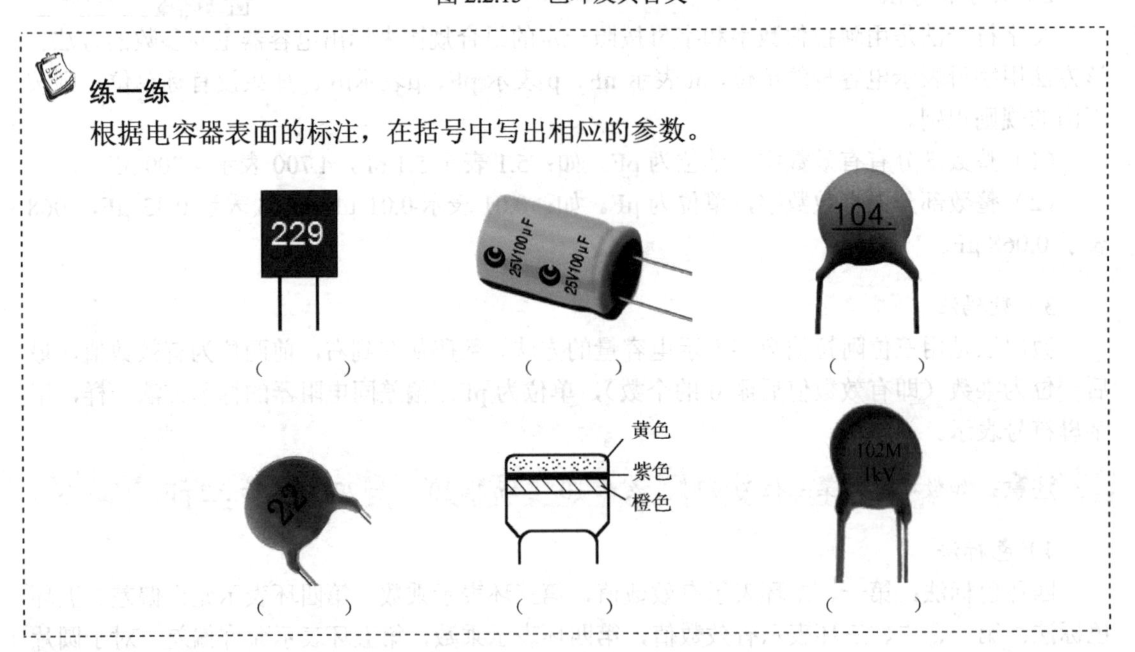

5. 电容器的检测

电容器比电阻器出现故障的概率大，常见的故障有开路、击穿和漏电等。一般使用模拟万用表可简单判断电容器的容量大小、引脚极性以及电容器的好坏。

扫一扫看电容器的检测微视频

1）电容器的容量大小的判别

5 000 pF 以上容量的电容器用模拟万用表的最高电阻挡判别。具体操作方法是：将万用表的两表笔分别接在电容器的两个引脚上，这时，可见万用表指针向右偏摆，然后缓慢复原，这是电容器的充电过程。电容器的容量越大，指针摆动越大，指针复原的速度也越慢。

5 000 pF 以下容量的电容器用模拟万用表测量时，由于其容量小，无法看出电容器的充电过程。这时，应选用具有测量电容量功能的数字万用表进行测量。

2）固定电容器的故障判断

采用上述方法测量电容器时，若万用表指针不摆动（针对 5 000 pF 以上的电容器），说明电容器已开路；若万用表指针向右摆动后，不再向左复原，说明电容器被击穿；若万用表指针向右摆动后，只有少量向左回摆的现象，说明电容器漏电，指针稳定后的读数即为该电容器的漏电电阻值。

3）微调电容器和可变电容器的检测

（1）用手轻轻旋动转轴，应感觉十分平滑，不应有时松时紧甚至有卡滞现象。或者用一只手旋动转轴，另一只手轻摸动片组的外缘，不应感觉有任何松脱现象。转轴与动片之间接触不良的可变电容器，是不能再继续使用的。

（2）将万用表置于 R×10 kΩ挡，用一只手将两个表笔分别接可变电容器的动片和定片的引出端，另一只手将转轴缓缓旋动几个来回，万用表指针都应在无穷大位置不动。在转动的过程中，如果指针有时指向零，说明动片和定片之间存在短路点；如果转到某一角度，万用表读数不为无穷大而是出现一定阻值，说明可变电容器动片与定片之间存在漏电现象。

4）电解电容器的检测

（1）因为电解电容器的容量较一般固定电容器大得多，所以在测量时应针对不同的容量选用合适的量程。根据经验，容量为 1～47 μF 的电容器可用 R×1 kΩ挡测量，大于 47 μF 的电容器可用 R×100 Ω挡测量。

（2）选好量程后，将模拟万用表的红表笔接电解电容器的负极、黑表笔接正极，在刚接触的瞬间，万用表指针即向右偏转较大角度（对于同一电阻挡量程，容量越大，摆幅越大），接着逐渐向左回摆，直到停在某一位置。此时的阻值便是电解电容器的正向漏电阻，此值略大于反向漏电阻。实际使用经验表明，电解电容器的漏电阻一般应在几百 kΩ以上，否则，将不能正常工作。在测试中，若正向、反向均无充电的现象，即表针不动，则说明容量消失或内部断路；如果所测阻值很小或为零，说明电容器漏电严重或已击穿，不能再使用。

（3）对于正、负极标志不明的电解电容器，可利用上述测量漏电阻的方法加以判别。即先任意测一下漏电阻，记住其大小，然后交换表笔再测出一个阻值。两次测量中阻值大的那一次便是正向接法，即黑表笔接的是电容器的正极，红表笔接的则是负极。

注意：（1）测量电容器时，不能用手接触到被测电容器的引脚或万用表表笔的金属部分，以免人体电阻并联在电容器的两端，引起测量误差。

（2）模拟万用表的黑表笔是表内电源的正极，红表笔是表内电源的负极。

6. 电容器的选用

（1）根据电路要求选择电容器的类型。对于要求不高的低频电路和直流电路，可选用纸介质电容器，也可选用低频瓷介质电容器。在高频电路中，当电气性能要求较高时，可选用云母电容器、高频瓷介质电容器。在电源滤波、去耦电路中，一般可选用铝电解电容器。对于可靠性和稳定性要求较高的电路，应选用云母电容器或钽电解电容器。对于高压电路，应选用高压瓷介质电容器或其他类型的高压电容器。对于调谐电路，应选用可变电容器及微调电容器。

（2）合理选择电容器的容量及允许偏差。在低频耦合及去耦电路中，一般对电容器的电容量要求不太严格，只要按计算值选取稍大一些的电容量便可以了。在定时电路、振荡回路及音调控制等电路中，对电容量要求较为严格，因此选取电容量的标称值应尽量与计算值相一致或尽量接近，应尽量选精度高的电容器。

（3）电容器的工作电压应符合电路要求。一般情况下，电容器的额定电压应是实际工作电压的 1.5～2 倍。

（4）优先选用绝缘电阻大、介质损耗小、漏电流小的电容器。

（5）根据工作环境选择电容器。在高温条件下工作的电路应选用工作温度高的电容器；在潮湿环境中工作的电路，应选用抗湿性好的密封电容器；在低温环境下工作的电路，应选用耐寒的电容器，这对电解电容器来说尤为重要，因为普通的电解电容器在低温条件下会使电解液结冰而失效。

任务实施

步骤 1：准备技术文件，熟悉直流稳压电源的工作原理。

图 2.2.16 所示为直流稳压电源的电路原理图，变压器将 220 V 的工频交流电变为 9 V 的交流电，经过由四个二极管组成的桥式整流电路后得到脉动的直流电，再由电容器 C 进行滤波得到稳定的直流电。但此时的电压并不是 5 V 电压，而是高于 5 V 电压，再经过稳压电路后，得到稳定的 5 V 直流电压。电阻 R_1 和 LED 构成了电源灯指示电路。R_1 和 R_2 分别为 LED 和 VD_W 的限流电阻。

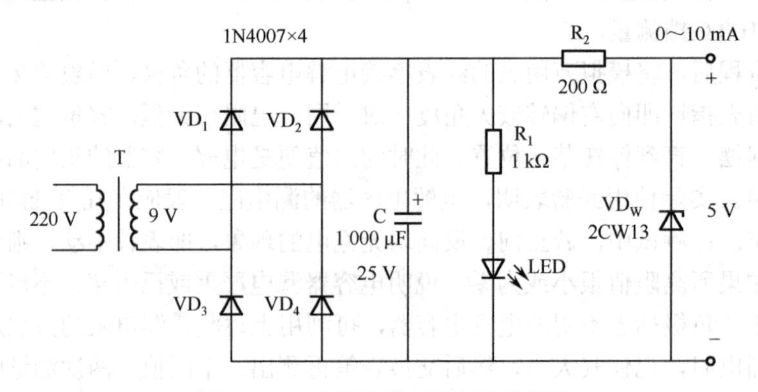

图 2.2.16　直流稳压电源电路原理图

步骤 2：识别和检测元器件。

元器件清单如表 2.2.13 所示。

表 2.2.13 元器件清单

序号	名 称	数量	主 要 参 数	序号	名 称	数量	主 要 参 数
1	带插座的电源线	1		5	电阻器	1	1 kΩ，1/4 W，±1%
2	变压器	1	220 V/9 V	6	电阻器	1	200 Ω，1/4 W，±1%
3	整流二极管 1N4007	4	1 A，1 000 V，3 kHz	7	发光二极管	1	ϕ5 mm，红
4	电容器	1	1 000 μF/25 V	8	稳压二极管 2CW12	1	5.1 V

（1）检测变压器。分别测量变压器原边线圈和副边线圈的电阻值。若阻值为无穷大，则说明线圈有断开点；若阻值为零，则说明线圈短路。然后测量原边线圈、副边线圈和外壳之间的绝缘电阻，应为无穷大。将结果填入表 2.2.14 中。

表 2.2.14 检测变压器

检 测 内 容	测 量 值	检 测 结 果
原边线圈电阻值		
副边线圈电阻值		
原边线圈与副边线圈的绝缘电阻		
原边线圈与外壳之间的绝缘电阻		
副边线圈与外壳之间的绝缘电阻		

（2）检测二极管。前面讲述了使用数字万用表检测二极管的方法。这里也可采用模拟万用表进行检测。将万用表置于 R×100 Ω挡，分别测量二极管的正、反向电阻，测得阻值小的那次与黑表笔相接的电极为正极；反之，为负极。二极管的正、反向阻值相差越大，说明其单向导电性越好。若二极管的正、反向电阻都很大，说明二极管内部存在开路故障；若二极管的正、反向阻值都很小，说明二极管内部存在短路故障。将检测结果填入表 2.2.15 中。

表 2.2.15 检测二极管

检 测 内 容	正向电阻值	反向电阻值	检 测 结 果
VD_1			
VD_2			
VD_3			
VD_4			
LED			
VD_W			

（3）检测其他元器件。将检测结果填入表 2.2.16 中。

表 2.2.16 检测电容器、电阻器

	检 测 内 容	检 测 结 果
电容器 C	检测引脚极性、充放电能力	
电阻器 R_1	检测阻值、误差、功率	
电阻器 R_2	检测阻值、误差、功率	

步骤 3：在面包板上装配电路。

根据图 2.2.16 所示原理图，将检测合格的元器件插装在面包板上。注意连线要紧贴在面包板上，导线不能互相重叠，尽量做到横平竖直。

步骤 4：电路的测试与调整。

将变压器原边经 0.5 A 的熔断器接入 220 V 交流电源，用万用表测量输出电压是否为 5 V。若不正常应立即切断交流电源，对电路重新检查。若正常可在输出端接入负载（利用 1 kΩ电阻和 100 kΩ电位器串联来代替），并在负载中串入直流电流表，调整电位器，观察输出电流在 0～5 mA 内变化时输出电压是否稳定。将测量结果填入表 2.2.17 中。

表 2.2.17　电路测试

测 量 条 件		输出电流值	输出电压值
不接负载		×	
接入负载	1 kΩ		
	2 kΩ		
	10 kΩ		
	100 kΩ		

任务评价

教师对学生进行考核和评价，选出优秀作品进行展示和点评。总结学生在任务完成过程中出现的问题，帮助学生完善知识、提升技能。填写考核评价表 2.2.18。

表 2.2.18　考核评价

考 核 内 容		分值	得分
知识自评（20 分）	1．电感器的主要参数有________、________、________。 2．标有 4R7M 的电感器，其标称电感量为________、允许偏差为________。 3. 色环电感器“棕黑棕银”表示标称电感量为________、允许偏差为__________。 4．变压器的主要技术参数有__________、__________、__________。 5．电容器的主要技术参数有__________、________、__________。 6．标有 229 的电容器，其标称容量为__________；标有 222 的电容器，其标称容量为__________；标有 R22 的电容器，其标称容量为__________。 7. 工作在反向偏置状态的二极管有__________、__________、____________。 8．变容二极管的结电容会随着外加的反向电压的增高而__________	20 分	
技能考评（60 分）	1．元器件的识别和检测	20 分	
	2．电路制作（要求元件插装正确，走线规范整齐，布局合理）	20 分	
	3．电路测试	20 分	
职业素养（20 分）	1．出勤和纪律	5 分	
	2．正确使用仪器仪表，安全用电、规范操作	10 分	
	3．整理工作台面，及时清扫地面，维护整洁有序的工作环境	5 分	
总分			

任务小结

1. 直流稳压电源由变压器电路、整流电路、滤波电路、稳压电路四部分组成。

2. 电感器的主要技术参数有标称电感量、允许偏差、品质因数和额定电流。变压器的主要技术参数有变压比、额定功率和效率。电感器的识别方法有直标法、文字符号法、色标法和数码法。

3. 二极管在电子电路中起开关、整流、限幅、稳压等作用。二极管的种类繁多，可按照不同的分类标准进行分类。

4. 二极管具有单向导电性，主要技术参数有最大整流电流、最高反向工作电压、反向电流、反向恢复时间、最高工作频率等。

5. 工作在反偏状态的二极管有：稳压二极管、光电二极管、变容二极管。工作时需要接限流电阻的二极管有：发光二极管、光电二极管、稳压二极管。

6. 电容器在电子电路中主要用于隔直流、通交流、滤波、耦合、谐振、能量转换等场合。电容器的主要技术参数为标称电容量、允许偏差和额定电压。电容器的主要标注方法有直标法、文字符号法、数码法、色标法。

拓展训练

查阅资料，了解可调直流稳压电源的工作原理（见图 2.2.17），并利用集成稳压器 LM317，制作一款连续可调的直流稳压电源。

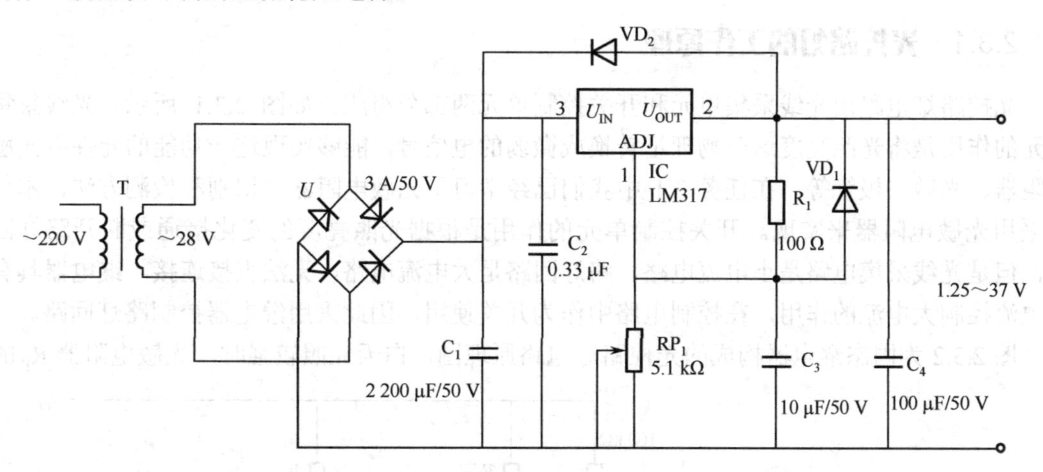

图 2.2.17　LM317 构成的可调直流稳压电源

任务 2.3　制作光控路灯

任务提出

光控路灯广泛应用在城市道路照明、室内公共场所照明等场合，起到了节能降耗的作用。本任务要求制作一款简易的光控路灯，以光照强度作为路灯的控制点，实现白天光线较亮时，路灯自动关闭，晚上光线较暗时，路灯自动开启的功能。

任务导学

任务 2.3	制作光控路灯	建议学时	4 学时
材料与设备	电阻器、固态继电器、220 V/40 W 灯泡、三极管、连接导线、面包板、万用表、直流稳压电源		
任务解析	光控路灯电路由光线采集单元和开关控制单元两部分组成。光线采集单元的核心元件是光敏电阻，开关控制单元主要由三极管和继电器构成。本任务通过制作简易光控路灯，学习三极管和继电器的种类、命名、参数、特性、识别和检测方法，并将所学的知识和技能用于电路制作。 本任务涵盖 3 个知识点：知识点 1 介绍光控路灯电路的组成结构和工作原理；知识点 2 介绍三极管的分类、命名、参数、识别和检测方法；知识点 3 介绍固态继电器的组成结构、工作原理及识别检测方法。 在任务实施环节，综合利用所学知识，在面包板上构建电路并进行测试，实现光控电路的功能		
知识目标	1. 掌握三极管的种类、作用、技术参数和命名方法。 2. 掌握固态继电器的组成结构、工作原理和检测方法		
能力目标	1. 能够熟练地识别和检测三极管和继电器。 2. 能够调节电路参数使电路达到最佳工作状态。 3. 能够排除电路中的简单故障		
素质目标	1. 培养认真、细致的工作作风。 2. 做到安全用电、规范操作。 3. 维护整洁、有序的工作环境		
重点	1. 三极管的识别和检测方法。 2. 固态继电器的应用		
难点	1. 固态继电器的工作原理。 2. 电路的制作和测试		

知识准备

2.3.1 光控路灯的工作原理

光控路灯电路由光线采集单元和开关控制单元两部分组成，如图 2.3.1 所示。光线采集单元的作用是将光照亮度这一物理量转换成微弱的电信号，能够实现这一功能的元件有光敏电阻器、光敏二极管等。在任务 2.1 中我们已经学习了光敏电阻器的识别和检测方法，本任务采用光敏电阻器来实现。开关控制单元的作用是根据光照亮度的变化接通或断开路灯回路，但是光线采集电路是小电流电路，路灯回路是大电流电路，无法直接连接，继电器具有小电流控制大电流的作用，在控制电路中作为开关使用，因此采用继电器控制路灯回路。

图 2.3.2 为固态继电器构成的光控路灯电路原理图，白天光照较强时，光敏电阻器 R_g 的

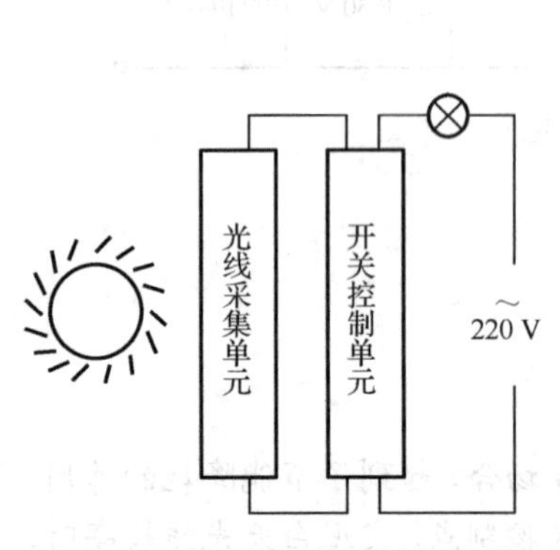

图 2.3.1 光控路灯电路的组成结构

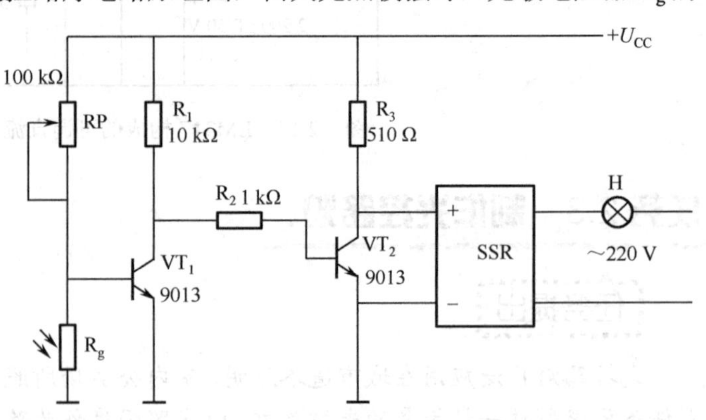

图 2.3.2 光控路灯电路原理图

阻值很小，因此它的分压就很小，使得三极管 VT_1 截止而 VT_2 饱和导通，使固态继电器（SSR）的控制电压小于 3 V 而关断，灯 H 不亮。夜晚光线较暗时，光敏电阻器的阻值增大，分压相应增加，三极管 VT_1 导通，VT_2 截止，SSR 获得控制电压而导通，灯 H 点亮。

2.3.2　三极管的识别与检测

晶体三极管（Bipolar Junction Transistor，简称 BJT） 又称半导体三极管，简称晶体管或三极管，在电路中用 V 或 VT 表示。三极管内部有电子和空穴两种载流子，它们都参与导电，故晶体三极管又称双极型晶体管。它有三种工作状态：饱和状态、放大状态和截止状态。三极管具有电流放大的能力，同时又是无触点的开关元件。

1．三极管的种类和图形符号

扫一扫看初识三极管微视频

三极管的种类繁多，外形多样：

（1）按照材料不同，可分为锗三极管和硅三极管；

（2）按照极性不同，可分为 PNP 型三极管和 NPN 型三极管；

（3）按照用途不同，可分为大功率三极管、小功率三极管、高频三极管、低频三极管、光电三极管等；

（4）按照封装形式不同，可分为金属封装三极管、塑料封装三极管、玻璃壳封装三极管、表面封装三极管、陶瓷封装三极管等。

图 2.3.3 所示为常见的三极管外形图，图 2.3.4 为三极管的电路符号。

（a）金属封装三极管

（b）表面封装三极管

（c）塑料封装小功率三极管

（d）低频大功率三极管

（e）中功率三极管

图 2.3.3　常见的三极管外形

2．三极管的命名方法

扫一扫下载初识三极管教学课件

1）国产三极管的命名

根据国家标准 GB/T 249—2017《半导体分立器件型号命名方法》国产普通三极管的型号命名由五部分组成，如图 2.3.5 所示，各部分的含义见表 2.3.1。

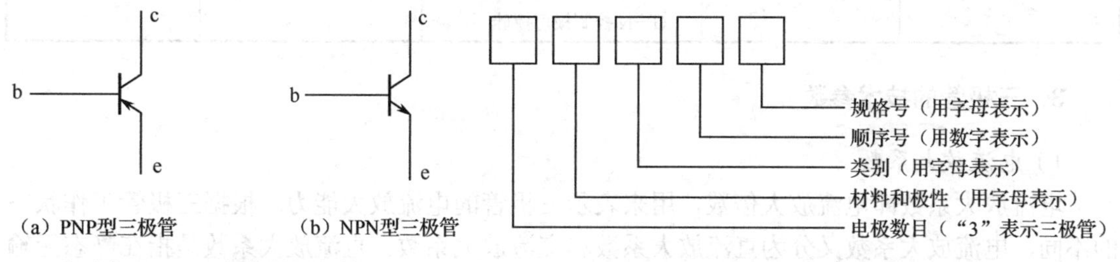

（a）PNP型三极管　（b）NPN型三极管

图 2.3.4　三极管的图形符号

图 2.3.5　国产三极管的命名规则

表 2.3.1　国产三极管名称各部分代表的含义

第一部分　主称	第二部分　材料与极性（用字母表示）	第三部分　类别（用字母表示）	第四部分　顺序号	第五部分　规格号
3—三极管	A—PNP 型锗材料 B—NPN 型锗材料 C—PNP 型硅材料 D—NPN 型硅材料 E—化合物或合金材料	G—高频小功率管 X—低频小功率管 A—高频大功率管 D—低频大功率管 T—闸流管 K—开关管 V—检波管 SX—双向三极管	用数字表示同一类别的产品登记顺序号	用字母表示同一型号器件的档次

练一练

在括号中写出下列三极管的名称所代表的含义。

3AX（　　　　　　　　）　3BX（　　　　　　　　）　3CG（　　　　　　　　）

3AD（　　　　　　　　）　3DD（　　　　　　　　）　3CA（　　　　　　　　）

2）其他三极管的命名

不同国家生产的半导体器件命名规则不同，表 2.2.7（任务 2.2 中）中列出了美国电子工业协会半导体器件的命名规则，表 2.3.2 列出了日本电子工业协会半导体器件的命名规则。

表 2.3.2　日本电子工业协会半导体器件的命名规则

第一部分	第二部分	第三部分	第四部分	第五部分
用数字表示器件有效电极数目或类型	日本电子工业协会注册标志	用字母表示器件的极性和类型	用数字表示在日本电子工业协会注册的顺序号	用字母表示对原型号的改进产品
0—光电管和光电二极管 1—二极管 2—三极管及晶闸管	S—在日本电子工业协会注册的半导体分立器件	A—PNP 型高频管 B—PNP 型低频管 C—NPN 型高频管 D—NPN 型低频管 J—P 沟道场效应管 K—N 沟道场效应管 M—双向可控硅 F—P 控制极可控硅 G—N 控制极可控硅	用 2 位以上的数字表示在日本电子工业协会注册的顺序号	用 A、B、C、D、E、F、G 表示对原型号的改进产品

3．三极管的技术参数

1）电流放大系数

电流放大系数即电流放大倍数，用来表示三极管的电流放大能力。根据三极管工作状态的不同，电流放大系数又分为直流放大系数和交流放大系数。直流放大系数是指在静态无输入信号变化时，三极管集电极电流 I_C 和基极电流 I_B 的比值，故又称为直流放大倍数或静态放大系数，用 $\bar{\beta}$ 表示。交流放大系数也称为交流放大倍数或动态放大系数，是指在交流状态下，

三极管集电极电流变化量与基极电流变化量的比值，一般用β表示。

显然，$\bar{\beta}$和β的含义是不同的，但多数应用中，两者基本相等且为常数，因此在使用时可不加区分，都用β表示。β是反映三极管放大能力的重要指标。

2）耗散功率 P_{CM}

耗散功率也称集电极最大允许耗散功率，是指三极管参数变化不超过规定允许值时的最大集电极耗散功率。

3）频率特性

三极管的电流放大系数与工作频率有关，如果三极管超过了工作频率范围，会造成放大能力降低甚至失去放大作用。

4）集电极最大电流 I_{CM}

集电极最大电流是指三极管集电极允许通过的最大电流。集电极电流 I_C 上升会导致三极管的β下降，当β下降到正常值的2/3时，此时集电极电流即为集电极最大电流 I_{CM}。

5）反向击穿电压

$U_{(BR)CEO}$ 表示基极开路时，集电极-发射极的反向击穿电压；$U_{(BR)CBO}$ 表示发射极开路时，集电极-基极的反向击穿电压；$U_{(BR)EBO}$ 表示集电极开路时，发射极-基极的反向击穿电压。

4．三极管的识别与检测

扫一扫看三极管的引脚识别微视频

1）识别和检测三极管的类型

三极管有PNP型和NPN型两种类型。如果三极管外壳上的型号无缺损，可以根据外壳上标注的名称判断其类型。如3DG6中的D表示硅管NPN型，3AX31中的A表示锗管PNP型。

当型号磨损或型号的命名规则不熟悉时，就得借助万用表来检测。检测的方法是：将指针式万用表置于$R\times100\ \Omega$或$R\times1\ \text{k}\Omega$挡，将黑表笔接触三极管的任一个电极，红表笔分别接触另外两个电极，测量电阻（如图2.3.6所示），然后黑表笔换一个电极做同样的测量，共测量3组（每组得到2个电阻值）。如果3组测量中有一组测量的结果是两个电阻值都很小（呈低阻态），则说明该三极管是NPN型，且万用表的黑表笔接的是三极管的基极。如果3组测量中有一组测量的结果是两个电阻值都很大（呈高阻态），则该组测量时黑表笔接的是PNP型三极管的基极。这样不但确定了三极管的类型，而且确定了三极管的基极。

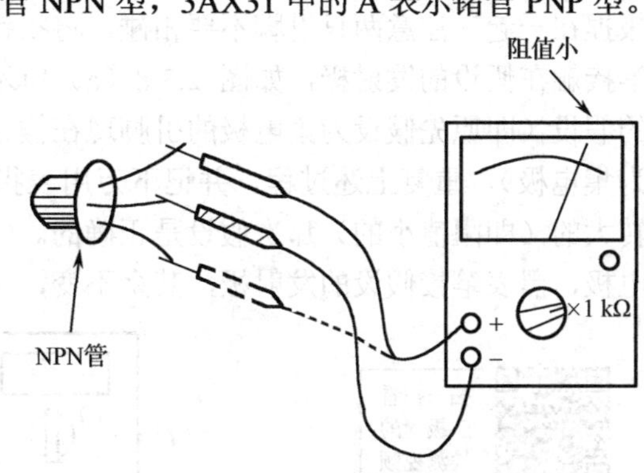

图2.3.6　检测三极管

扫一扫下载三极管引脚的识别教学课件

2）识别和检测三极管的引脚电极

由于三极管的集电极和发射极内部结构不完全相同（掺杂浓度不同），所以不能互换使用。在设计、装配、调试电路时，应尤其注意三极管的引脚电极，防止设计或安装错误引起

电路故障。

部分封装形式的三极管引脚排列具有一定的规律性，例如金属圆壳封装的小功率三极管，面向引脚，从突出的定位标志点开始，顺时针读引脚依次为e、b、c，如图2.3.7（a）所示；金属封装的大功率三极管，外壳为集电极c，面向引脚，b和e分别如图2.3.7（b）所示；表面封装的三极管引脚如2.3.7（c）所示。

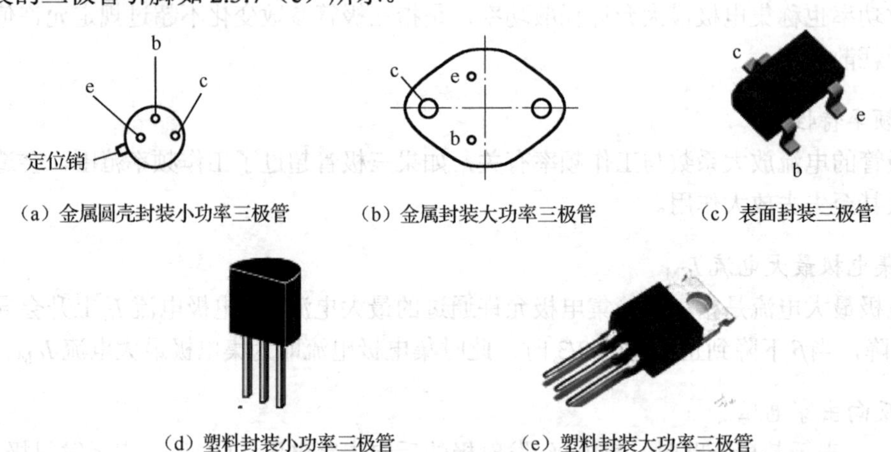

图2.3.7　常用三极管引脚示意图

塑料封装的小功率三极管和塑料封装的大功率三极管，见图2.3.7（d）、（e），引脚顺序没有固定的规律，使用时查看产品说明书或用万用表进行测量。

判断出三极管的类型和基极后，可进一步判断三极管的集电极和发射极。以NPN型管为例，假设其两只管脚中一只是集电极，另一只是发射极。用手将已知的基极和假设的集电极捏在一起，注意两只引脚不要相碰，将指针式万用表的黑表笔接在假设的集电极上，红表笔接触在假设的发射极，如图2.3.8（a）所示，记下万用表指针所指的位置，然后再作相反的假设（即原先假设为集电极的引脚现在假设为发射极，原先假设为发射极的引脚现在假设为集电极），重复上述过程，并记下万用表指针所指的位置，比较两次测试的结果，指针偏转大的（即阻值小的）那次假设是正确的。（若为PNP型管，测试时，将红表笔接假设的集电极，黑表笔接假设的发射极，其余不变，仍然是电阻小的一次假设正确。）

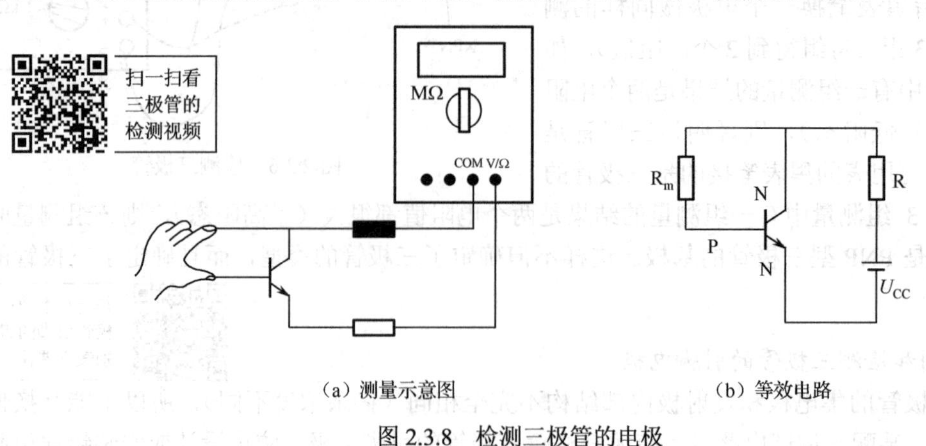

图2.3.8　检测三极管的电极

3）检测三极管的好坏

检测 NPN 型三极管：将万用表置于 R×100 Ω或 R×1 kΩ挡，将黑表笔接在基极上，将红表笔先后接在其余两个电极上，如果两次测得的电阻值都较小，再将红表笔接在基极上，将黑表笔先后接在其余两个极上，如果两次测得的电阻值都很大，则说明三极管是好的。

检测 PNP 型三极管：将万用表置于 R×100 Ω或 R×1 kΩ挡，将红表笔接在基极上，将黑表笔先后接在其余两个极上，如果两次测得的电阻值都较小，再将黑表笔接在基极上，将红表笔先后接在其余两个极上，如果两次测得的电阻值都很大，则说明三极管是好的。

4）检测三极管的参数

穿透电流 I_{CEO} 大小的判断：用指针式万用表 R×100 Ω或 R×1 kΩ挡测量三极管 c、e 之间的电阻，电阻值应大于数兆欧（锗管应大于数千欧）。阻值越大，说明穿透电流越小；阻值越小，则说明穿透电流越大；若阻值不断变化，则说明管子性能不稳；若测得的阻值接近零，则说明管子已经击穿；若测得的阻值太大（指针一点都不偏转），则有可能管子内部断线。

电流放大系数β的近似估算：用指针式万用表 R×100 Ω或 R×1 kΩ挡测量三极管 c、e 之间的电阻，记下读数，再用手指捏住基极和集电极（注意：两只引脚不要相碰），观察指针摆动幅度的大小，摆动越大，说明管子的放大倍数越大。但这只是相对比较的方法，并不能测量放大倍数的数值。目前，数字万用表基本都有测量三极管 h_{FE} 的功能，可以很方便地测量三极管的放大倍数。先将万用表功能开关拨至 h_{FE} 挡，把被测三极管插入测试插座，即可从屏幕上读出管子的放大倍数。

2.3.3　固态继电器的识别与检测

固态继电器（Solid State Relay，缩写为 SSR）是利用电子元器件（如晶体管、晶闸管等半导体器件）的开关特性，实现无触点、无火花地接通和断开电路的开关器件，又称为无触点开关，它的稳定性好、可靠性高、寿命长。随着计算机广泛用于自动控制领域中，固态继电器成为计算机驱动外围设备的理想器件。它可以实现用微弱的控制信号（几毫安到几十毫安）控制 0.1 A 甚至几百安的被控电路，实现无触点接通或分断。

1. 固态继电器的种类和图形符号

按照驱动负载的电源类型不同，可将固态继电器分为交流型固态继电器和直流型固态继电器，它们分别在交流、直流电源上做负载的开关，不能混用。固态继电器是四端口器件，一组输入端，一组输出端，输入端接控制信号，输出端与负载和电源串联。常见的固态继电器如图 2.3.9 所示，电路图形符号如图 2.3.10 所示。

图 2.3.9　常见固态继电器外形

2. 固态继电器的内部结构

固态继电器由输入电路、隔离电路、驱动电路、开关输出电路和瞬态抑制电路组成，如图 2.3.11 所示。

（1）输入电路：一般由限流电阻和保护二极管组成。限流电阻和光电耦合器的发光二极管串联，保护二极管与发光二极管同向串联或反向并联，起保护作用。

（2）隔离电路：其内部由发光二极管和光电晶体管构成光电耦合器，它在固态继电器中起隔离与控制作用。在发光二极管未通电时，光电晶体管处于截止状态；当发光二极管通电发光时，光电三极管因受光而导通，并输出电信号到驱动电路。

（3）驱动电路：一般采用晶体管或集成电路，它用来放大光电耦合器中光电晶体管输出的电信号。

（4）开关输出电路：开关输出电路由大功率开关管、场效应管或双向晶闸管组成。当发光二极管通电发光时，光电耦合器将输出电信号，该信号经驱动电路放大后，使开关输出电路进入导通状态。

（5）瞬态抑制电路：用来抑制开关电路在转换过程中产生的瞬间峰值干扰信号。若开关输出电路采用晶体管，则瞬态抑制电路可采用电阻与电容串联。若开关输出电路采用大功率开关管或场效应管，则瞬态抑制电路可采用稳压二极管。

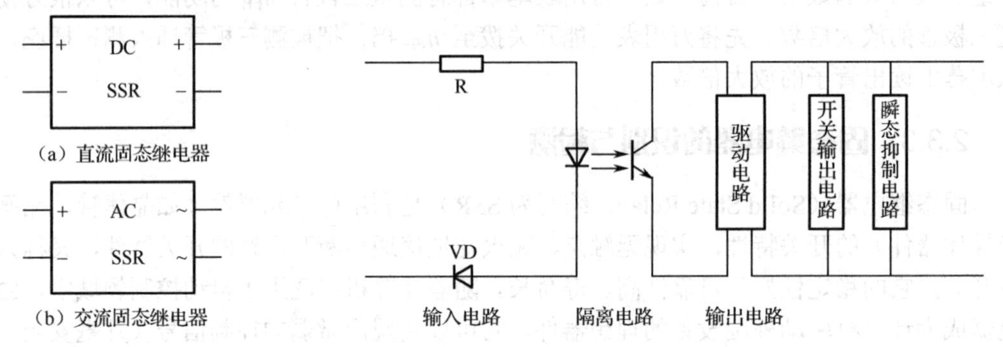

图 2.3.10　固态继电器图形符号　　图 2.3.11　固态继电器的组成结构

3. 交流固态继电器的工作原理

交流固态继电器用于控制交流负载电源的通与断，其开关输出电路可采用双向晶闸管或普通晶闸管。交流固态继电器的输入端需加 3～32 V 电压才能工作，输出端电压有 220 V 和 380 V 之分。

交流固态继电器分为非过零型固态继电器和过零型固态继电器。非过零型固态继电器在有控制信号输入时，不管负载电源电压的相位如何，负载端立即导通；而过零型固态继电器必须在负载电源电压接近零且输入控制信号有效时，负载端才导通，当输入端的控制电压撤销后，流过开关输出电路的电流为零时才关断。应用较为广泛的是交流过零型固态继电器。

图 2.3.12 所示为交流过零型固态继电器的电路原理图。当控制端没有输入信号时，光电耦合器中的光电三极管截止，VT_1 通过 R_2 获得基极电流而饱和导通，将 SCR 的门极钳位在低电位而处于关断状态，双向晶闸管 BAT 由于无法获得触发脉冲而关断。当控制端有输入信号时，光敏三极管导通，此时 SCR 的状态由 VT_1 的状态决定，如果此时电源电压大于过零

电压，VT_1饱和导通，SCR门极被钳位在低电位而关断，BAT的门极因没有触发脉冲而处于关断状态；只有当电源电压小于过零电压时，VT_1截止，SCR门极通过R_4获得触发脉冲而导通，BTA的门极获得触发脉冲导通，从而接通负载电源。

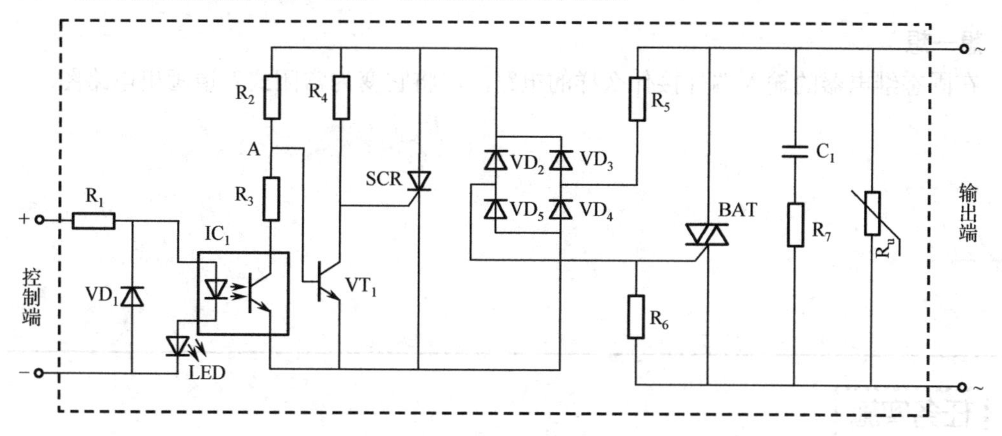

图2.3.12　交流过零型固态继电器电路原理图

当输入信号撤销后，光电耦合器中的光电三极管截止，VT_1饱和导通使SCR门极钳位在低电位，当负载电压过零时，SCR和BTA自行关断，从而切断负载电源。

4．直流固态继电器的工作原理

直流固态继电器用于控制直流负载电源的通断，其开关输出电路采用大功率开关管或场效应管。图2.3.13为直流固态继电器的电路原理图，它与交流固态继电器的电路原理类似，只是输出控制电路采用了三极管或场效应管来实现开关作用。

5．固态继电器的识别和检测

通常，在固态继电器的外壳上标志了类型和主要参数，如图2.3.14所示，该继电器为交流固态继电器，3～32 V直流输入，输出端可接380 V的交流电压。

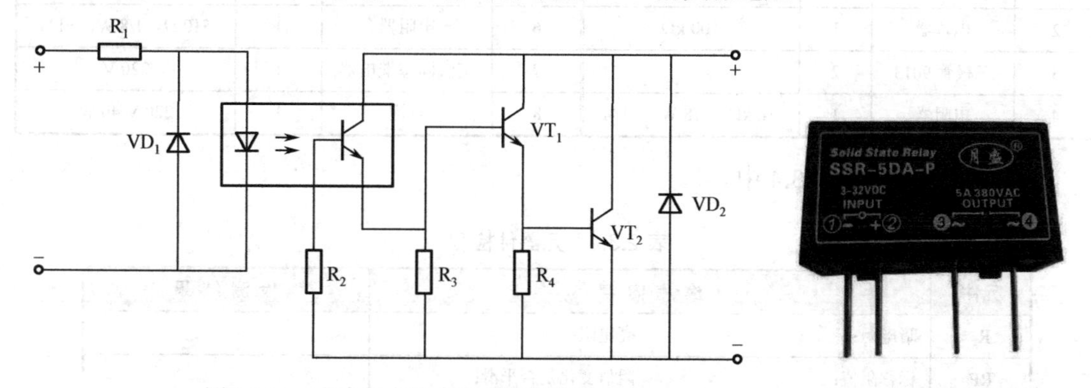

图2.3.13　直流固态继电器电路原理图　　　　图2.3.14　固态继电器

检测固态继电器，可用模拟万用表$R\times10\ \text{k}\Omega$挡分别测量四个引脚间的正、反向电阻值。其中必定能测出一对引脚间的电阻值符合正向导通、反向截止的规律（即正向电阻小，反向电阻大），据此可断定这两个引脚为输入端，阻值较小的一次测量，黑表笔接的是输入端的正极，红表笔接的是输入端的负极。

通常固态继电器均设计为常开状态，即无控制信号输入时，输出端是开路的，但在自动化控制设备中经常需要常闭式的固态继电器，所以要在输入端外接电路使常开式变为常闭式。

想一想

在固态继电器的输入端外接什么样的电路，能将它变为常闭式？请画出电路图。

任务实施

步骤 1：准备技术文件，熟悉光控路灯的工作原理。

由图 2.3.2 可知，白天光照较强时，光敏电阻器 R_g 的阻值很小，三极管 VT_1 截止而 VT_2 饱和导通，使固态继电器 SSR 的控制电压小于 3 V，SSR 关断，灯 H 不亮。夜晚光线较暗时，R_g 内阻增大，VT_1 导通而 VT_2 截止，SSR 输入端获得控制电压而导通，灯 H 点亮。

步骤 2：识别和检测元器件。

首先检查各元器件外观应完整无损，各种型号、规格、标志应清晰、牢固，若外观无异常则用万用表进行检测。元器件清单如表 2.3.3 所示。

表 2.3.3　元器件清单

序号	名　称	数量	主 要 参 数	序号	名　称	数量	主 要 参 数
1	光敏电阻器	1		5	电阻器	1	1 kΩ，1/8 W，±1%
2	电位器	1	100 kΩ	6	电阻器	1	510 Ω，1/8 W，±1%
3	三极管 9013	2		7	交流固态继电器	1	220 V
4	电阻器	1	10 kΩ，1/8 W，±1%	8	灯泡	1	220 V/40 W

将检测结果填入表 2.3.4 中。

表 2.3.4　元器件检测

元件	检 测 内 容	检 测 结 果
R_g	暗电阻：　　　　亮电阻：	
RP	标称阻值：　　　　阻值变化是否平滑：	
R_1	标称阻值：　　允许偏差：　　测量值：	
R_2	标称阻值：　　允许偏差：　　测量值：	
R_3	标称阻值：　　允许偏差：　　测量值：	
三极管 9013	材料：　　类型：　　画出引脚图：	

步骤 3：在面包板上装配电路。

根据图 2.3.2 所示电路原理图，在面包板上搭建电路，注意元器件布局应整齐、美观，导线连接规范、可靠，检查无误后再接通电源。

步骤 4：电路的测试与调整。

接通电源后，先将整个电路（或光敏电阻器）置于光亮环境中。正常时固态继电器应处于断开状态。再将整个电路（或光敏电阻器）置于光线昏暗环境中，此时固态继电器导通，灯泡发光。若没有出现以上现象，则应调整电位器 RP，直至电路工作正常。若调整电位器也无法正常工作，则考虑存在以下故障：

（1）光敏电阻器不灵敏，亮电阻和暗电阻相差不大，应更换新元件；

（2）面包板和元器件接触不良，或连接线短路，可使用万用表确定故障点；

（3）固态继电器驱动电压或电流不足，不能使其动作，应检测控制电压；

（4）三极管极性判断错误，导致接线错误。

任务评价

教师对学生进行考核和评价，选出优秀作品进行展示和点评。总结学生在任务完成过程中出现的问题，帮助学生完善知识、提升技能。填写考核评价表 2.3.5。

表 2.3.5　考核评价

考核内容		分值	得分
知识自评（20 分）	1．三极管的工作状态有三种：________状态、________状态和________状态。 2．固态继电器的控制电压为________。 3．光敏电阻器的检测方法是________________________。 3．简述三极管的识别与检测方法。 4．检测三极管 S8050 和 8050S 的类型和引脚电极，并在下方画出引脚图。 5．固态继电器的电气结构包括哪几部分？各自有什么作用？ 6．通常固态继电器均为常开状态，试设计一种电路，使其由常开状态变为常闭状态。画出电路图并简述原理。	20 分	

续表

考核内容		分值	得分
技能考评（60分）	1．元器件的识别和检测	20分	
	2．电路制作（要求元件插装正确，走线规范整齐，布局合理）	20分	
	3．电路测试	20分	
职业素养（20分）	1．出勤和纪律	5分	
	2．正确使用仪器仪表，安全用电，规范操作	10分	
	3．整理工作台面，及时清扫地面，维护整洁有序的工作环境	5分	
总分			

任务小结

1. 三极管有三种工作状态：截止、放大和饱和。三极管具有电流放大的能力，工作在截止和饱和状态时相当于电子开关。

2. 三极管的技术参数主要有电流放大系数、耗散功率 P_{CM}、频率特性、集电极最大电流 I_{CM}、反向击穿电压等。

3. 三极管的识别和检测主要包括：三极管类型的识别，引脚电极的识别，三极管好坏的检测，三极管参数的估测。

4. 继电器是小电流控制大电流的开关器件，广泛应用于控制电路中。固态继电器分为交流固态继电器和直流固态继电器。使用时应满足驱动电压和驱动电流的要求。

5. 固态继电器由输入电路、隔离电路、驱动电路、开关输出电路和瞬态抑制电路组成。

拓展训练

查阅资料，分析如图 2.3.15 所示电路的工作原理，在面包板上完成该电路的制作。

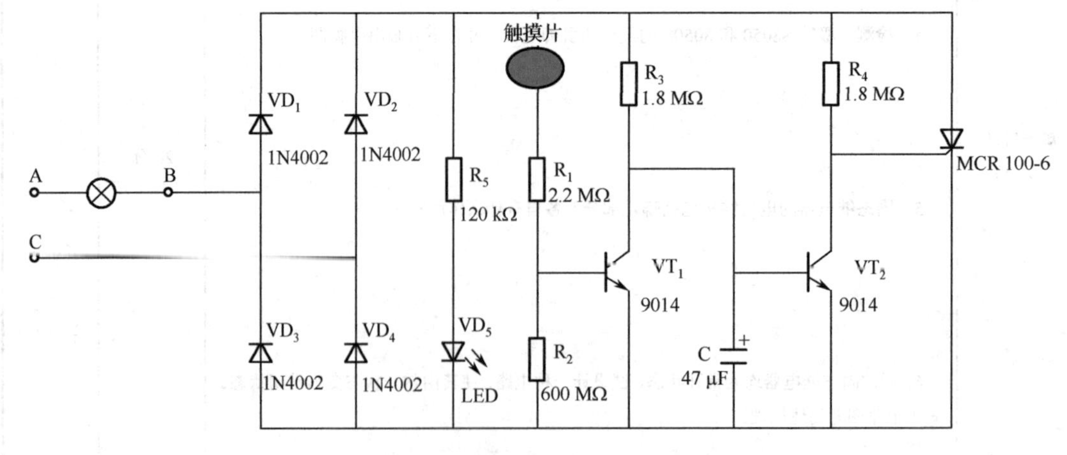

图 2.3.15 触摸延时开关电路原理图

任务 2.4　声控闪光灯的设计与制作

任务提出

声控闪光灯是一款灯光随着声音的节奏和大小而闪烁的电子装置，常用在儿童玩具、音响设备、舞台特效等场合，起到了营造氛围的作用。本任务制作一款声控闪光灯，要求当音乐响起时，发光二极管跟随音乐发出律动的闪烁。在面包板上制作电路，实现上述功能。

任务导学

任务 2.4	制作声控闪光灯	建议学时	4 学时
材料与设备	电阻器、电容器、发光二极管、驻极体传声器、万用表、直流稳压电源、连接导线、面包板		
任务解析	将声音信号转换成电信号的元器件称为传声器，将电信号转换成声音信号的元器件称为扬声器，它们统称为电声器件，在家用电器和电子设备中得到广泛应用。本任务通过制作声控闪光灯，学习该电路中使用的电声器件，并掌握这些元器件的组成结构、工作原理以及识别和检测方法。 本任务涵盖 3 个知识点：知识点 1 介绍声控闪光灯的电路原理；知识点 2 介绍传声器的种类、结构、工作原理以及识别和检测方法；知识点 3 介绍扬声器的结构、工作原理以及识别和检测方法。 在任务实施环节，综合利用所学知识，选取合适的元器件，并对元器件进行识别和检测。在面包板上构建电路并进行测试，最终完成制作		
知识目标	1．掌握传声器和扬声器的结构和工作原理。　2．掌握传声器和扬声器的技术参数和检测方法。 3．掌握驻极体传声器的应用电路		
能力目标	1．能够熟练地识别和检测扬声器、传声器。 2．能够在面包板上完成电路的制作，并进行测试和调整。 3．能够排除电路中的简单故障		
素质目标	1．培养认真、细致的工作作风。　2．做到安全用电、规范操作。 3．维护整洁、有序的工作环境		
重点	1．扬声器和传声器的识别和检测方法。　2．驻极体传声器的应用电路		
难点	1．驻极体传声器的内部结构和工作原理。　2．电路的装配和调整		

知识准备

2.4.1　声控闪光灯电路的工作原理

声控闪光灯由声音采集单元、信号放大单元和发光二极管（LED）指示单元三个部分组成。声音采集单元的作用是将声波信号转换成电信号，这一过程由传声器来实现。信号放大单元的作用是将传声器采集的电信号进行放大，进而驱动 LED 发光。

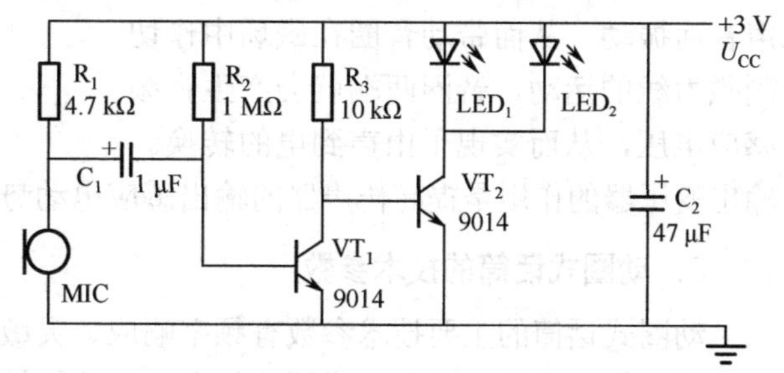

图 2.4.1　声控闪光灯电路原理图

图 2.4.1 是声控闪光灯的电路原理图。该电路主要由驻极体传声器 MIC、晶体三极管 VT_1、VT_2 和

发光二极管 LED_1、LED_2 组成。电阻器 R_1 给 MIC 提供偏置电流，MIC 拾取环境中的声波信号后即转为相应的电信号，经电容 C_1 送至 VT_1 基极进行放大，VT_1、VT_2 组成两级直接耦合放大电路。

通过选择合适的电阻器 R_2、R_3，使得无声波信号时，VT_1 处于临界饱和状态，从而使 VT_2 截止，两只 LED 无电流流过而不发光。当 MIC 拾取声波信号后，音频信号转换的电信号注入 VT_1 的基极，其信号的负半周使 VT_1 退出饱和，VT_1 的集电极电位升高，VT_2 导通，LED_1 和 LED_2 发光，所以 LED_1 和 LED_2 能随声音信号的强弱起伏而闪烁发光。

2.4.2 传声器的识别与检测

传声器俗称话筒，它是将声音信号转换为电信号的电声元件，用字母 B 或 BM 表示。

1. 传声器的种类及图形符号

传声器的种类有很多：

（1）按换能方式，可分为动圈式传声器、压电式传声器、驻极体传声器等；

（2）按外形结构，可分为手持式、领夹式和头戴式等；

（3）按电信号的传输方式，可分为有线传输型和无线传输型；

（4）按用途，可分为测量话筒、乐器话筒、录音话筒等；

（5）按指向性，可分为单向指向性话筒、双向指向性话筒、全指向话筒和近讲话筒。

传声器的实物及电路图形符号如图 2.4.2 所示。

（a）驻极体传声器

（b）动圈式传声器

（c）传声器电路图形符号

图 2.4.2　传声器实物图及电路图形符号

2. 动圈式话筒的结构和工作原理

动圈式话筒由永久磁铁、音膜、音圈和输出变压器等部分组成，如图 2.4.3 所示。音圈位于永久磁铁的缝隙中，并与音膜黏结在一起。

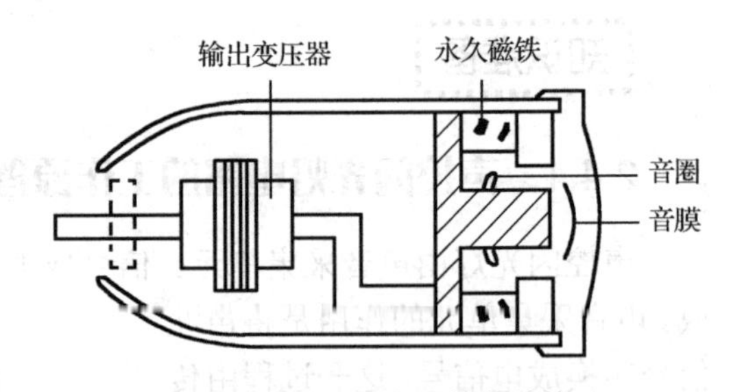

图 2.4.3　动圈式话筒的结构

当有声音时，振动的声波使音膜随着声音而振动，从而带动音圈在磁场中作切割磁力线的运动，音圈两端就会产生音频感应电压，从而实现了由声到电的转换。输出变压器的作用是提高传声器的输出感应电动势的幅度和实现阻抗匹配。

3. 动圈式话筒的技术参数

动圈式话筒的主要技术参数有频率响应、灵敏度、输出阻抗、指向性等。

（1）频率响应。动圈式话筒的频率响应范围越宽越好，但频率响应范围越宽，其价格越高。普通动圈式话筒的频率响应范围多在 100～10 000 Hz，质量优良的话筒频率响应范围可达 20～20 000 Hz。

（2）灵敏度。动圈式话筒的灵敏度是指话筒将声波信号转换成电信号的能力，用每帕斯卡声压产生多少毫伏电压来表示，其单位为 mV/Pa。话筒的灵敏度还常用分贝（dB）来表示。一般来说，话筒的灵敏度越高，话筒的质量就越好。

（3）输出阻抗。动圈式话筒的输出阻抗有高阻抗和低阻抗两种。高阻话筒的输出阻抗为 20 kΩ，低阻话筒的输出阻抗为 600 Ω，要和扩音机的输入阻抗配合使用。一般是在购买扩音机后，再根据扩音机的输入阻抗大小购买相应的话筒。

（4）指向性。动圈式话筒的指向性是指声波入射方向对灵敏度的影响。全指向性话筒对来自四面八方的声音都有相同的灵敏度。单向指向性话筒正面的灵敏度明显高于背面和侧面。双向指向性话筒正面和背面有相同的灵敏度，两侧的灵敏度则比较低。近讲话筒只对靠近话筒的声音有比较高的灵敏度，对远方的环境噪声不敏感。

4．动圈式话筒的检测

检测话筒的两个引出端。先用万用表两表笔（R×1 Ω挡）断续碰触话筒的两个引出端，话筒中应发出清脆的“咔咔”声。如果无声，则说明该话筒有故障。可按下面步骤对话筒的各个线圈做进一步的检查。

（1）测量输出变压器二次绕组的电阻。用万用表（R×1 Ω挡）直接测量话筒的两个引出端的电阻值，若有一定阻值（几欧或十几欧），说明二次绕组是好的。

（2）检测输出变压器的一次绕组和音圈线圈的通断。首先要将话筒拆开，将输出变压器的一次绕组和音圈绕组断开，再分别测量输出变压器的一次绕组和音圈绕组的通断。

5．驻极体电容式话筒的结构和工作原理

驻极体电容式话筒是一种用驻极体材料制作而成的新型话筒，具有体积小、结构简单、灵敏度高、噪声小等特点，广泛用于录音机、助听器、无线话筒及声控电路中。

驻极体电容式话筒由声电转换单元和阻抗变换单元两部分组成，如图 2.4.4 所示。声电转换的关键元件是驻极体振动膜。振动膜（一面驻有电荷的塑料膜片）与金属极板形成电容，当驻极体振动膜遇到声波振动时，产生前后位移，改变了两极板之间的距离，从而引起电容量变化。由电容公式 $Q=CU$ 可知，当总电荷 Q 不变，电容量 C 变化时，引起电压 U 变化，即随声波变化而产生了交变电压。

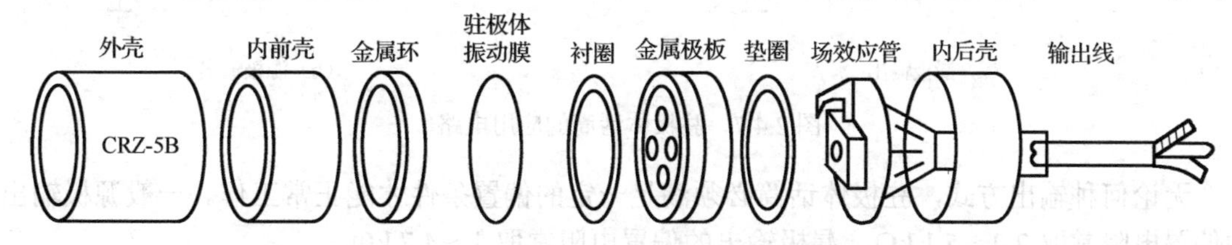

图 2.4.4　驻极体电容式话筒的内部结构

由于膜片与金属极板之间的电容量很小，一般为几十皮法，因而它的输出阻抗值很高，约几十兆欧以上。这样高的阻抗是不能直接与音频放大器相匹配的，所以在话筒内接入一只结型场效应管来进行阻抗变换，如图 2.4.5 所示。场效应管的特点是输入阻抗极高、噪声系

数低。普通场效应管有源极（S）、栅极（G）和漏极（D）三个电极。这里使用的是在内部源极和栅极间再复合一只二极管的专用场效应管。接二极管的目的是在场效应管受强信号冲击时起保护作用。

6. 驻极体电容式话筒的应用电路

驻极体电容式话筒的引出端有二端式和三端式两种类型，如图 2.4.6 所示。两端式驻极体话筒有 2 个输出端，分别是场效应管的漏极和接地端［源极与接地端相连，如图 2.4.6（a）所示］。三端式驻极体话筒有 3 个输出端，分别是场效应管的源极、漏极和接地端。

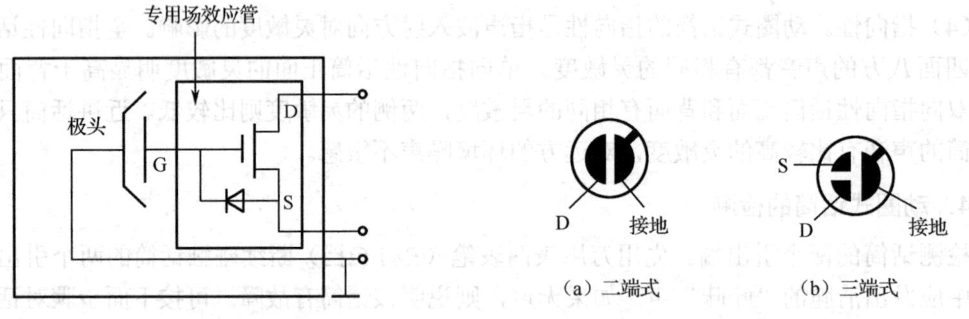

图 2.4.5　驻极体话筒内部电路

图 2.4.6　驻极体电容式话筒的引出端

二端输出方式是将场效应管接成漏极输出电路，类似晶体三极管的共发射极放大电路，如图 2.4.7（a）所示。只需两根引出线，漏极 D 与电源正极之间接漏极电阻 R，信号由漏极输出。漏极输出的话筒灵敏度比较高，但动态范围比较小。市售的驻极体话筒大多是这种方式连接。

三端输出方式是将场效应管接成源极输出方式，类似晶体三极管的射极输出电路，需要用三根引出线，如图 2.4.7（b）所示。漏极 D 接电源正极，源极 S 与地之间接电阻 R 来提供源极电压，信号由源极经电容 C 输出。源极输出的话筒输出阻抗小于 2 kΩ，电路比较稳定，动态范围大，但输出信号比漏极输出小。

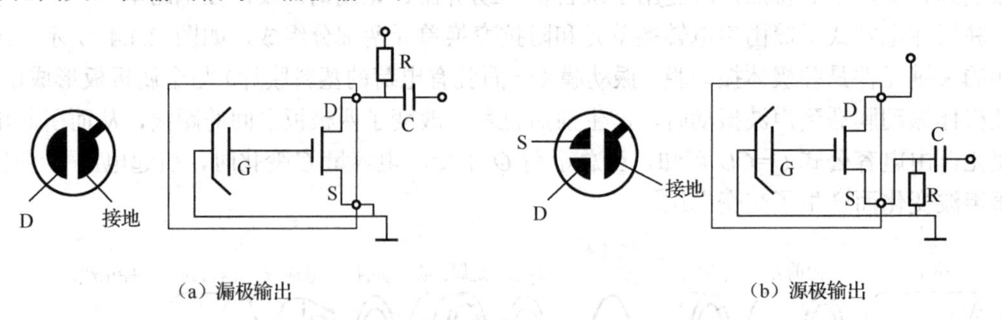

图 2.4.7　驻极体话筒的应用电路

无论何种输出方式，驻极体话筒必须满足一定的偏置条件才能正常工作。一般源极输出的偏置电阻常取 2.2～5.1 kΩ，漏极输出的偏置电阻常取 1～4.7 kΩ。

7. 驻极体电容式话筒的检测

1）电阻法

在驻极体电容式话筒内部场效应管的栅极和源极间有一只二极管，故可利用二极管的

正、反向特性来判断驻极体电容式话筒的漏极与源极。

通过测量驻极体话筒引线间的电阻，可以判断其内部是否开路或短路。测量时将万用表置于 R×100 Ω或 R×1 kΩ挡，测量两个电极（两端式）的正、反向电阻。在阻值较小的一次测量中黑表笔接的是驻极体话筒的源极 S，红表笔接的是驻极体话筒的漏极 D。一般所测阻值应为 500 Ω～3 kΩ（有二极管的缘故）。若所测阻值为无穷大，则说明话筒开路，若测得阻值接近零，表明话筒有短路故障。如果测得的阻值比正常值小得多或大得多，都说明被测话筒性能变差或已损坏。

2）吹气法

将万用表置于 R×100 Ω挡，将万用表红表笔接话筒的源极（接地端），黑表笔接话筒的漏极，然后正对着话筒吹一口气，仔细观察指针，应有较大幅度的摆动（500 Ω～3 kΩ）。万用表指针摆动的幅度越大，说明话筒的灵敏度越高，若指针摆动的幅度很小，说明话筒灵敏度很低，使用效果不佳。假如发现指针不动，可交换表笔位置再次吹气试验，若指针仍然不摆动，则说明话筒已损坏。如果在未吹气前指针指示的阻值便出现漂移不定的现象，说明话筒稳定性很差，这样的话筒不宜使用。

2.4.3 扬声器的识别与检测

扬声器，俗称喇叭，是一种电声转换器件，在电路中用字母 B 或 BL 表示。它能将音频电信号转化为声波信号，是收音机、录音机、电视机和音响设备的重要器件，它的质量直接影响音质和音响效果。

1．扬声器的种类和图形符号

扬声器的种类如下：

（1）按换能原理，可分为电动式（动圈式）、静电式（电容式）、电磁式（舌簧式）、压电式（晶体式）等几种，后两种音质较差但价格便宜；

（2）按工作频率范围，可分为低音扬声器、中音扬声器、高音扬声器，通常高、中、低音扬声器在音箱中作为组合扬声器使用；

（3）按外形，可分为圆形、椭圆形、超薄形、号筒式等。

扬声器的实物及电路图形符号如图 2.4.8 所示。

（a）电动式扬声器

（b）蜂鸣器

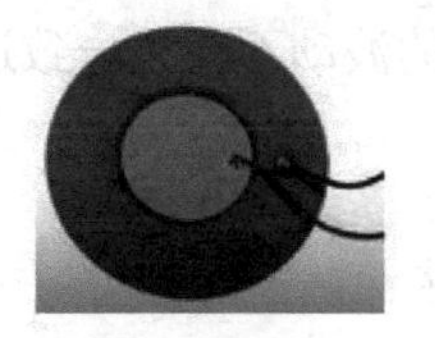

（c）压电陶瓷片

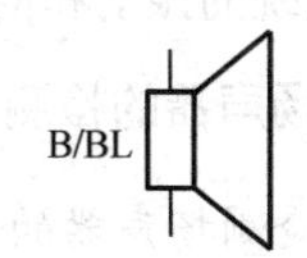

（d）扬声器的电路图形符号

图 2.4.8 扬声器实物及电路图形符号

2．电动式扬声器的结构和工作原理

电动式扬声器由纸盆、音圈、定心支片、磁铁、盆架组成，如图 2.4.9 所示。纸盆是用特制纸浆经模具压制而成，多数为圆锥形，纸盆材料决定音色表现。纸盆的中心部分和音圈连接，音圈处在扬声器永久磁铁的磁路缝隙之间，音圈导线与磁力线成垂直交叉状态。定心

支片的作用是保证纸盆只能沿轴向运动。定心支片、音圈和纸盆共同构成扬声器的发音振动系统。

当扬声器音圈中流过音频电流信号时，音圈就会受到一个大小与音频电流成正比，方向随音频电流的方向而变化的力，从而产生音频振动，带动纸盆振动，发出声波。

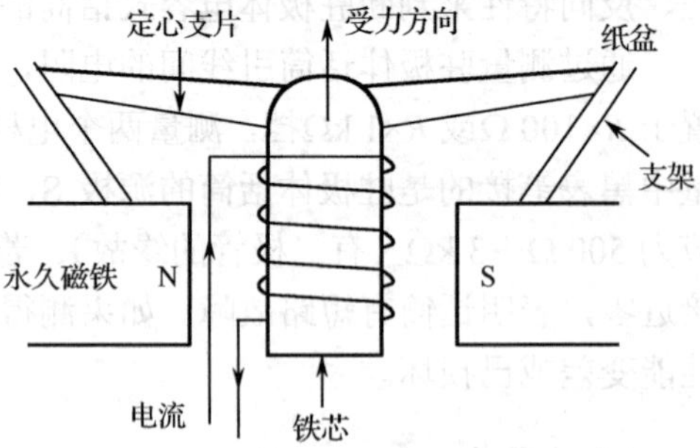

图 2.4.9　电动式扬声器的结构

3. 扬声器的主要技术参数

1）标称阻抗

扬声器的标称阻抗又称为额定阻抗，是制造厂商所规定的扬声器的交流阻抗值。在这个阻抗上扬声器可获得最大的输出功率。选用时一般应与音频功放器的输出阻抗相匹配。

2）标称功率

扬声器的功率有标称功率和最大功率之分。标称功率又称额定功率或不失真功率，它是指扬声器在不失真范围内允许的最大输入功率，在扬声器的标牌或技术说明书上标注的即为该功率值。扬声器的最大功率是指扬声器在某一瞬间所能承受的峰值功率。为保证扬声器可靠工作，规定扬声器的最大功率为额定功率的 2～3 倍。一般，扬声器的标称功率有 0.1 W、0.25 W、1 W、3 W、5 W、10 W、30 W、60 W、100 W 等。

3）频率响应

频率响应是指扬声器有效工作的频率范围。扬声器的频率响应范围越宽越好，但受到结构和价格等因素的限制，一般不可能很宽，国产普通纸盆扬声器的频率响应大多为 120～10 000 Hz，相同尺寸的橡皮边或泡沫边扬声器的频率响应可达 55～21 000 Hz。

4）失真

扬声器不能把原来的声音逼真地重放出来的现象称为失真。扬声器失真有两种情况，频率失真和非线性失真。频率失真是由于对某些频率的信号放音较强，而对另一些频率的信号放音较弱造成的，失真破坏了原来高低音响度的比例，改变了原声音色。而非线性失真是由于扬声器振动系统的振动和信号的波动不完全一致造成的，在输出的声波中增加了新的频率成分。

4. 扬声器的检测

1）检测扬声器的好坏

将万用表置于 $R\times1\ \Omega$挡，将任意一只表笔与扬声器的任一引出端相接，用另一只表笔断续触碰扬声器另一引出端，此时，扬声器应发出“喀喀”声，指针亦相应摆动。如不发声，指针也不摆动，说明扬声器内部音圈断路或引线断裂。

2）估测扬声器的阻抗

将万用表置于 $R\times1\ \Omega$挡，调零后测出扬声器音圈的直流电阻 R，然后用估算公式 $Z=1.17R$ 算出扬声器的阻抗。如测得一无标记的扬声器的直流电阻值为 6.8 Ω，则阻抗

Z=1.17×6.8=7.9 Ω，由此可判断出这是一只标称阻抗为 8 Ω的扬声器。一般一只 8 Ω的扬声器的实测阻值约为 6.5～7.2 Ω。

任务实施

步骤 1：准备技术文件，熟悉声控闪光灯的工作原理。

根据 2.4.1 节知识，分析图 2.4.1 所示电路，熟悉声控闪光灯电路的工作原理。

步骤 2：识别和检测元器件。

首先按照表 2.4.1 的元器件清单，检查各元器件的外观应完整无损，各种型号、规格、标志应清晰、牢固，若外观无异常则用万用表进行检测。将检测结果填入表 2.4.2 中。

表 2.4.1 元器件清单

序号	名 称	数量	主 要 参 数	序号	名 称	数量	主 要 参 数
1	驻极体话筒	1		5	电阻器	1	1 MΩ，1/8 W，±1%
2	发光二极管	2	ϕ5 mm，红色	6	电阻器	1	10 kΩ，1/8 W，±1%
3	三极管 9014	2		7	电容器	1	1 μF/16 V
4	电阻器	1	4.7 kΩ，1/8 W，±1%	8	电容器	1	47 μF/16 V

表 2.4.2 检测元器件

元 件	检 测 内 容			检 测 结 果
驻极体话筒	画出示意图，标出引脚名称： 正、反向电阻值：			
发光二极管	画出示意图，标出引脚正负极： 导通电压：			
R_1	标称阻值：	允许偏差：	测量值：	
R_2	标称阻值：	允许偏差：	测量值：	
R_3	标称阻值：	允许偏差：	测量值：	
三极管 9014	材料：	类型：	画出引脚图：	

步骤 3：在面包板上装配电路。

根据图 2.4.1 所示原理图，在面包板上搭建电路，注意元器件布局应整齐、美观，导线连接规范、可靠，检查无误后再接通电源。

步骤 4：电路的测试与调整。

接通电源后，开通音乐，看到发光二极管随音乐节拍闪烁。若不闪烁，检测 VT_2、VT_1 基极电压及驻极体两端电压。

若 LED 始终不灭，说明 VT_1 不能进入饱和导通状态，VT_1 的集电极和发射极之间的电压较高，使得 VT_2 一直导通。应提高 VT_1 基极电位，使其能够饱和导通。

若 LED 始终不亮，说明 VT_1 一直处于饱和导通状态，使得 VT_2 无法导通。应降低 VT_1 基极电位，使其能够退出饱和状态。本任务的关键是选择合适的 R_2 和 R_3，使 VT_1 在无声波信号时处于临界饱和状态。

本任务常见的故障有：

（1）驻极体传声器性能变差，不能检测声音的变化。

（2）面包板和元器件接触不良。

（3）连接线故障，比如某些导线外表的塑料套是好的，但是内部的铜线断裂。

（4）VT_1 没有处于临界饱和状态，应调整 R_1 的阻值。

（5）三极管极性判断错误或插装错误，从而导致接线错误。

任务评价

教师对学生进行考核和评价，选出优秀作品进行展示和点评。总结学生在任务完成过程中出现的问题，帮助学生完善知识、提升技能。填写考核评价表 2.4.3。

表 2.4.3 考核评价

考核内容		分值	得分
知识自评（20分）	1. 传声器是将______转换成______的器件。 2. 扬声器是将______转换成______的器件。 3. 家用电器中常用的传声器有______和______两种。 4. 传声器的电路图形符号是______，文字符号是______。 5. 动圈式传声器由______、______和______组成。 6. 驻极体传声器由______和______两部分组成。 7. 驻极体传声器漏极和源极的检测方法是____________________________________。 8. 驻极体传声器的输出方式有两种______和______。	20分	
技能考评（60分）	1. 元器件的识别和检测	20分	
	2. 电路制作（要求元件插装正确，走线规范整齐，布局合理）	20分	
	3. 电路测试	20分	
职业素养（20分）	1. 出勤和纪律	5分	
	2. 正确使用仪器仪表，安全用电、规范操作	10分	
	3. 整理工作台面，及时清扫地面，维护整洁有序的工作环境	5分	
总分			

任务小结

1. 传声器是将声音信号转换为电信号的电声元件，用字母 B 或 BM 表示。传声器的种类很多，应用最广泛的是动圈式传声器和驻极体电容式传声器。

2. 动圈式话筒由永久磁铁、音膜、音圈和输出变压器等部分组成。主要技术参数有频率响应、灵敏度、输出阻抗、指向性等。

3. 驻极体电容式话筒由声电转换单元和阻抗变换单元两部分组成。声电转换的关键元件是驻极体振动膜；阻抗变换单元是在话筒内接入一只结型场效应管来进行阻抗变换，在内部源极和栅极间再复合一只二极管。

4. 驻极体电容式话筒的引出端有二端式和三端式两种类型。二端输出方式的话筒灵敏度比较高，但动态范围比较小；三端输出方式的话筒电路比较稳定，动态范围大，但输出信

号比漏极输出小。

5. 扬声器是将音频电信号转化为声波信号的器件，用字母 B 或 BL 表示。它的质量直接影响音质和音响效果。

6. 扬声器的主要技术参数有标称阻抗、标称功率、频率响应、失真等。

任务 2.5 制作双音报警器

任务提出

双音报警器是能够发出高、低频率音调的报警装置。本任务要求在面包板上制作一个双音报警器，使电路通过一个小型扬声器发出两种不同频率的“滴、嘟、滴、嘟……”的报警声，与救护车的笛音相似。

任务导学

任务 2.5	制作双音报警器	建议学时	4 学时
所需材料	电阻器、电容器、555 集成电路、扬声器、导线、面包板、万用表、示波器		
任务解析	本任务通过制作双音报警器，学习该电路中使用的集成器件，并掌握集成电路的种类、命名、引脚排列和检测方法。 本任务涵盖 3 个知识点：知识点 1 介绍 555 定时器的工作原理及应用、典型应用电路，知识点 2 介绍由 555 定时器构成的双音报警器的电路原理；知识点 3 介绍集成电路的种类、命名以及识别和检测方法。 在任务实施环节，综合利用所学知识识别和检测元器件、在面包板上构建电路并进行测试，最终实现电路功能		
知识目标	1. 掌握 555 定时器的内部电路、工作原理及三种典型应用电路。 2. 掌握集成电路的分类、命名、引脚排列、封装形式及识别检测方法		
能力目标	1. 能够熟练地识别和检测集成电路。　2. 能够熟练地应用 555 集成电路。 3. 能够在面包板上完成电路制作，并进行测试和调整。 4. 能够排除电路中的简单故障		
素质目标	1. 培养认真、细致的工作作风。　2. 做到安全用电、规范操作。 3. 维护整洁、有序的工作环境		
重点	1. 555 定时器的典型应用电路。　2. 集成电路的种类、封装形式		
难点	1. 555 定时器的内部结构和工作原理。　2. 集成电路的检测		

知识准备

2.5.1 555 定时器的工作原理及应用

1. 555 定时器的内部结构与功能

555 定时器是一种中规模的集成电路，通常只需外接几个阻容元件，就可以构成各种不同用途的电路，应用十分广泛。555 定时器由 3 个 5 kΩ的电阻器、两个高精度电压比较器 C_1 和 C_2、一个 RS 触发器和一个放电三极管 VT 组成。图 2.5.1 是 555 定时器的内部结构，图 2.5.2 是 555 定时器的引脚图，各引脚功能见表 2.5.1。

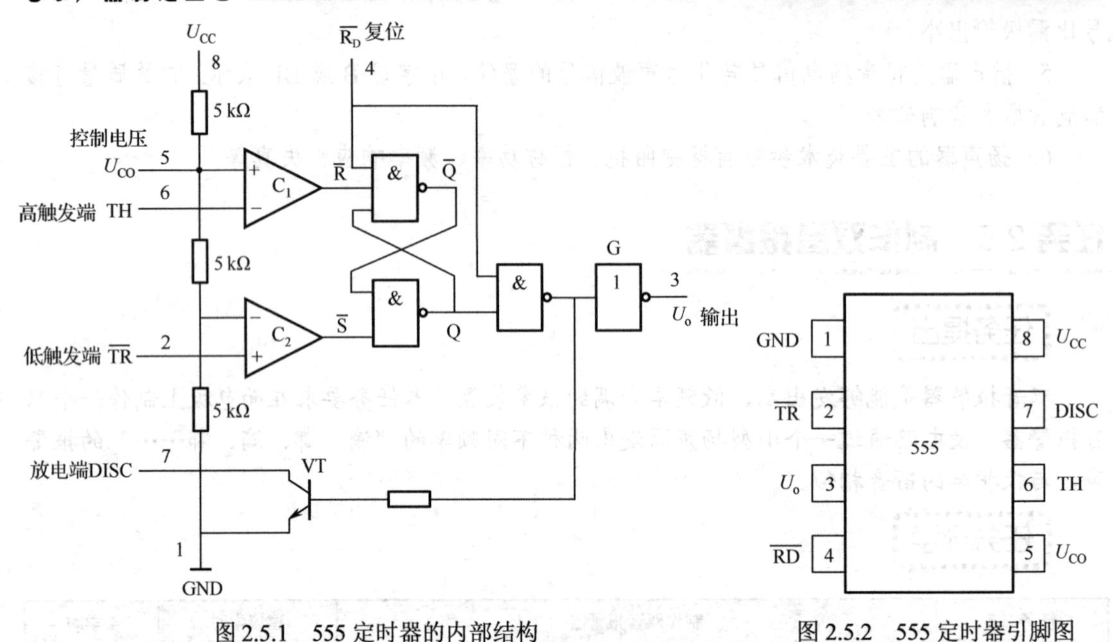

图 2.5.1　555 定时器的内部结构　　　　图 2.5.2　555 定时器引脚图

表 2.5.1　555 定时器的引脚功能

引脚	功　能	引脚	功　能
1	接电源负极（GND）	5	控制电压端（U_{CO}）
2	低触发端（$\overline{TR}$）	6	高触发端（TH）
3	输出端（U_o）	7	放电端，与内部放电三极管相连
4	复位端（$\overline{RD}$）	8	接电源正极（U_{CC}）

555 定时器的 4 引脚是复位端，低电平复位，工作时，该引脚应接高电平。5 引脚为控制电压端，该引脚外接输入电压时，会改变内部电压比较器 C_1 的基准电压，当不需要改变控制电压时，应串入一只 0.01 μF 的电容接地，以防引入外来干扰，确保参考电压的稳定性。

比较器的参考电压由 3 只 5 kΩ电阻器构成的分压器提供，它们分别使比较器 C_1 的同相输入端和比较器 C_2 的反相输入端的参考电压分别为$\frac{2}{3}U_{CC}$和$\frac{1}{3}U_{CC}$。C_1 和 C_2 的输出端状态决定了 RS 触发器的输出状态和放电三极管的状态。当输入信号自 6 引脚输入并超过$\frac{2}{3}U_{cc}$时，RS 触发器输出低电平（0），放电三极管导通，555 定时器的输出端（3 脚）输出低电平；当输入信号自 2 脚输入并低于$\frac{1}{3}U_{CC}$时，RS 触发器输出高电平（1），放电三极管截止，555 定时器的 3 引脚输出高电平。555 定时器的输入输出功能如表 2.5.2 所示。

表 2.5.2　555 定时器的输入输出功能

低触发端（$\overline{TR}$）	高触发端（TH）	复位端（$\overline{RD}$）	放电三极管（VT）	输出端（U_o）
$>\frac{1}{3}U_{CC}$	$>\frac{2}{3}U_{CC}$	1	导通	置 0

续表

低触发端（$\overline{TR}$）	高触发端（TH）	复位端（$\overline{RD}$）	放电三极管（VT）	输出端（U_o）
$>\frac{1}{3}U_{CC}$	$<\frac{2}{3}U_{CC}$	1	保持	保持
$<\frac{1}{3}U_{CC}$	$<\frac{2}{3}U_{CC}$	1	截止	1
×	×	0	导通	0

2．555 定时器的典型应用电路

555 定时器通过外接几个阻容元件就可以构成不同功能的电路。

1）555 定时器构成施密特触发器

施密特触发器（见图 2.5.3）的特点在于它有两个稳定状态，但与一般触发器的区别在于这两个稳定状态的转换需要外加触发信号，而且稳定状态的维持也要依赖于外加触发信号。

当输入信号 $U_i<\frac{1}{3}U_{CC}$ 时，RS 触发器输出 1，即 $Q=1$，输出 U_o 为高电平；若 U_i 增加，使得 $\frac{1}{3}U_{CC}<U_i<\frac{2}{3}U_{CC}$ 时，电路维持原来的状态不变，输出 U_o 仍为高电平；如果输入信号增加到 $U_i>\frac{2}{3}U_{CC}$ 时，RS 触发器输出 0，即 $Q=0$，输出 U_o 为低电平；若 U_i 下降，只要满足 $\frac{1}{3}U_{CC}<U_i<\frac{2}{3}U_{CC}$，电路状态仍然维持不变；只有当 $U_i<\frac{1}{3}U_{CC}$ 时，触发器再次输出 1，电路又翻转，输出为高电平。电路图和波形图如图 2.5.3 所示。施密特触发器常用于对信号进行整形。

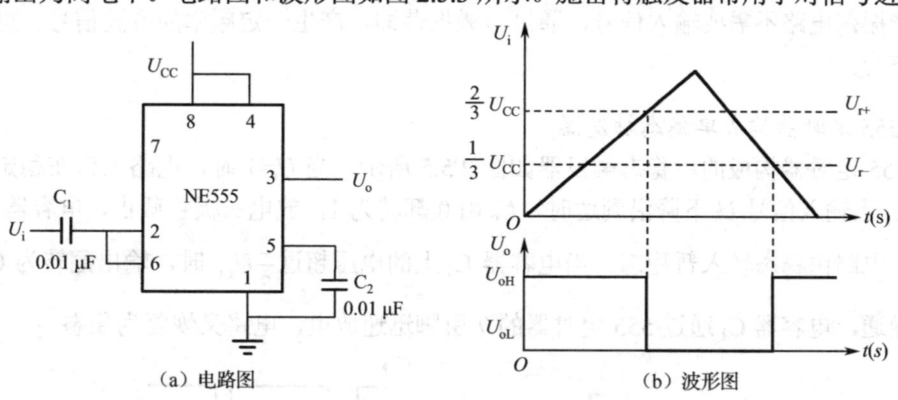

（a）电路图　　（b）波形图

图 2.5.3　555 定时器构成的施密特触发器

2）555 定时器构成多谐振荡器

图 2.5.4 所示为 555 定时器构成的多谐振荡器。初始状态时，电源通过 R_1、R_2 对电容器 C_1 充电，当电容器 C_1 上的电压小于 $\frac{1}{3}U_{CC}$ 时，RS 触发器输出为 1，放电三极管截止，U_o 输出为 1；电容器继续充电，当电容器 C_1 上的电压大于 $\frac{1}{3}U_{CC}$ 而小于 $\frac{2}{3}U_{CC}$ 时，U_o 保持原状态，仍然为 1；当电容器 C_1 上的电压大于 $\frac{2}{3}U_{CC}$ 时，RS 触发器的输出发生翻转，U_o 翻转为 0，放

电三极管导通，电容器 C_1 通过 R_2 和 555 定时器的 7 引脚放电，使电容器 C_1 上的电压又低于 $\frac{2}{3}U_{CC}$，RS 触发器的输出保持原来的状态，U_o 输出保持 0；直到电容器 C_1 上的电压低于 $\frac{1}{3}U_{CC}$，输出又翻转为 1，放电三极管截止，电容器 C_1 又开始充电。周而复始，重复上述过程，则在输出端 U_o 会产生方波。

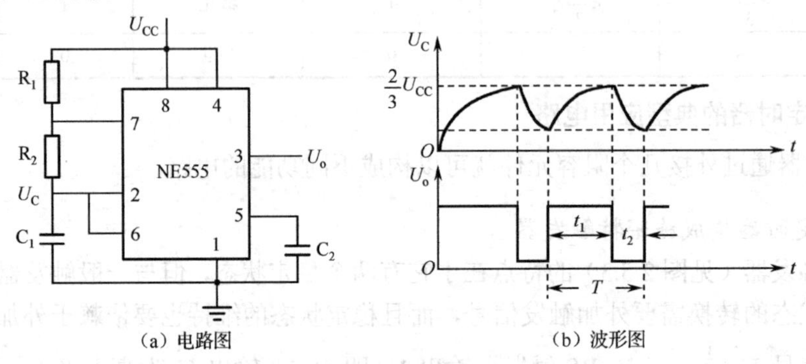

（a）电路图　（b）波形图

图 2.5.4　555 定时器构成的多谐振荡器

方波的周期 T 为：

$$T = t_1 + t_2 = 0.7(R_1 + R_2)C_1 + 0.7R_2C_1 = 0.7(R_1 + 2R_2)C_1$$

改变 R_1、R_2 和 C_1 的值，就可以改变多谐振荡器的频率。在实际应用中，常常需要调节 t_1 和 t_2，在此引进占空比的概念。输出脉冲的占空比为：

$$q = \frac{t_1}{t_1 + t_2} = \frac{R_1 + R_2}{R_1 + 2R_2}$$

多谐振荡电路不需要输入信号，通过自激振荡即可产生一定频率的方波信号，可驱动喇叭发出声音。

3）555 定时器构成单稳态触发器

由 555 定时器构成的单稳态触发器如图 2.5.5 所示。当 U_i=1 时，电路工作在稳定状态，即 U_o=0。当输入信号 U_i 下降沿到达时，U_o 由 0 翻转为 1，放电三极管截止，电容器 C_1 通过 R 充电，电路由稳态转入暂稳态。当电容器 C_1 上的电压超过 $\frac{2}{3}U_{CC}$ 时，输出翻转为 0，放电三极管导通，电容器 C_1 通过 555 定时器的 7 引脚迅速放电，电路又恢复为稳态。

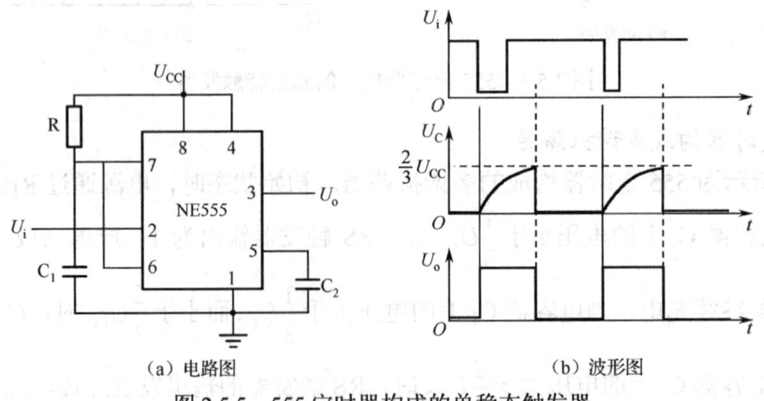

（a）电路图　（b）波形图

图 2.5.5　555 定时器构成的单稳态触发器

想一想

下图是由 555 定时器构成的何种电路？请分析电路的工作原理。

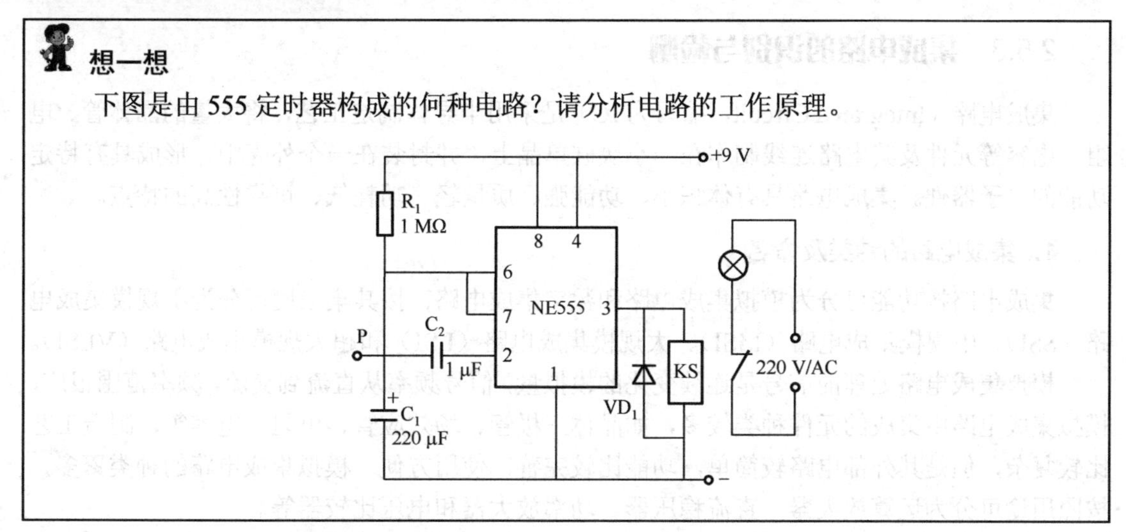

2.5.2 双音报警器的工作原理

图 2.5.6 所示为双音报警器的电路原理图。该电路由 555 定时器、扬声器及外围元件构成。由 555 定时器构成的多谐振荡电路产生一定频率的方波信号，驱动扬声器发出报警声。

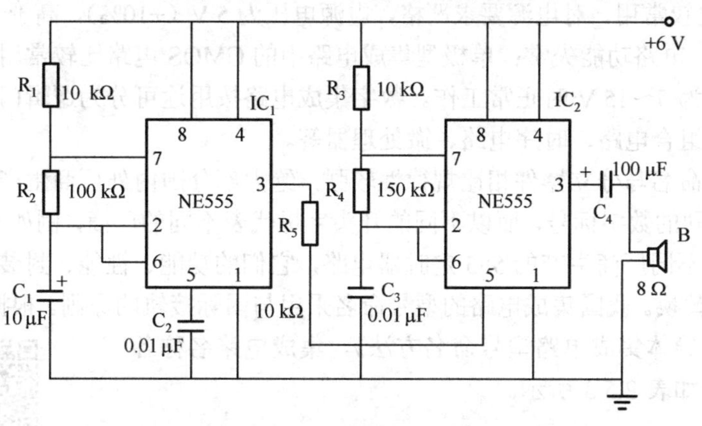

图 2.5.6 双音报警器电路原理图

通过 2.5.1 节的分析可知，由 555 定时器组成的多谐振荡电路能够产生一定频率的方波信号，该信号驱动扬声器可使其发出声音，如果改变 555 定时器控制端的电压，就会改变电容充、放电的时间，从而改变多谐振荡电路输出信号的频率，使扬声器的音调发生变化。

在图 2.5.6 所示由两个 555 定时器电路构成的双音报警电路中，IC_1 输出的方波信号，通过 R_5 控制 IC_2 的 5 引脚电压。当 IC_1 输出高电平时，IC_2 的控制电压升高，则输出振荡频率低；当 IC_1 输出低电平时，IC_2 的控制电压低，则输出振荡频率高，如图 2.5.7 所示。因此 IC_2 的振荡频率被 IC_1 的输出电压调制为两种音频，使扬声器发出“滴、嘟、滴、嘟……”的双音声响。

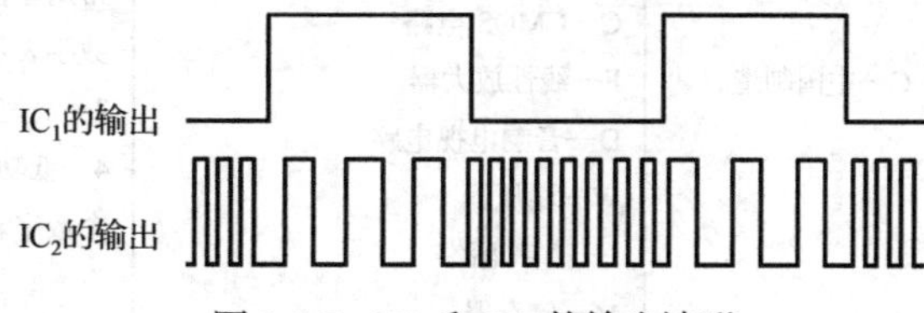

图 2.5.7 IC_1 和 IC_2 的输出波形

2.5.3 集成电路的识别与检测

集成电路（Integrated Circuit，缩写为IC）是采用半导体制造工艺，将大量的晶体管、电阻、电容等元件及其电路连线制作在一小块硅单晶上，并封装在一个外壳中，形成具有特定功能的电子器件。集成电路具有体积小、功能强、质量轻、功耗低、可靠性高的特点。

1. 集成电路的种类及命名

集成电路按功能可分为模拟集成电路和数字集成电路；按其集成度可分为小规模集成电路（SSI）、中规模集成电路（MSI）、大规模集成电路（LSI）和超大规模集成电路（VLSI）。

模拟集成电路处理的信号是连续变化的模拟量，信号频率从直流到交流，频率范围很广，模拟集成电路中集成的元件种类较多，如晶体三极管、场效应管、电阻、电容等，制造工艺比较复杂，但是其外部电路较简单，功能比较完善，使用方便。模拟集成电路的种类繁多，按照用途可分为运算放大器、直流稳压器、功率放大器和电压比较器等。

数字集成电路广泛应用于计算机、数字通信、自动控制等领域，采用“0”“1”两种信号状态，对应电路的“导通”和“截止”两种工作状态，用二进制数进行计算、存储、传输和转换。内部电路采用最基本的“与”“或”“非”逻辑门电路，并由这些电路构成其他数字电路。数字集成电路按结构不同可分为双极型集成电路和单极型集成电路。双极型集成电路中的TTL电路比较常用，对电源要求严格，电源电压为5 V（±10%），高于5.5 V，易损坏元件，低于4.5 V，电路功能失常；单极型集成电路中的CMOS电路比较常用，对电源要求不严格，元件电压为5～15 V时正常工作。数字集成电路按用途可分为逻辑门电路、触发器、D/A转换电路、组合电路、时序电路、微处理器等。

集成电路的命名与分立器件相比规律性较强，绝大部分国内外厂商生产的同一种集成电路，采用基本相同的数字标号，而以不同的开头字母代表不同的厂商，例如NE555、LM555、SG555分别是由不同厂商生产的555定时器电路，它们的功能、性能、封装、引脚排列也都一致，可以相互替换。我国集成电路的型号命名采用与国际接轨的原则。根据国家标准GB/T 3430—1989《半导体集成电路型号命名方法》，集成电路名称各部分代表的含义如表2.5.3所示。

表2.5.3 集成电路名称各部分代表的含义

第零部分（用字母表示器件符合国家标准）	第一部分（用字母表示器件的类型）	第二部分（用阿拉伯数字表示器件的系列和品种代号）	第三部分（用字母表示器件的工作温度范围）	第四部分（用字母表示器件的封装）
C—中国制造	T—TTL电路 H—HTL（高阈值逻辑电路） E—ECL（发射极耦合逻辑电路） C—CMOS电路 F—线性放大器 D—音响电视电路 W—稳压器 J—接口电路 M—储存器	双极型数字集成电路通常用4位数代号。第一个数字表示系列：1—中速；2—高速；3—肖特基；4—低功耗肖特基。后三个数字表示品种	C— -70～0 ℃ E— -40～85 ℃ R— -55～85 ℃ M— -55～125 ℃	W—陶瓷扁平 B—塑料扁平 F—全密封扁平 D—陶瓷直插 P—塑料直插 J—黑陶瓷直插 K—金属菱形 T—金属圆形 E—塑料芯片载体

练一练

集成电路的名称为 CT3020ED，根据表 2.5.3 所示的命名规则，在横线上写出各部分的含义。

C：＿＿＿＿＿＿＿＿　　T：＿＿＿＿＿＿＿＿　　3020：＿＿＿＿＿＿＿＿

E：＿＿＿＿＿＿＿＿　　D：＿＿＿＿＿＿＿＿

2．集成电路的封装形式和引脚排列

集成电路的引脚排列有多种形式，一旦装错，电路将无法正常工作，轻则返工，重则烧坏元器件。集成电路的封装多采用双列直插、单列直插、金属圆壳或菱形壳、三端塑料封装等形式。

1）多引脚的金属圆壳封装（F 型封装）

多引脚的金属圆壳封装的集成电路常见的外形有两种，一种如圆帽一般[图 2.5.8（a）]，另一种类似于大功率三极管［图 2.5.8（b）]。它们识别引脚顺序的方法是相同的，均是面向引脚正视，找到定位标记（锁口或小圆孔），沿顺时针方向依次数引脚[图 2.5.8（c）、（d）]。

（a）　（b）

识别标记（定位孔）

（c）　（d）

图 2.5.8　多引脚金属圆壳封装

2）黑膏封装的集成电路

黑膏封装的集成电路（图 2.5.9）多见于语音芯片或音乐芯片。不同功能的集成电路形状、大小差异较大，使用时应阅读芯片资料，明确各引脚名称及功能。

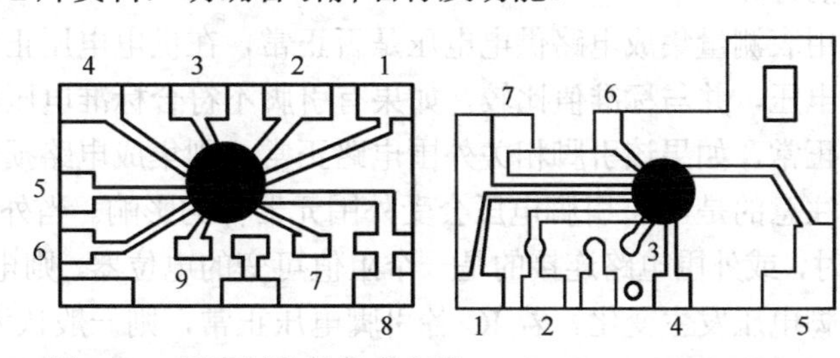

图 2.5.9　黑膏封装的集成电路

扫一扫看集成电路的识别微视频

扫一扫下载集成电路的识别教学课件

3）单列直插集成电路（SIP）

单列直插集成电路通常以倒角、凹坑、色点或色带为定位标记，识别引脚时，应面对型号面及定位标记，从左向右依次数引脚，如图 2.5.10 所示。

4）双列直插集成电路（DIP）

双列直插集成电路通常以凹坑或色点为定位标志，识别引脚时，应面对型号面，从定位标记开始，逆时针依次数引脚，如图 2.5.11 所示。

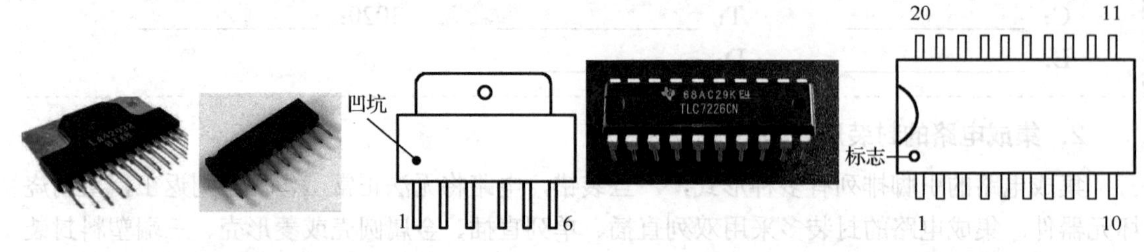

图 2.5.10 单列直插集成电路　　图 2.5.11 双列直插集成电路

3. 集成电路的主要技术参数

集成电路的主要技术参数有电源电压、耗散功率、工作环境温度等。

（1）电源电压是集成电路正常工作时所需的工作电压。

（2）耗散功率是指集成电路在标称的电源电压及允许的工作环境温度范围内正常工作时所输出的最大功率。

（3）工作环境温度是指集成电路能正常工作的环境温度极限值或温度范围。

4. 集成电路的检测

检测集成电路常用的方法有下面两种。

1）非在线检测

非在线检测是在集成电路未焊入电路时，通过测量引脚之间的直流电阻与标准值进行比较，确定是否正常。如果测量结果偏离标准值过多，说明集成电路已损坏。

2）在线检测

在线检测法是通过测量集成电路的各引脚电压值、电阻值和电流值是否正常，从而判断集成电路的好坏。

用万用表测量集成电路供电电压是否正常，在供电电压正常的情况下，测量集成电路各引脚对地电压，并与标准值比较，如果有引脚不符合标准电压值，检查与该引脚相关的外部电路是否正常，如果该引脚相关外围电路正常，则集成电路损坏。

需要注意的是，IC 引脚电压会受外围元器件的影响。当外围元器件发生漏电、短路、开路、变值时，或外围电路连接的是一个阻值可变的电位器，则电位器滑动臂所处的位置不同，都会使引脚电压发生变化。若 IC 各引脚电压正常，则一般认为 IC 正常；若 IC 部分引脚电压异常，则应从偏离正常值最大处入手，检查外围元件有无故障，若无故障，则 IC 很可能损坏。

测量小技巧：

因为集成电路引脚的间距很小，在线测量时，任何瞬间短路都容易损坏 IC，因此表笔或探头要采取防滑措施。可采取如下方法防止表笔滑动：取一段自行车用气门芯套在表笔

尖上，并长出表笔尖 0.5 mm 左右，这既能使表笔尖良好地与被测试点接触，又能有效防止打滑，即使表笔滑动碰上邻近点也不会短路。

5．集成电路的选用和代换

1）选用

在选用集成电路前，应先阅读说明书或有关资料，全面了解其功能、电气参数、外形、封装及使用环境等。使用时，各项参数指标不可超出厂家规定的极限参数。

2）代换

集成电路损坏后，应优先选择与其规格、型号完全相同的集成电路代换。若无同型号的，则从代换手册或相关资料中查明允许直接代换的集成电路型号，在确定其引脚、功能、内部电路结构与损坏集成电路完全相同后才可代换。

任务实施

步骤 1：准备技术文件，熟悉双音报警器的工作原理。

根据 2.5.2 节知识，分析图 2.5.6 所示电路，熟悉双音报警电路的工作原理。

步骤 2：识别和检测元器件。

首先检查各元器件外观，应完整无损，各种型号、规格、标志应清晰、牢固，若外观无异常则用万用表进行检测，元器件清单如表 2.5.4 所示。

表 2.5.4 元器件清单

序号	名　称	数量	主要参数	序号	名称	数量	主要参数
1	NE555 集成电路	2		5	金属膜电阻器	1	150 kΩ，1/8 W，±1%
2	扬声器	1	8 Ω	6	电解电容器	1	10 μF/16 V
3	金属膜电阻器	3	10 kΩ, 1/8 W, ±1%	7	电解电容器	1	100 μF/16 V
4	金属膜电阻器	1	100 kΩ，1/8 W，±1%	8	瓷片电容器	2	0.01 μF

检测元器件，将检测结果填入表 2.5.5 中。

表 2.5.5 元器件检测表

元　件	检 测 内 容	检 测 结 果
NE555 集成电路	画出示意图，标出引脚顺序： 测量 NE555 集成电路的 1 引脚和 8 引脚之间的电阻值：	
扬声器	测量直流电阻值：	
R_1、R_3、R_5	标称阻值：　　允许偏差：　　测量值：	
R_2	标称阻值：　　允许偏差：　　测量值：	
R_4	标称阻值：　　允许偏差：　　测量值：	
C_1、C_4	画出示意图，标出引脚的正负极：	

步骤 3：在面包板上装配电路。

根据图 2.5.6 所示电路原理图，在面包板上搭建电路，注意元器件布局应整齐、美观，导线连接规范、可靠。按照如下顺序进行电路装配：

（1）确定集成块在面包板的位置。

（2）装配 IC_1 及其外围电路。

（3）装配 IC_2 及其外围电路。

（4）连接 IC_1 和 IC_2。

装配好的电路如图 2.5.12 所示。

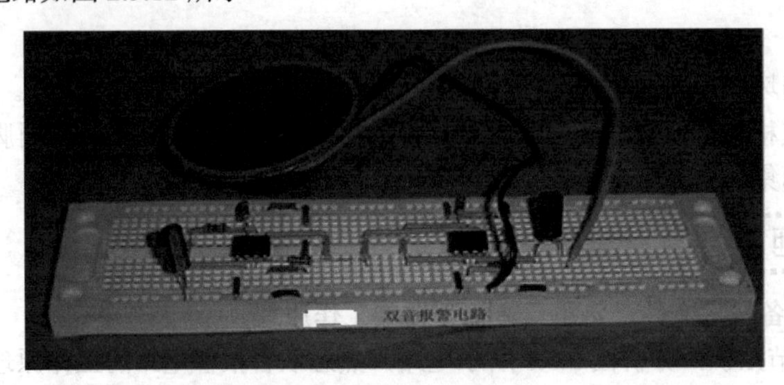

图 2.5.12　电路装配图

步骤 4：电路的测试与调整。

通电前，先观察电路有无明显故障，如线路虚接、接点生锈、元器件方向错误、极性错误、元件松动等，若有则及时调整，若无直观故障，则可接通电路。

通电后，眼要看电路内有无打火、冒烟等现象；耳要听电路内有无异常声音；鼻要闻电路内有无烧焦、烧煳的异味；手要触摸集成电路绝缘外壳是否发烫，发现异常应立即断电。若无异常，则对电路进行测试。将测试结果填入表 2.5.6 中。

表 2.5.6　电路测试

	测试内容	测量结果		测试内容	测量结果
IC_1	8 引脚电压 U_8		IC_2	8 引脚电压 U_8	
	4 引脚电压 U_4			4 引脚电压 U_4	
	5 引脚电压 U_5			5 引脚电压 U_5	
	C_1 的波形	波形： 周期：		C_3 的波形	波形： 周期：
	输出波形			输出波形	

本任务常见的故障现象及原因分析：

（1）扬声器不发声。原因是电路有漏接、虚接或错接的地方，应切断电源，并参照原理

图，用万用表检测各回路的连接情况。注意：应首先检测集成电路的基本连接（电源端、接地端、复位端等）是否正常，然后再检查外围回路的连接情况。不可无规律、无顺序地随意测量。

（2）扬声器发声，但是音调没有变化。扬声器能发出声音说明 IC_2 及其外围电路的工作是正常的，但是 IC_1 的 3 引脚输出的方波没有改变 IC_2 的 5 引脚电压。此时应检测 IC_1 的 3 引脚是否输出正常。若不正常，按照第一步的方法 IC_1 进行电路检测。

任务评价

教师对学生进行考核和评价，选出优秀作品进行展示和点评。总结学生在任务完成过程中出现的问题，帮助学生完善知识、提升技能。填写考核评价表 2.5.7。

表 2.5.7 考核评价

考核内容		分值	得分
知识自评（20分）	1．555 定时器的典型应用电路有________、________、________。 2．施密特触发器常用于________电路。多谐振荡电路又称为________。 3．占空比是指________________。 4．TTL 集成电路工作的电源电压是________。CMOS 集成电路工作的电源电压是________。 5.集成电路常用的封装形式有________、________、________、________、________。 6．如何识别集成电路的引脚？	20分	
技能考评（60分）	1．元器件的识别和检测	20分	
	2．电路制作（要求元件插装正确，走线规范整齐，布局合理）	20分	
	3．电路测试	20分	
职业素养（20分）	1．出勤和纪律	5分	
	2．正确使用仪器仪表，安全用电、规范操作	10分	
	3．整理工作台面，及时清扫地面，维护整洁有序的工作环境	5分	
总分			

任务小结

（1）555 定时器是一种用途很广的集成电路，除了能组成施密特触发器、单稳态触发器和多谐振荡器以外，还可以接成各种灵活多变的应用电路。

（2）施密特触发器和单稳态触发器，虽然不能自动地产生矩形脉冲，但却可以把其他形状的信号变换成为矩形波，为数字系统提供标准的脉冲信号。

（3）多谐振荡器是一种自激振荡电路，不需要外加输入信号，就可以自动地产生出矩形脉冲。

（4）集成电路按功能可分为模拟集成电路和数字集成电路；按其集成度可分为小规模集成电路、中规模集成电路、大规模集成电路和超大规模集成电路。

（5）集成电路的封装多采用双列直插、单列直插、金属圆壳或菱形壳、三端塑料封装等形式。

（6）集成电路的主要技术参数有电源电压、耗散功率、工作环境温度等。

（7）检测集成电路常用的方法有在线检测法和非在线检测法。

拓展训练

查阅资料，分析图 2.5.13 所示的电路原理，在面包板上完成该电路的制作，实现其功能。

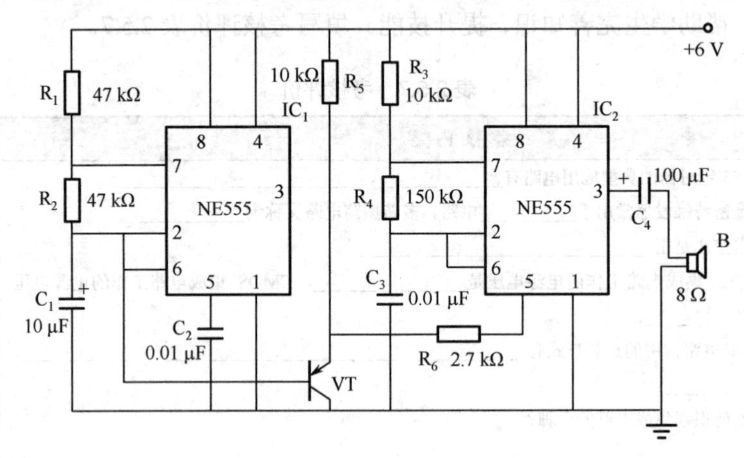

图 2.5.13　电路原理图

项目3 通孔插装元器件的焊接

在电子产品整机装配过程中，焊接是连接电子元器件和导线的主要手段。按照焊接方式的不同可分为手工焊接和自动化焊接两种方式，目前企业广泛采用的是自动化焊接方式，但在小批量生产时仍采用手工焊接的方式，同时电路板补焊及电子产品维修也离不开手工焊接。因此，学生不但应掌握自动化焊接设备的操作方法，还应熟练掌握手工焊接的技能。

本项目将学习直插元件的焊接。项目包含两个学习任务：“手工焊接充电小台灯”和“利用波峰焊技术焊接电路板”。通过这两个任务的学习，使学生能够熟练地进行电子产品的手工焊接，同时能熟练掌握自动化焊接设备的操作方法。

任务 3.1 手工焊接充电小台灯

任务提出

焊接是电子产品装配过程中的一项重要工艺，元器件的焊接质量是影响电子产品质量的重要因素。手工焊接是电子行业从业人员必须掌握的一项基本技能，本任务要求采用手工焊接的方法焊接充电小台灯，如图 3.1.1 所示。

图 3.1.1 充电小台灯套件

任务导学

任务 3.1	手工焊接充电小台灯		建议学时	4 学时
材料与设备	电烙铁、焊锡丝、偏口钳、尖嘴钳、一字/十字螺丝刀、充电小台灯套件、吸锡烙铁、多股铜导线			
任务分析	本任务通过焊接充电小台灯，了解焊接的材料、工具、质量标准等知识，并掌握焊接、拆焊的方法和技巧。 本任务涵盖 5 个知识点：知识点 1 介绍焊接过程与质量要求；知识点 2 介绍手工焊接的工具和材料；知识点 3 介绍元器件的引线加工与插装；知识点 4 介绍直插元件的手工焊接技术；知识点 5 介绍拆焊技术。 在任务实施环节，将所学的知识应用于实践，通过工程实践，掌握焊接技巧，提高焊接技能			
知识目标	1．了解焊接的基本知识。 3．掌握直插元件的手工焊接方法。 5．掌握直插元件的引线成型及插装方法	2．了解焊接工具、焊接材料。 4．掌握直插元件的拆焊方法。		
能力目标	1．能够熟练使用焊接工具、拆焊工具和装接工具。 2．能熟练地焊接直插元件，并达到合格焊点的质量标准。 3．能熟练地焊接导线。	4．能熟练地进行拆焊和补焊		
素质目标	1．培养认真、细致的工作作风。 3．维护整洁、有序的工作环境	2．做到安全用电、规范操作。		
重点	1．直插元件的焊接和拆焊。	2．导线的焊接		
难点	1．焊接时间、温度的把握。	2．焊点质量的提高		

知识准备

3.1.1 焊接过程与质量要求

电子产品中包含了大量的电子元器件，它们按照一定的工作原理进行电路连接。为了连接的方便，这些电子元器件都带有金属的引线或引脚，焊接就是利用加热或加压的方法，使两种金属间原子的壳层相互扩散，依靠原子间的内聚力使两种金属永久、牢固地结合在一起的过程。

1．焊接的机理

焊接的机理可以用以下三个过程来概括：

（1）浸润阶段。加热过程中，熔融状态的焊料沿着被焊金属的凹凸表面，靠毛细管作用扩散。如果焊料和被焊金属材料表面足够清洁，焊料原子与被焊金属原子就可以接近到能够

相互吸引结合的距离，这一过程称为浸润。

（2）扩散阶段。由于金属原子在晶格点阵中呈热振动状态，所以在温度升高时，它就会从一个晶格点阵自动地转移到其他晶格，分子相互扩散，在两者界面形成新的合金，这个现象称为扩散。

（3）形成合金层。焊接完成后，随着焊接工具的撤离，焊接点开始冷却，界面层形成的金属合金开始凝固形成金属结晶，结晶向未凝固的焊料方向生长，形成了焊点。

2．焊接的种类

焊接通常分为熔焊、压焊及钎焊三大类，在电子装配中主要使用的是钎焊。

（1）熔焊。焊接过程中，将焊件接头加热至熔化状态，不加压力完成焊接的方法称为熔焊。常用的熔焊方法有电弧焊、气焊、电渣焊等。

（2）压焊。焊接过程中，必须对焊件施加压力（加热或不加热）完成焊接的方法称为压焊。常用的压焊方法有电阻焊、摩擦焊、旋转电弧焊、超声波焊等。

（3）钎焊。在已加热的工件金属之间，熔化低于工件金属熔点的钎料，借助焊剂的作用，依靠毛细管作用，使焊料浸润在工件的金属表面，并发生化学变化，生成合金层，从而使工件金属与焊料结合为一体的方法称为钎焊。根据焊料熔点不同分为硬焊（焊料熔点高于450 ℃）和软焊（焊料熔点低于450 ℃）。采用锡铅焊料进行的钎焊称为锡铅焊，简称锡焊。锡焊属于钎焊中的软焊。

3．焊点形成的必要条件

（1）工件金属材料应具有良好的可焊性。可焊性是指被焊的金属材料和焊锡在适当的温度和助焊剂的作用下，能形成良好的结合。

（2）工件金属表面应洁净。工件金属表面如果存在氧化物或污垢，会严重影响焊料在界面上形成合金层，造成虚焊、假焊。轻度的氧化物或污垢可通过助焊剂来清除，较严重的要通过化学或机械的方式来清除。

（3）正确选用助焊剂。助焊剂在加热融化时可以溶解工件金属表面的氧化物和污垢，并提高焊料的流动性，有利于焊料浸润和扩散，保证了焊点的质量。助焊剂的种类很多，效果也不一样，使用时应根据工件的金属材料、焊点的表面状况和焊接方式来选用。

（4）正确选用焊料。焊料的成分及性能应与工件金属材料的可焊性、焊接的温度及时间、焊点的机械强度等相适应，以达到易焊和焊牢的目的。

（5）控制焊接温度和时间。焊接时温度过低会造成虚焊，温度过高会损坏元器件和印制电路板（Printed-Circuit Board，简称 PCB）。在手工焊接时，控制温度的关键是选用具有适当功率的电烙铁和掌握焊接时间。一般情况下，焊接时间应不超过 3 s。

4．合格焊点的质量要求

一个良好的焊点，应满足以下要求：

（1）电气性能良好。高质量的焊点应是焊料与工件金属界面形成牢固的合金层，保证良好的导电性能，而不是简单地将焊料堆附在工件金属的表面。

（2）具有一定的机械强度。为保证焊件在受到震动或冲击时不至脱落、松动，要求焊点要有足够的机械强度。在焊接较大或较重元件时，为增加机械强度，在焊接时通常增大焊接

面积，或将焊件的引线先绞合、钩接在焊点上，再进行焊接。

（3）焊点上的焊料要适量。焊点上的焊料过少，会降低机械强度。焊料过多，既增加成本，又容易造成焊点桥连（短路），也会掩盖焊接缺陷，所以焊点上的焊料要适量，一般焊料布满焊盘呈裙状展开最为适宜。

（4）焊点表面应干净、光亮、均匀。焊点表面的污垢，尤其是焊剂的有害残留物质，会腐蚀元器件引线、接点及印制电路，带来严重隐患。焊点表面不应凹凸不平或色泽不均，这与焊接温度及焊剂的使用有关。

（5）焊点不应有毛刺、空隙。焊点表面存在毛刺、空隙不仅影响美观，还会给电子产品带来危害，尤其在高频、高压电路部分，将会产生尖端放电而损坏电子设备。

3.1.2 手工焊接的工具与材料

扫一扫下载常用的焊接工具教学课件

1．常用的焊接工具

电烙铁是最常用的手工焊接工具。新烙铁在使用前应先进行上锡，具体操作方法是：给烙铁通电，待温度升高到100 ℃左右时，往烙铁头上加松香，然后将焊锡均匀地涂在烙铁头的表面，直到整个烙铁修整面均匀地挂上一层锡为止。如果电烙铁使用一段时间后，烙铁头变得凹凸不平，或烙铁头氧化“坏死”不再吃锡时，也应进行上锡操作，上锡前先将氧化发黑的部分用锉刀或砂纸清除干净，再按新烙铁头的处理方法进行上锡。

常见的电烙铁有内热式、外热式、恒温式、吸锡式等。各种焊接工具的特性及应用如表3.1.1所示。

表3.1.1　常用焊接工具

名　称	实　物　图	特性及应用
外热式电烙铁		发热丝在外部，寿命长，功率大，一般有25 W、35 W、45 W、75 W、100 W等，广泛用于电子加工行业
内热式电烙铁		发热丝在内部，发热快，效率高，一般有25 W、35 W、45 W、75 W、100 W等，广泛用于电子加工行业
恒温电烙铁		具有温度调节功能，使用方便可靠
恒温焊台		内部带有隔离变压器，可防止静电对元器件的伤害，温度调整范围大，控制精度高，适合对焊接质量要求高的场合

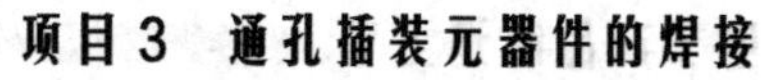

续表

名　称	实 物 图	特性及应用
吸锡烙铁		吸锡烙铁是将活塞式吸锡器和电烙铁结合起来的拆焊工具
热风吹焊机		用于拆焊，利用热风加热 SMT 元器件，使焊点融化，让元器件与电路板脱离。温度和风量都可以独立调节，温度调节范围大，控制精度高

选用电烙铁时应遵循以下基本原则：

（1）根据焊点大小来选用。焊点越小，所选的电烙铁功率就越小；焊点越大，所选的电烙铁功率就越大。

（2）根据被焊接的元器件体积大小来选用。元器件体积越大，其引脚也越粗，焊盘也越大，所用电烙铁功率也就越大。

（3）根据焊接面的面积来选用。焊接面的面积越大，其散热也就越快，因此要用功率大些的电烙铁。

（4）根据焊点密度来选用。焊点密度越大，选用的电烙铁功率就必须越小。

电烙铁的握法如表 3.1.2 所示。

表 3.1.2　电烙铁的握法

握　法	图　示	说　明	适 用 范 围
反握法		用五指反向把电烙铁的手柄握在掌内	反握法适用于大功率电烙铁及焊接散热快的被焊件
正握法		用五指正向把电烙铁的手柄握在掌内，烙铁头朝向大拇指方向	正握法适用于较大的电烙铁。弯形烙铁头一般也用此法
握笔法		用大拇指和食指、中指扣住电烙铁手柄，让烙铁手柄斜靠在手中	握笔法适用于小功率电烙铁及焊接散热面小的被焊件，如焊接收音机、电视机的印制电路板，以及这些设备的维修等

2．焊料与焊剂

焊料是用来焊接两种或两种以上的金属面，使之成为一个整体合金的焊接材料。焊料的种类很多，常用的有锡铅焊料、银焊料和铜焊料等。电子产品装配中，一般都选用锡铅焊料。

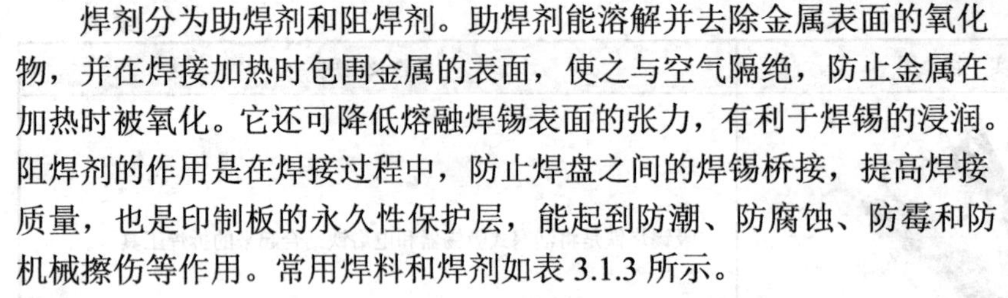

焊剂分为助焊剂和阻焊剂。助焊剂能溶解并去除金属表面的氧化物，并在焊接加热时包围金属的表面，使之与空气隔绝，防止金属在加热时被氧化。它还可降低熔融焊锡表面的张力，有利于焊锡的浸润。阻焊剂的作用是在焊接过程中，防止焊盘之间的焊锡桥接，提高焊接质量，也是印制板的永久性保护层，能起到防潮、防腐蚀、防霉和防机械擦伤等作用。常用焊料和焊剂如表 3.1.3 所示。

扫一扫看焊料和焊剂微视频

扫一扫下载焊料和焊剂教学课件

表 3.1.3　焊料和焊剂

名　称		实 物 图	特性及应用
焊料	锡丝		将焊锡做成管状，管内填充松香，使用锡丝时可不加助焊剂。锡丝的直径有 0.5 mm、0.8 mm、1.0 mm、1.5 mm 等多种规格，常用于手工焊接
	锡条 锡球		具有熔点低、流动性好、附着力强等特点，熔点温度一般为 180～230 ℃。适合于浸焊和波峰焊
	锡膏		将一定比例的锡、银、铜的合金粉粒与助焊剂搅拌而成，形成膏状物质，具有一定的流动性，用于回流焊
焊剂	松香助焊剂		有助于清洁焊件表面的氧化物和污垢，并形成一个保护膜，防止焊件氧化，提高浸润性。常用于手工焊接和波峰焊
	有机助焊剂		常用的有乙醇、丙醇、丁醇、丙酮等，主要作用是溶解助焊剂中的固体成分，使之形成均匀的溶液；同时它还可以清洗电路板和金属表面的油污
	无机助焊剂		助焊性能好，但腐蚀性大，属于酸性焊剂。通常只用于非电子产品的焊接
	阻焊剂		防止焊盘之间的焊锡桥接，提高焊接质量，同时防腐、防霉，保护电路板

焊接时，一般左手拿焊锡丝，右手拿电烙铁。进行连续焊接时常采用图 3.1.2（a）所示的拿法，便于连续向前送锡。只焊接几个焊点或断续焊接时可采用图 3.1.2（b）所示的拿法，不适合连续焊接。

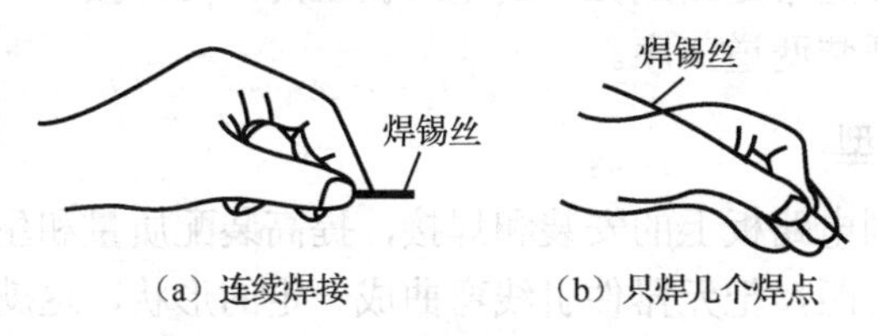

（a）连续焊接　　（b）只焊几个焊点

图 3.1.2　焊锡丝拿法示意图

3. 常用装接工具

电子装接的常用工具如表 3.1.4 所示。

表 3.1.4　电子装接的常用工具

名　称	实　物　图	作　用
尖嘴钳		头部较细，用于夹小型金属零件或弯曲元器件引线，不宜用于敲打物体或夹持螺母
偏口钳	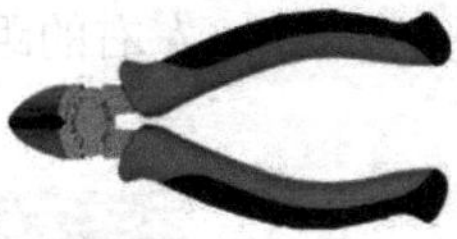	用于剪切细小的导线及焊后的线头，也可与尖嘴钳配合使用来剥导线的绝缘皮
剥线钳	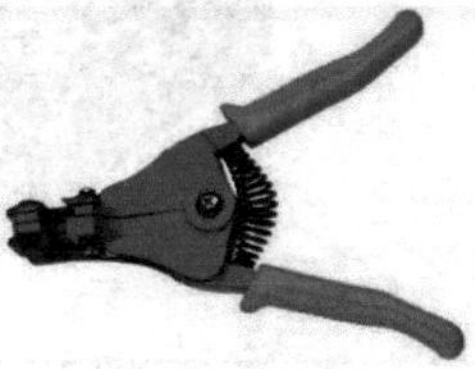	用于剥除导线的绝缘皮，使用时注意将需剥皮的导线放入合适的槽口，剥皮时不能剪断导线，剪口的槽并拢后应为圆形
平口钳		头部较平宽，适用于重型作业，如螺母、紧固件的装配操作，夹持和折断金属薄板及金属丝等
螺丝刀	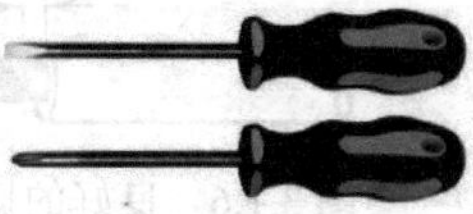	又称改锥，有一字式和十字式两种，专用于拧螺钉。应根据螺钉形状和大小选用不同规格的螺丝刀
镊子		有尖嘴和圆嘴两种。尖嘴镊子用于夹持 SMT 元件或较细的导线，圆嘴镊子用于弯曲元器件引线或夹持元器件

3.1.3 元器件引线加工与插装

扫一扫看元器件引线加工与插装微视频

扫一扫看元器件引线加工与插装教学课件

电子设备中的元器件通常是固定在印制电路板上的，在焊接前都要经过引线加工和插装两道工序。

1．元器件的引线成型

为便于元器件在印制电路板上的安装和焊接，提高装配质量和生产效率，在安装之前，应根据安装位置和焊盘间距，把元器件引线弯曲成一定的形状，这就是元器件的引线成型。

根据加工和安装方式不同，元器件引线成型有两种形状：手工焊接时常弯折成图 3.1.3（a）所示的形状，自动焊接时则加工成图 3.1.3（b）所示的形状。注意不要将引线齐根弯折，一般距离根部应留出 1.5～2 mm 的间距。

2．引线搪锡

元器件或导线长期存放，容易使引脚发生氧化，可焊性变差。使用前，必须去除氧化层并进行搪锡（也称镀锡、上锡）处理，否则极易造成虚焊。搪锡实际上就是熔融状态的焊锡浸润在被焊金属表面，形成一层薄而均匀的合金层。去除氧化层的方法有多种，元器件使用量较少时，可用酒精擦洗、砂纸打磨或手工刮削的方法，然后再进行搪锡。

在大规模生产中，从元器件的清洗到搪锡都是由自动化生产线完成。中等规模的生产也可用搪锡机给元器件搪锡。在小批量生产中，可使用搪锡炉（如图 3.1.4 所示）进行搪锡。在业余条件下，也可采用手工方法用蘸锡的电烙铁沿着浸蘸了助焊剂的引线加热，如图 3.1.5 所示。搪锡后引线上的锡层应光洁而均匀，距离导线的端头有 1 mm 左右的距离，如图 3.1.6 所示。

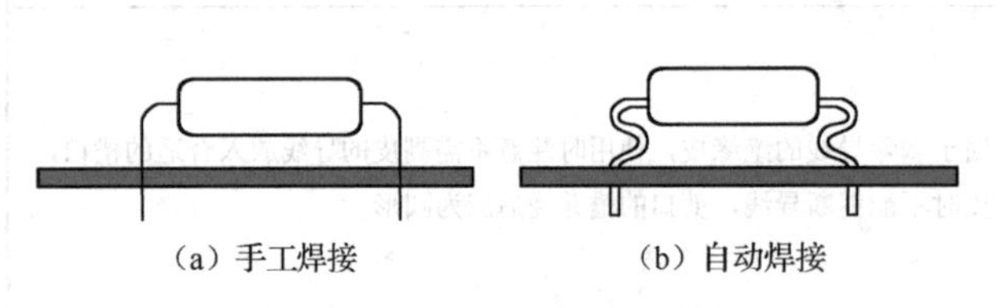

图 3.1.3　元器件的引线成型

图 3.1.4　搪锡炉

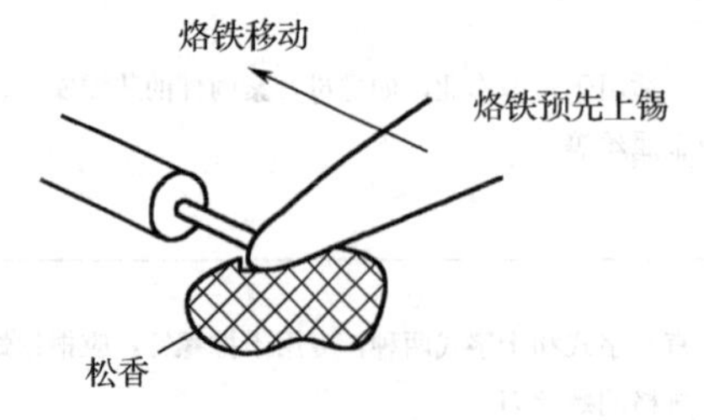

图 3.1.5　手工搪锡方法

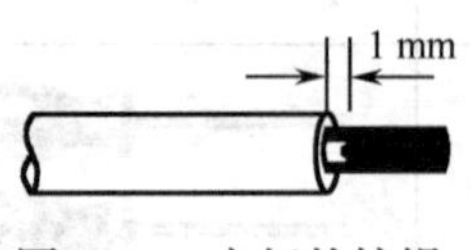

图 3.1.6　良好的搪锡

3．元器件的插装

通孔元件的插装可采用卧式插装或立式插装。卧式插装是将元器件紧贴印制电路板插装，这种插装方式稳定性好、比较牢固，受振动时不易脱落。立式插装的特点是密度较大、占用印制板的面积少，拆卸方便，电容、三极管多采用这种方法。在引线成型、插装以后，元器件的标记朝向应一致，如表 3.1.5 所示。

表 3.1.5　元件插装图解

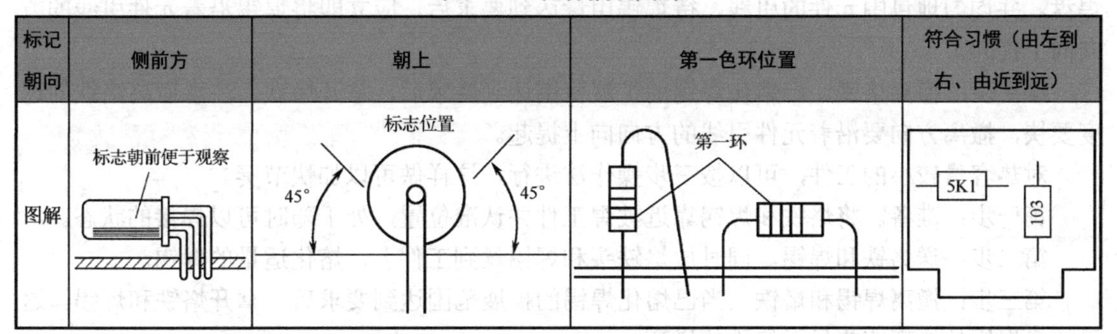

标记朝向	侧前方	朝上	第一色环位置	符合习惯（由左到右、由近到远）
图解	标志朝前便于观察	标志位置 45° 45°	第一环	5K1 103

引线成型后的元器件，在焊接时，应尽量保持排列整齐，同类元件要保持高度一致。为防止元件掉出来可以折弯引脚，并且要注意整形效果，如图 3.1.7 所示。

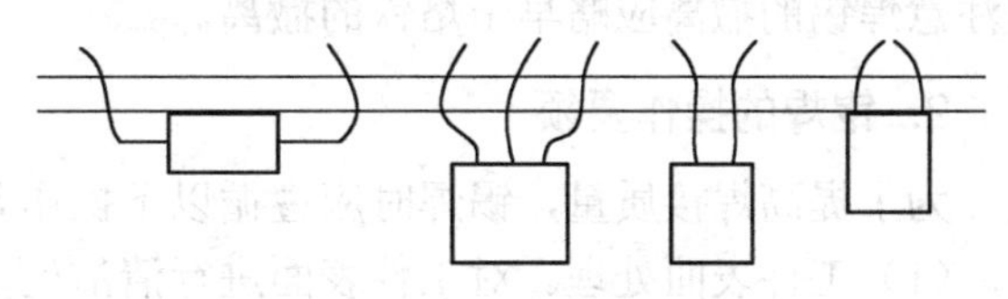

图 3.1.7　引脚弯折处理

3.1.4　直插元件的手工焊接技术

扫一扫下载五步焊接法教学课件

1．五步焊接法

对于热容量大的元器件，要严格按照五步操作法进行焊接，这是焊接的基本步骤，如图 3.1.8 所示。

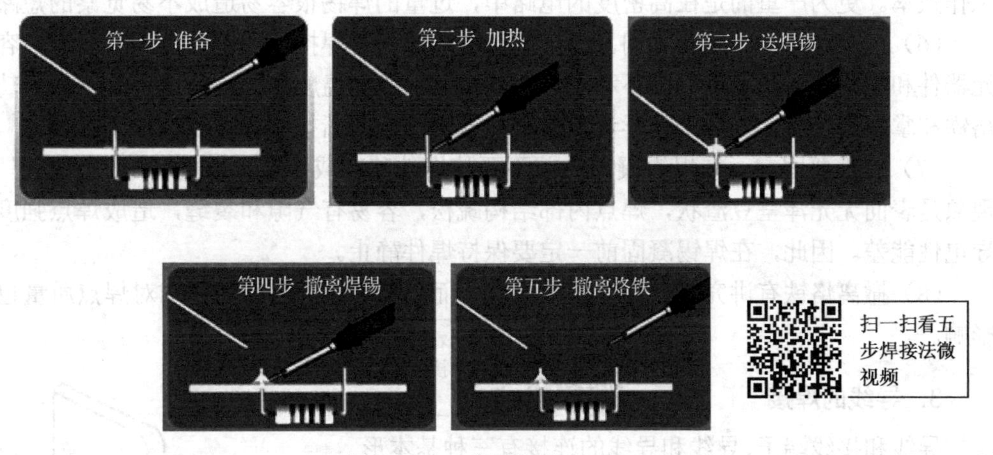

扫一扫看五步焊接法微视频

图 3.1.8　五步焊接法

第一步：准备。将烙铁和焊锡靠近被焊工件并认准位置，处于随时可以焊接的状态。

第二步：加热。将烙铁头放在工件上进行加热，注意加热方法要正确，保证焊接工件和焊盘被充分加热。

第三步：送焊锡。将焊锡丝放在工件上，熔化适量的焊锡。在焊接过程中，可以先将焊

锡靠近烙铁头，然后移动焊锡至烙铁头相对的位置，这样做有利于锡的熔化和热量的传导。注意焊锡一定要润湿被焊工件表面和整个焊盘。

第四步：撤离焊锡。待已熔化焊锡充满焊盘后，迅速拿开焊锡。熔化的焊锡要充满整个焊盘，并均匀地包围元件的引线，待焊锡用量达到要求后，应立即将焊锡沿着元件引线的方向向上提起。

第五步：撤离烙铁。已熔化焊锡的扩展范围达到要求后，拿开烙铁。注意撤离烙铁的速度要快，撤离方向要沿着元件引线的方向向上提起。

对热容量较小的工件，可以按三步操作法进行，这样做可以加快节奏。

第一步：准备。将烙铁和焊锡靠近被焊工件并认准位置，处于随时可以焊接的状态。

第二步：送烙铁和焊锡。同时放烙铁头和焊锡丝到工件上，熔化适量的焊锡。

第三步：撤离焊锡和烙铁。当已熔化焊锡的扩展范围达到要求后，拿开烙铁和焊锡。这里注意焊锡的撤离应略早于烙铁的撤离。

2．锡焊的操作要领

为了提高焊接质量，锡焊时应遵循以下操作要领：

（1）工件表面处理。对工件表面进行清洁处理，提高可焊性，必要时可以涂抹助焊剂。

（2）预焊。将要锡焊的元器件引线或导线的焊接部位预先进行搪锡处理。

（3）不要使用过量的助焊剂。过量的助焊剂容易夹杂到焊锡中形成“夹渣”缺陷。对开关元件的焊接，过量的焊剂容易流到触点处，从而造成接触不良。

（4）保持烙铁头的清洁。由于焊接时烙铁头长期处于高温状态，又接触焊剂，其表面很容易氧化而形成一层黑色杂质，因此要用湿海绵随时进行清洁。

（5）焊锡要适量。过量的焊锡不但浪费材料、增加成本，而且增加了焊接时间，降低了工作效率。更为严重的是在高密度的电路中，过量的焊锡很容易造成不易觉察的短路。

（6）控制焊接的温度和时间。焊接的温度和时间是焊接的关键要素。温度过高容易烧毁元器件和电路板，温度过低则不利于焊料的浸润。控制温度的关键是选用具有适当功率的电烙铁和掌握焊接时间。对于初学者，应在技能训练中不断摸索，提高技能。

（7）焊件要固定。在焊锡凝固之前不要使焊件移动或振动，否则易造成“冷焊”。外观现象是表面无光泽呈豆渣状，焊点内部结构疏松，容易有气隙和裂缝，造成焊点强度降低，导电性能差。因此，在焊锡凝固前一定要保持焊件静止。

（8）撤离烙铁有讲究。撤离烙铁要及时，而且撤离时的角度和方向对焊点质量也有一定影响。

扫一扫看导线的焊接微视频

3．导线的焊接

导线和接线端子、导线和导线的连接有三种基本形式：绕焊、钩焊和搭焊。

1）绕焊

导线和接线端子的绕焊，是把经过镀锡的导线端头在接线端子上绕一圈，然后用钳子夹紧缠牢后进行焊接，如图 3.1.9 所示。导线一定要紧贴端子表面，绝缘

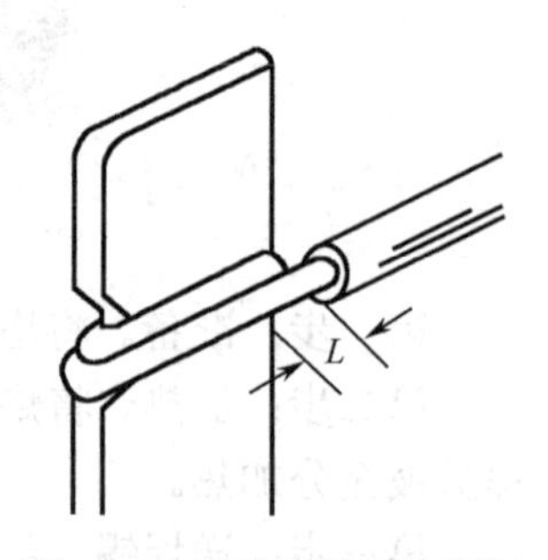

图3.1.9　导线和端子的绕焊

导线不要接触端子，一般取 L =1～3 mm 为宜。

导线与导线的连接也是以绕焊为主，如图 3.1.10 所示。操作方法是：首先，去掉导线端部一定长度的绝缘皮，并将导线端头镀锡，穿上合适的热缩套管；然后，将两条导线绞合、焊接；最后把热缩套管推到接头焊点上，用热风枪烘烤热缩套管，套管冷却后固定并紧裹在接头处。

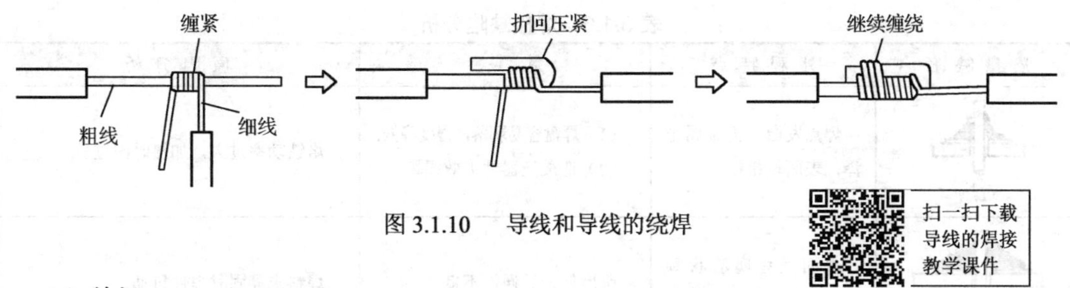

图 3.1.10　导线和导线的绕焊

扫一扫下载导线的焊接教学课件

2）钩焊

将导线弯成钩形钩在接线端子上，用钳子夹紧后再焊接，如图 3.1.11 所示。其端头的处理方法与绕焊相同。这种方法的强度低于绕焊，但操作简便。

3）搭焊

把经过镀锡的导线搭到接线端子上进行焊接，如图 3.1.12 所示。这种连接最方便，但强度及可靠性差，仅用在临时连接或不便于缠、钩的地方，不能用在正规产品中。

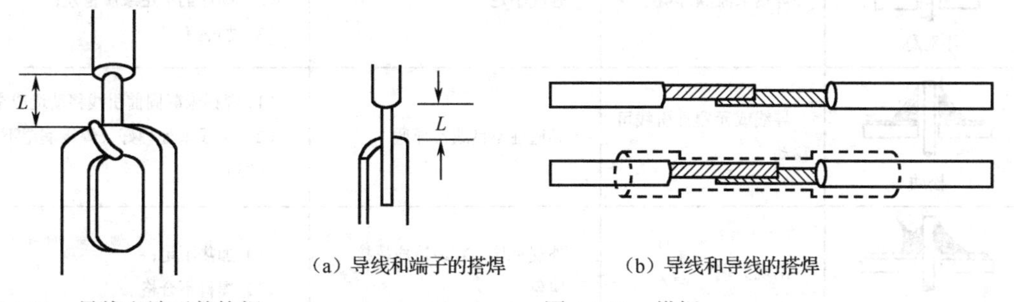

（a）导线和端子的搭焊　（b）导线和导线的搭焊

图 3.1.11　导线和端子的钩焊　　图 3.1.12　搭焊

4．几种易损元器件的焊接

1）铸塑元件的焊接

铸塑元件，例如各种开关、插接件等，在高温下容易变形，长时间高温焊接容易导致元件失效或性能降低。因此，在保证焊锡润湿工件和焊盘的情况下焊接时间越短越好。

2）簧片类元件的焊接

簧片类元件焊接时加热时间要短，不可对焊点任何方向施力，焊锡量宜少。如果安装施焊过程中对簧片施加外力，则破坏了接触点的弹力，造成元件失效。

3）瓷片电容、发光二极管等元件的焊接

这类元器件加热时间过长就会失效，焊接时可采用辅助散热的措施，焊接时间尽量短。

5．焊接缺陷分析

扫一扫看焊接缺陷分析微视频

扫一扫下载焊接缺陷分析教学课件

造成焊接缺陷的原因有很多，在材料（焊料与焊剂）与工具（烙铁、夹具）一定的情况下，焊接的质量取决于操作者的技能水平和责任心。表 3.1.6 列出了焊点缺陷的外观、特点、危害及产生原因，可供参考。

表 3.1.6　焊接缺陷分析

质量缺陷	外观特点	危　害	原因分析
过热	焊点发白，无金属光泽，表面较粗糙	（1）焊盘容易剥落，强度降低； （2）造成元器件失效损坏	烙铁功率过大，加热时间过长
冷焊	表面呈豆腐渣状颗粒，有时有裂纹	强度低，导通性不良	焊料未凝固时焊件抖动
虚焊	焊料与焊件交界面接触角过大，不平滑	强度低，不导通或时通时断	（1）焊件清理不干净； （2）助焊剂不足或质量差； （3）焊件未充分加热
不对称	焊锡未流满焊盘	强度不足	（1）焊料流动性不好； （2）助焊剂不足或质量差； （3）加热不足
松动	导线或元器件引线可移动	导通性不良或不导通	（1）焊锡未凝固前引线移动造成空隙； （2）引线未处理好（焊锡润湿不良或不润湿）
拉尖	出现尖端	外观不佳，容易造成桥接现象	（1）加热不足； （2）焊料不合格
桥接	相邻焊点搭接	短路	（1）焊锡过多； （2）烙铁施焊后的撤离方向不当
针孔	目测或放大镜可见有孔	焊点容易腐蚀	焊盘孔与引线间隙过大
气泡	引线根部有焊料隆起，内部藏有空洞	暂时导通，但长时间容易引起导通性不良	引线与孔间隙过大或引线的焊锡润湿性不良
剥离	焊点剥落（不是铜皮剥落）	断路	焊盘镀层不良

续表

质量缺陷	外观特点	危　害	原因分析
焊料过多	焊料面呈凸形	浪费焊料，且可能包藏缺陷	焊丝撤离过晚
焊料过少	焊料未形成平滑面	机械强度不足	焊丝撤离过早
松香焊	焊点中夹有松香渣	强度不足，导通性不良，有可能时通时断	（1）助焊剂过多，或已失效； （2）焊接时间不足，加热不足； （3）表面氧化膜未去除

扫一扫下载拆焊技术教学课件

3.1.5　拆焊技术

在调试、维修过程中，发现元器件损坏、焊接错误时则需要拆焊。若拆焊方法不当，往往会损坏元器件，使印制导线断裂或焊盘脱落。良好的拆焊技术，既能保证调试、维修工作顺利进行，又能避免由于更换器件不得法而增加产品故障率。常用的拆焊工具及操作要领如表 3.1.7 所示。

表 3.1.7　拆焊工具及操作要领

工具名称	图　示	操作要点
平口空心针头		用电烙铁熔化焊点，将针头套在被焊元器件引脚上，待焊点熔化后，迅速将针头插入印制电路板的孔内，使元器件的引脚与印制板的焊盘脱开
铜编织线		将铜编织线熔上松香焊剂，选择待拆焊点，加热铜编织线，使焊锡熔化并吸附，如焊点上的焊料一次没有被吸完，则可进行第二次、第三次……直到吸完
吸锡器		先按压吸锡器排出空气，再将被拆的焊点加热，使焊料熔化，操作吸锡器，用吸嘴吸走熔化的焊料
热风吹焊机		使用热风吹焊机可一次完成多引脚元器件的拆焊，而且不易损坏印制电路板及其周围的元器件，常用于集成电路的拆焊

续表

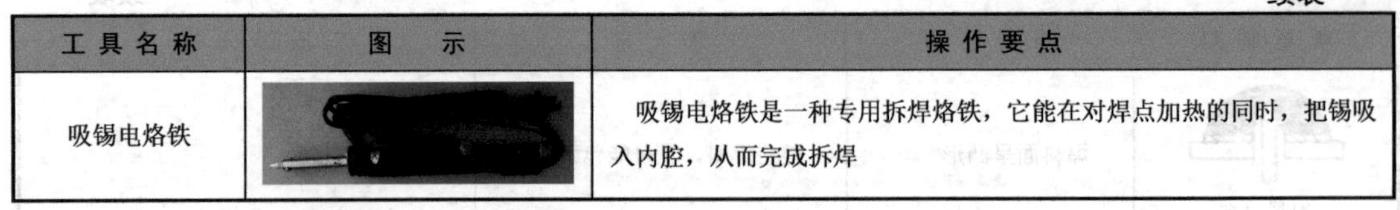

工具名称	图示	操作要点
吸锡电烙铁		吸锡电烙铁是一种专用拆焊烙铁，它能在对焊点加热的同时，把锡吸入内腔，从而完成拆焊

为保证拆焊的顺利进行，操作时应注意以下两点：

（1）烙铁头加热被拆焊点时，焊料一熔化，应及时拆除相应的元器件。注意在拆焊过程中，不管元器件的安装位置如何、是否容易取出，都不要强拉或扭拽元器件，以避免损伤印制电路板和其他的元器件。

（2）插装新元器件之前，必须把焊盘孔内的焊料清除干净，否则在插装新元器件引线时，会造成印制电路板的焊盘翘起。

任务实施

步骤 1：准备技术文件，理解充电小台灯的电路原理。

充电小台灯的电路原理如图 3.1.13 所示，它由电池充电电路和台灯控制电路两部分组成。工频交流电源、阻容降压电路、整流桥、开关 S、充电电池以及充电指示灯构成了电池充电回路。充电电池、限流电阻器 R_1、并联的 12 个发光二极管以及开关 S 构成了台灯控制回路。当按下开关 S 后，A 侧触点闭合，台灯的控制回路导通，12 个发光二极管全部点亮；当开关 S 断开时，C 侧触点闭合，此时，如果接通交流电源，则开始给电池充电，同时充电指示灯点亮。

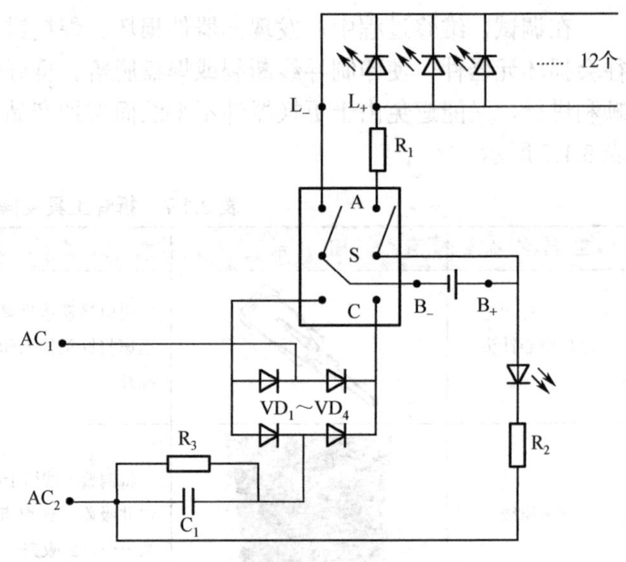

图 3.1.13　充电小台灯电路原理图

步骤 2：识别和检测元器件。

首先按照材料清单（表 3.1.8）清点材料，然后检查各元器件外观，应完整无损，各种型号、规格、标志应清晰、牢固，外观无异常后再用万用表进行检测。

表 3.1.8　材料清单

序号	名　称	数量	主要参数	序号	名　称	数量	主要参数
1	高亮 LED	12	ϕ5 mm	4	R_1	1	2.4 Ω，1/2 W
2	普亮 LED	1	ϕ3 mm	5	R_2	1	220 kΩ，1/8 W
3	1N4007	4		6	R_3	1	680 kΩ，1/8 W

续表

序号	名　称	数量	主 要 参 数	序号	名　称	数量	主 要 参 数
7	C_1	1	0.003 6 μF，450 V	11	电源插头连接片	1	
8	自锁开关	1		12	短细线	2条	
9	电路板	2		13	长细线	2条	
10	电源插头	1		14	螺丝	8个	4个(长),4个(短)

步骤3：手工焊接充电小台灯。

（1）若元器件引脚有锈蚀，可用砂纸打磨后进行搪锡。

（2）将元器件引脚弯折成需要的形状。

（3）参照装配图，按照元器件由低到高的顺序进行插装、焊接。

（4）焊接完成后，检查电路板有无虚焊、漏焊、错焊的地方，如果有可进行拆焊和补焊。焊接完成的电路板如图3.1.14所示。

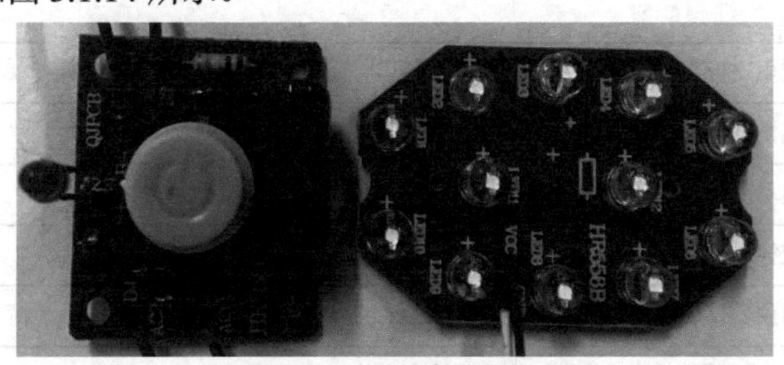

图3.1.14　焊接完成的电路板

步骤4：总装与调试。

（1）将蓄电池和充电插座通过引线与方形电路板连接，将红白引线焊接在多边形电路板的接线端，如图3.1.15（a）所示。

（2）安装蛇形管，将多边形板的长引线穿入蛇形管内，充电插座和蓄电池放在相应的安装槽内，如图3.1.15（b）所示。

（3）通电测试。

（4）安装外壳，紧固螺丝，制作完成的充电小台灯如图3.1.15（c）所示。

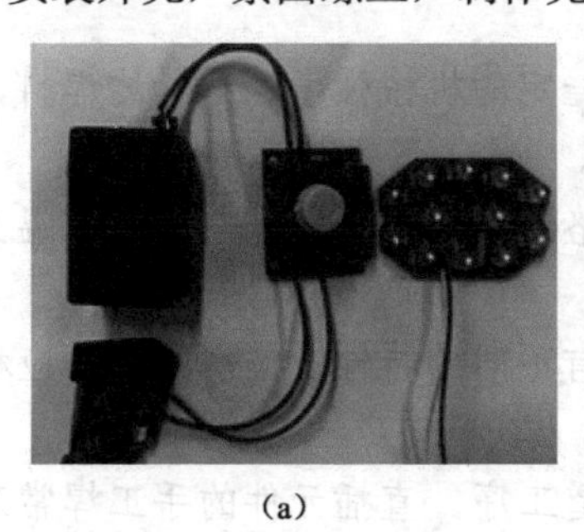

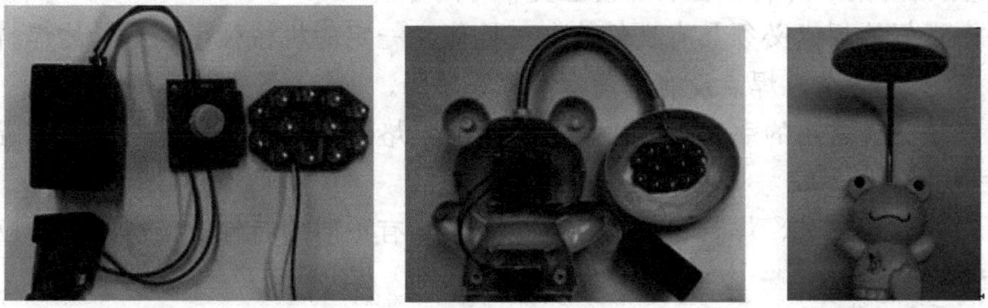

(a)

(b)

(c)

图3.1.15　总装

任务评价

教师对学生进行考核和评价，选出优秀作品进行展示和点评。总结学生在任务完成过程

中出现的问题，帮助学生完善知识、提升技能。填写考核评价表 3.1.9。

表 3.1.9 考核评价

考核内容		分值	得分
知识自评（20分）	1. 焊接的机理可用三个过程来概括______、______、______。 2. 焊接的种类有______、______和______。 3. 五步焊接法是______、______、______、______、______。 4. 导线的焊接方法有______、______和______。 5. 合格焊点的质量标准是什么？	20分	
技能考评（60分）	1. 手工焊接电路板	30分	
	2. 产品功能测试	20分	
	3. 产品总装	10分	
职业素养（20分）	1. 出勤和纪律	5分	
	2. 正确使用仪器仪表，安全用电、规范操作	10分	
	3. 整理工作台面，及时清扫地面，维护整洁有序的工作环境	5分	
总分			

任务小结

1. 焊接的机理主要包括 3 个过程：浸润、扩散、形成合金层。

2. 焊接通常分为熔焊、压焊及钎焊三大类，在电子装配中主要使用的是钎焊。

3. 一个良好焊点的形成必须具备一定的条件，如：良好的可焊性、工件金属表面应洁净、正确选用助焊剂和焊料、控制焊接温度和时间等。

4. 一个良好的焊点必须具有良好的电气性能、一定的机械强度、适量的焊料，焊点表面应干净、光亮、均匀，焊点没有毛刺、空隙等缺陷。

5. 电烙铁是最常用的手工焊接工具。常见的电烙铁有内热式、外热式、恒温式、吸锡式等。

6. 不同的焊接工具、焊料、焊剂、装接工具具有不同的特性及应用范围，应根据实际情况进行选择。

7. 元器件在焊接前都要经过引线加工和插装两道工序。直插元件的手工焊常采用五步焊接法。

8. 导线和接线端子、导线和导线的连接有三种基本形式：绕焊、钩焊和搭焊。

9. 在焊接过程中，造成焊接缺陷的原因有很多，操作者应提高技能水平，具备责任心。

任务 3.2 利用波峰焊技术焊接电路板

任务提出

随着电子技术的发展，电子产品向着小型化、复杂化发展。印制电路板（PCB）上的元器件排列越来越密集，手工焊接已难以满足生产需求。本任务要求利用波峰焊设备焊接印制电路板，并达到焊接的质量标准。

任务导学

任务 3.2	利用波峰焊技术焊接电路板		建议学时	4 学时
材料与设备	波峰焊设备、印制电路板、元器件、锡球			
任务分析	本任务通过工业化的焊接设备焊接印制电路板，学习浸焊工艺和波峰焊工艺，了解浸焊和波峰焊设备，掌握工业焊接的方法和要点。 本任务涵盖 2 个知识点：知识点 1 介绍浸焊设备和浸焊工艺流程；知识点 2 介绍波峰焊设备和波峰焊工艺流程。 在任务实施环节，将所学的知识和技能应用于实践，根据波峰焊的工艺要领对波峰焊设备进行设置和操作，完成印制电路板的焊接			
知识目标	1．了解浸焊设备和波峰焊设备。 3．掌握波峰焊工艺流程。	2．掌握浸焊工艺流程。 4．理解波峰焊的焊接曲线		
能力目标	1．能熟练使用浸焊设备。	2．能熟练使用波峰焊设备		
素质目标	1．培养认真、细致的工作作风。 3．维护整洁、有序的工作环境	2．做到安全用电、规范操作。		
重点	1．浸焊工艺流程。 3．波峰焊的温度曲线	2．波峰焊工艺流程。		
难点	1．波峰焊设备的设置与操作。	2．利用波峰焊设备焊接印制电路板		

知识准备

随着电子技术的发展，电子产品日趋小型化、微型化，而其功能却越来越强大，电路越来越复杂，印制电路板上的元器件排列越来越密集，手工焊接已难以满足焊接质量和焊接效率的要求。自动焊接技术解决了这一问题，它大大地提高了焊接效率，满足了焊接质量的要求。目前，通孔插装（Through Hole Technology，简称 THT）元器件主要采用浸焊或波峰焊的方式进行焊接。

扫一扫下载浸焊工艺教学课件

3.2.1 浸焊工艺

浸焊是将插装好元器件的印制电路板，浸入装有熔融焊料的锡锅内，一次完成印制电路板上全部元器件的焊接。印制电路板上的导线被阻焊层阻隔，不需要焊接的焊点和部位要用特制的阻焊膜（或胶布）贴住，防止焊锡不必要的堆积。常见的浸焊有手工浸焊和自动浸焊。

浸焊比手工焊接效率高，但焊接质量较差，焊接后应对焊点进行检查并做必要的修整，

目前只在一些小型企业中使用。

1．手工浸焊

手工浸焊是由人工用夹具夹持装有元器件的印制电路板，浸入锡锅内完成焊接的方法。印制板浸入锡锅的深度为50%～70%，时间为3～5 s。图3.2.1是手工浸焊设备外形，浸焊的操作流程如图3.2.2所示。

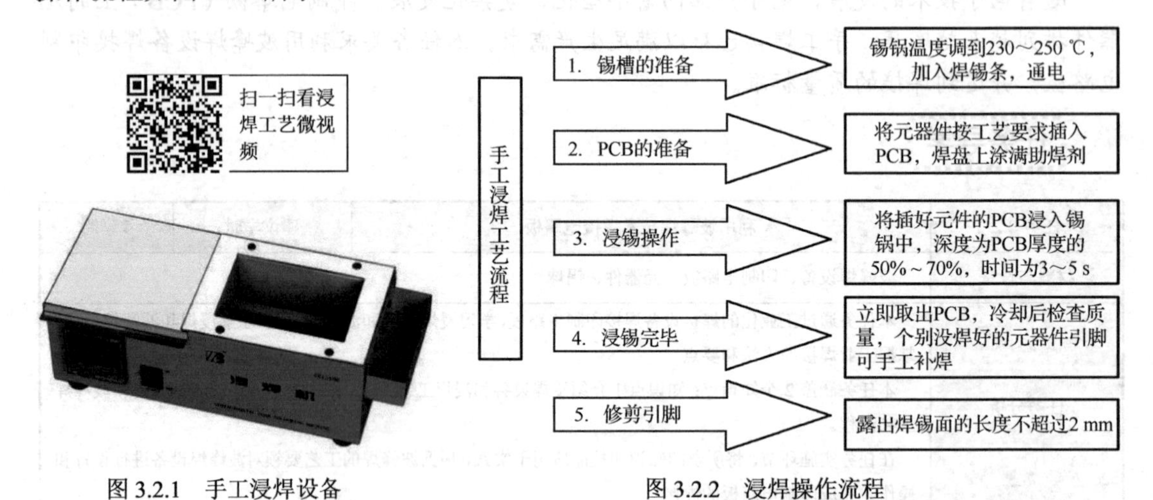

扫一扫看浸焊工艺微视频
手工浸焊工艺流程
1. 锡槽的准备
锡锅温度调到230～250 ℃，加入焊锡条，通电
2. PCB的准备
将元器件按工艺要求插入PCB，焊盘上涂满助焊剂
3. 浸锡操作
将插好元件的PCB浸入锡锅中，深度为PCB厚度的50%～70%，时间为3～5 s
4. 浸锡完毕
立即取出PCB，冷却后检查质量，个别没焊好的元器件引脚可手工补焊
5. 修剪引脚
露出焊锡面的长度不超过2 mm

图3.2.1　手工浸焊设备　　　　图3.2.2　浸焊操作流程

2．自动浸焊

自动浸焊是将插装好元器件的印制电路板用专用夹具安置在传送带上，首先经过泡沫助焊剂槽将助焊剂喷到印制电路板上，再经加热器将助焊剂烘干，然后经过熔有焊锡的锡槽进行浸焊，待锡冷却凝固后再送到切头机剪去过长的引脚。自动浸焊设备外形如图3.2.3所示。自动浸焊的工艺流程如图3.2.4所示。

图3.2.3　自动浸焊设备

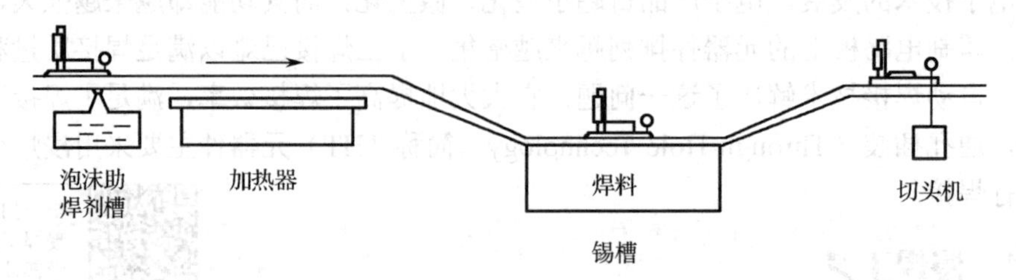

泡沫助焊剂槽
加热器
焊料
锡槽
切头机

图3.2.4　自动浸焊工艺流程

3．浸焊操作注意事项

（1）为防止焊锡槽的高温损坏不耐高温的元器件和半开放型元器件，必须事前用耐高温胶带贴封这些元器件。

（2）对未安装元器件的安装孔也需贴上胶带，以避免焊锡填入孔中。

（3）工人必须戴上防护眼镜、手套，穿上围裙。所有液态物体要远离锡槽，以免倒翻在锡槽内引起锡“爆炸”及焊锡喷溅。

（4）高温焊锡表面极易氧化，必须经常清理，以免造成焊接缺陷。

浸焊比手工焊接的效率高，设备也比较简单，但由于锡槽内的焊锡表面是静止的，表面氧化物易黏在焊接点上，并且印制电路板焊面全部与焊锡接触，易烫坏元器件并使印制电路板变形，难以充分保证焊接质量，目前在大批量电子产品生产中已被波峰焊所取代。

扫一扫下载波峰焊工艺流程教学课件

3.2.2 波峰焊工艺

波峰焊是目前应用最为广泛的自动化焊接工艺。与自动浸焊相比其最大的特点是锡槽内的锡不是静止的，熔化的焊锡在机械泵（或电磁泵）的作用下由喷嘴源源不断流出而形成波峰，波峰焊的名称由此而来。波峰部的锡无氧化物和污染物，在传动机构移动过程中，印制电路板分段、局部与波峰接触焊接，避免了浸焊工艺存在的缺点，大大地提高了焊接质量，焊点的质量合格率可达99.97%以上。波峰焊不但可用于通孔元器件的焊接，还广泛用于表面组装元器件的焊接。在大规模生产企业中它已取代了大部分的传统焊接工艺。

1．波峰焊设备

波峰焊是高效率、大批量焊接电路板的主要手段之一。在设备操作中，如有不慎，很可能出现焊接质量问题，因此操作者要对波峰焊设备的构造、性能、特点有全面的了解。波峰焊设备由泡沫助焊剂发生槽、气刀、预热器、波峰焊锡槽等构成，其外形如图3.2.5所示。

图3.2.5 波峰焊设备

（1）泡沫助焊剂发生槽是由塑料或不锈钢制成的槽缸，内装一根微孔型发泡瓷管或塑料管，槽内盛有助焊剂。当发泡管接通压缩空气时，从微孔内喷出细小的泡沫状的助焊剂，喷射到印制电路板覆铜的一面。为使助焊剂喷涂均匀，微孔的直径一般为10 μm。

（2）气刀是由不锈钢管或塑料管制成，上面有一排小孔，同样也可接通压缩空气，向着印制电路板表面喷气，将板面上多余的助焊剂排除。同时把元器件引脚和焊盘“真空”的大气泡吹破，使整个焊面都喷涂上助焊剂，以提高焊接质量。

（3）预热器的作用是将印制电路板焊接面上的水淋状助焊剂逐步加热，使其成糊状，提高助焊剂中活性物质的作用，同时也逐步缩小印制电路板和锡槽焊料温差，防止印制电路板变形和助焊剂脱落。由于助焊剂被加热成糊状或接近于固态，因此可有效防止“锡爆炸”，消除印制电路板上的桥连问题。

（4）波峰焊锡槽是完成印制电路板波峰焊接的主要设备之一。熔化的焊锡在机械泵（或电磁泵）的作用下由喷嘴源源不断地喷出而形成波峰。当印制电路板经过波峰时即达到焊接的目的。

2. 波峰焊的工艺流程

波峰焊的工艺流程：涂助焊剂—预热—波峰焊接—冷却—清洗—检验，如图 3.2.6 所示。

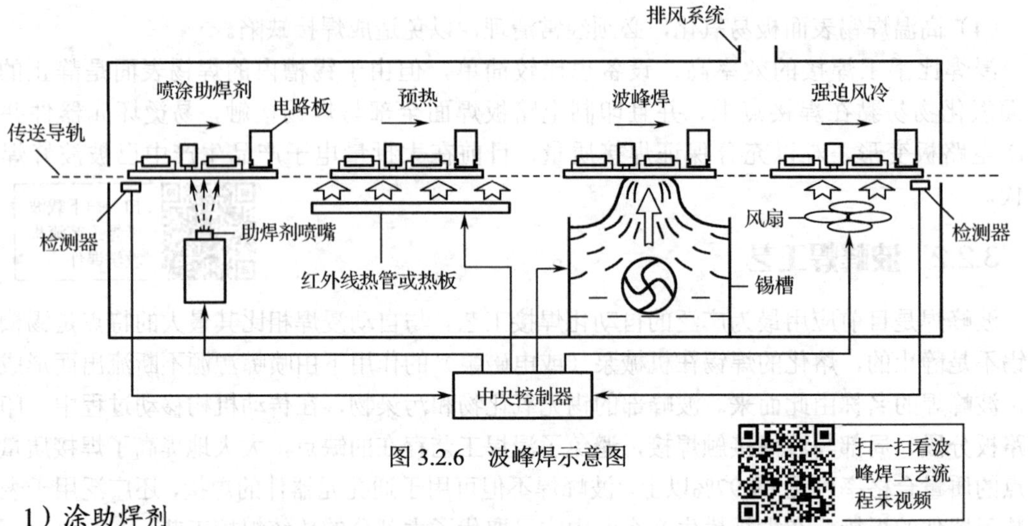

图 3.2.6　波峰焊示意图

扫一扫看波峰焊工艺流程未视频

1）涂助焊剂

涂助焊剂的作用是去除焊件表面的氧化物和污物，防止焊接时焊件表面发生氧化等。涂助焊剂后紧跟着用气刀将其吹均匀，并除去多余的助焊剂，以提高波峰焊时浸锡的均匀性。

2）预热

预热的目的是去除印制电路板上的水分，激活焊剂，减小波峰焊接时给印制电路板带来的热冲击，以防止印制电路板在焊接时产生变形。

3）波峰焊接

为了保证焊接质量，避免焊接缺陷，要严格控制焊接工艺。

（1）焊接温度和时间。指被焊工件与熔化的焊料相接触时的温度和时间。温度太低会使焊点毛糙、不光滑、拉尖，造成虚焊；温度过高易使焊料迅速氧化，还会造成印制电路板变形翘曲，损坏元器件。较合适的焊接温度是（250±5）℃，焊接时间为 3～4 s。焊接温度的确定，还要考虑到印制电路板的大小、元器件的多少和热容量大小、传送带速度以及环境气候的影响。

（2）波峰的宽度、高度及波峰平稳性。波峰的宽度、高度直接影响焊接质量。波峰过低易漏焊、挂焊，完不成焊接；波峰过高易拉尖、堆锡，使焊料溢到印制电路板上面，造成整个印制电路板报废。波峰的最佳高度要视印制电路板的厚度而定，一般要控制波峰顶端达到印制电路板厚度的 1/2～2/3 处为好。

（3）焊接角度。焊接角度是指印制电路板通过波峰时的倾斜角，也就是传送带与水平面之间的角度。焊接角度一般取 5°～8°。适当的角度可以减少挂锡、拉尖、气泡等不良现象。

（4）传送带速度。印制电路板的传递速度决定了焊接的时间。速度过慢，则焊接时间就长、温度就高；速度过快，则焊接时间过短，容易造成假焊、虚焊、桥接等不良现象。一般传送带速度取 1～1.2 m/min 为宜，视具体情况而定。在冬季，板子宽度大、元器件数量多、元器件热容量大时，速度可放慢一些；反之，速度可快一些。

4）冷却

焊后要立即冷却，减少印制电路板受高温的时间，防止印制电路板变形。常用的冷却方法有风冷和水冷，采用较多的是风冷。

5）清洗

各种助焊剂均有一定的副作用，助焊剂的残渣如不及时清洗干净，会影响电路的电气性能和机械强度。目前常用的清洗法有液相清洗法和气相清洗法。

（1）液相清洗法。使用无水乙醇、汽油或去离子水等作为清洗剂。清洗时，用刷子蘸清洗剂清洗印制电路板，或利用加压设备对清洗剂加压，使之形成冲击流去冲击印制电路板，达到自动清洗的目的。

（2）气相清洗法。使用三氯三氟乙烷或三氯三氟乙烷和乙醇的混合物作为气相清洗剂。清洗方法是将清洗剂加热到沸腾状态，把清洗件置于清洗剂蒸气中，清洗剂蒸气在清洗件的表面冷凝并形成液流，液流冲洗掉清洗件表面的污物，使污物随着液流流走，该方法具有很高的清洗质量。

6）检验

焊接结束后，应对焊接质量进行检验，少数漏焊、虚焊的地方可用手工补焊，从工艺上分析原因并进行改进。

3．波峰焊的温度与时间分析

如图3.2.7所示为双波峰焊的理论温度曲线。可以看出，整个焊接过程被分为三个温度区域：预热、焊接和冷却。实际的焊接温度曲线可以通过对设备的控制系统进行编程来调整。

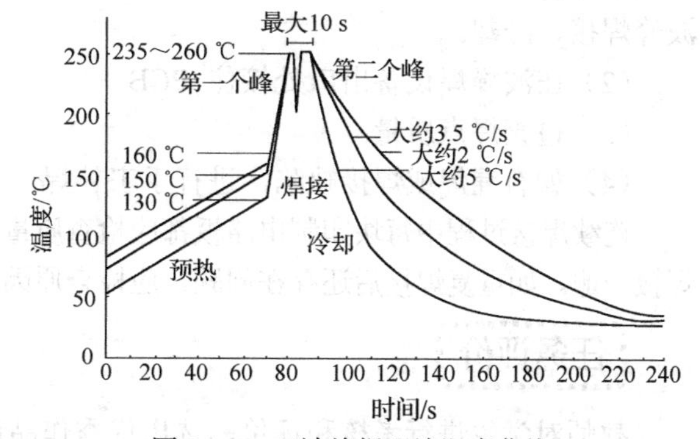

图 3.2.7　双波峰焊理论温度曲线

印制电路板的预热温度及时间要根据板的大小、厚度、元器件的尺寸和数量以及贴装元器件的多少而确定，在PCB表面测量的预热温度应该为90～130 ℃。多层板或贴片元器件较多时，预热温度取上限。预热时间由传送带的速度来控制。

焊接的温度和时间是影响焊接质量的重要因素。测量波峰的表面温度，一般应该在（250±5）℃的范围内。波峰焊的焊接时间可以通过调整传送系统的速度来控制，传送带的速度要根据不同波峰焊设备的长度、预热温度、焊接温度等因素统筹考虑。以每个焊点接触波峰的时间来表示焊接时间，一般焊接时间为3～4 s。

任务实施

步骤1：焊接前准备。

检查待焊PCB（已完成插装工序）焊接面是否涂好阻焊剂，没有插装元器件的孔用耐高温胶布贴住，以防被焊料堵塞。如有较大尺寸的槽和孔也应用耐高温胶布贴住，以防波峰焊

时焊锡流到 PCB 的上表面。

步骤 2：打开波峰焊设备。

打开波峰焊设备和排风机电源（如图 3.2.8 所示），根据 PCB 的宽度调整波峰焊机传送带（或夹具）的宽度。

图 3.2.8　打开波峰焊设备

步骤 3：设置波峰焊接参数。

波峰焊设备在使用前需要设置以下参数：

（1）助焊剂流量。根据助焊剂接触 PCB 底面的情况确定，使助焊剂均匀地涂覆到 PCB 的底面。还可以从 PCB 上的通孔处观察，应有少量的助焊剂从通孔中向上渗透到通孔面的焊盘上，但不要渗透到组件体上。

（2）预热温度。根据波峰焊设备预热区的实际情况设定，PCB 上表面温度一般在 90～130 ℃，大板、厚板以及贴片元器件较多的组装板取上限。

（3）传送带速度。根据不同的波峰焊设备和待焊接 PCB 的情况设定。

（4）波峰高度。应调到超过 PCB 底面，在 PCB 厚度的 2/3 处。

步骤 4：波峰焊接并检验。

（1）把 PCB 轻轻地放在传送带（或夹具）上，机器自动进行喷涂助焊剂、干燥、预热、波峰焊接、冷却。

（2）在波峰焊设备出口处接住 PCB。

（3）检查焊点质量。

（4）如有漏焊或焊接缺陷，进行手工补焊。

连续焊接过程中每块印制电路板都应检查质量，有严重焊接缺陷的印制电路板，应立即重复焊接一遍。如重复焊接后还存在问题，应检查原因，对工艺参数做相应调整后才能继续焊接。

任务评价

教师对学生进行考核和评价，选出优秀作品进行展示和点评。总结学生在任务完成过程中出现的问题，帮助学生完善知识、提升技能。填写考核评价表 3.2.1。

表 3.2.1　考核评价

考核内容		分值	得分
知识自评（20 分）	1. 简述浸焊的工艺流程； 2. 简述波峰焊的工艺流程； 3. 波峰焊的温度与时间分析	20 分	
技能考评（60 分）	1. 焊前准备，元器件插装、贴阻焊胶带	20 分	
	2. 设置波峰焊设备的参数	20 分	
	3. 波峰焊接，焊后检验	20 分	
职业素养（20 分）	1. 出勤和纪律	5 分	
	2. 正确使用焊接设备，安全用电、规范操作	10 分	
	3. 整理工作台面，及时清扫地面，维护整洁有序的工作环境	5 分	
总分			

任务小结

1. 随着电子技术的发展，手工焊接已难以满足对焊接效率和焊接质量的要求，自动化焊接技术解决了这一问题。目前，通孔插装工艺常用的自动焊接设备有浸焊机、波峰焊机以及清洗设备、助焊剂自动涂敷设备等其他辅助装置。

2. 浸焊是将插装好元器件的印制电路板，浸入装有熔融焊料的锡锅内，一次完成印制电路板上全部元器件的焊接。常见的浸焊有手工浸焊和自动浸焊。

3. 波峰焊是目前应用最广泛的自动化焊接工艺。波峰焊避免了浸焊工艺存在的缺点，大大地提高了焊接质量，焊接点的质量合格率可达99.97%以上。在大规模生产企业中它已取代了大部分的传统焊接工艺。

4. 波峰焊的工艺流程：涂助焊剂—预热—波峰焊接—冷却—清洗—检验。

5. 焊接的温度和时间是影响焊接质量的重要因素。波峰表面温度一般应该在（250±5）℃的范围内。每个焊点的焊接时间一般为3～4 s。

项目4 表面组装工艺及工艺文件编制

表面组装技术又称表面安装技术，它是伴随着无引脚或短引脚的片状元器件的出现而发展起来的，它打破了在印制电路板上先打孔再安装元器件的传统工艺，而直接将元器件贴在印制电路板的表面进行安装和焊接。将表面组装技术应用于电子产品的生产制造过程就形成表面组装工艺。现代的电子产品大量采用表面组装工艺，实现了电子产品的微型化，提高了生产效率，降低了生产成本。

本项目包含3个工作任务："手工焊接贴片练习""贴片收音机的半自动化生产"以及"贴片收音机工艺文件的编制"。通过三个任务的学习，使学生熟练掌握表面组装元器件的手工焊接技术、回流焊技术，并学会编制电子产品工艺文件。

任务4.1　手工焊接贴片练习

任务提出

表面组装元器件的焊接是表面组装技术（Surface Mounted Technology，简称 SMT）中的主要工艺技术，焊接质量的好坏直接影响电子产品的可靠性和电子企业的经济效益。表面组装元器件（Surface Mounted Component/Surface Mounted Device，简称SMC/SMD）的手工焊接技术是电子信息行业从业人员必须熟练掌握的一项工艺技术。本任务要求手工焊接一块贴片练习板（如图4.1.1所示），质量达到焊接的工艺标准。

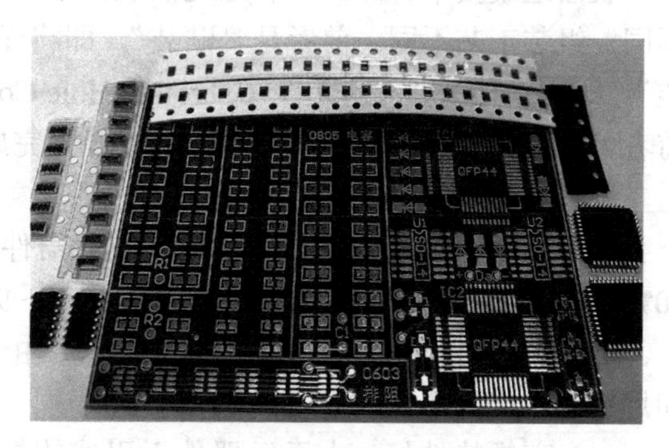

图4.1.1　贴片练习板

任务导学

任务4.1	手工焊接贴片练习	建议学时	8学时
材料与设备	焊锡丝、电烙铁、镊子、热风吹焊机、贴片练习板套件		
任务分析	本任务通过焊接贴片练习，学习表面组装技术的生产工艺，学习表面组装元器件（SMC/SMD）的识别、检测及手工焊接方法。 本任务涵盖3个知识点：知识点1介绍SMT的生产工艺；知识点2介绍表面组装元器件的识别；知识点3介绍表面组装元器件的手工焊接方法。 在任务实施环节，将所学的知识和技能应用于实践，通过焊接训练提高技能水平		
知识目标	1．了解SMT的焊接方式、组装方式及工艺流程。　2．掌握SMD和SMC的识别和检测方法。 3．掌握贴片元器件的封装形式。　4．掌握SMT手工焊接技术		
能力目标	1．能够熟练地识别和检测贴片元器件。　2．能够熟练地焊接贴片元器件		
素质目标	1．培养认真、细致的工作作风。　2．做到安全用电、规范操作。 3．维护整洁、有序的工作环境		
重点	1．SMT工艺流程。　2．贴片元器件的识别。 3．贴片元器件的手工焊接		
难点	1．贴片集成块的手工焊接。　2．贴片元器件的封装形式		

知识准备

表面组装技术也称表面贴装技术、表面安装技术，是一种新型的电子组装技术。它高密度地组装小体积的贴片元件，与传统的通孔插装电路板相比，体积缩小40%～60%，质量减轻60%～80%，同时提高了电子产品的抗振能力、高频特性、抗电磁和射频干扰能力。在现代电子产品的设计制造中，表面组装技术已经逐渐取代了传统的通孔插装技术（Through Hole

Technology，缩写为 THT)，成为了电子产品组装的主流。

4.1.1 SMT 生产工艺

扫一扫下载初
识表面组装技
术教学课件

1．SMT 的特点

表面组装技术（SMT）和通孔插装技术（THT）的主要区别在于所用元器件的外形结构不同、组装工艺不同。前者是“贴装”，即将元器件直接贴在 PCB 焊盘表面；后者则是“插装”，即将“有引脚”的元件（Through Hole Component，简称 THC）插入 PCB 的引线孔内。前者可采用回流焊（又称再流焊）或波峰焊完成焊接；后者则常用波峰焊进行焊接。

SMT 的优势体现在以下几个方面：

（1）实现产品的微型化。表面组装元器件的几何尺寸比通孔插装元器件可减少 60%～70%，甚至可以减少 90%，质量减轻了 60%～90%。

（2）便于自动化生产，提高生产效率。由于片状元器件外形尺寸标准化，便于自动安装和焊接，生产效率大大提高。

（3）高频特性好。由于元器件无引线或短引线，减少了电路的分布参数，降低了高频干扰。

（4）降低了生产材料的成本。SMT 生产设备的效率高，且 SMT 元器件封装材料的消耗较少，因此，表面组装元器件的生产成本比同样功能的 THT 元器件低很多。

（5）信号传输速度快，可靠性高。因为 SMT 产品结构紧凑、安装密度高，在电路板上双面贴装时，组装密度可以达到 5～20 个焊点/cm^2，由于连线短、延迟小，可实现高速度信号传输，同时更加耐振动、抗冲击，可靠性明显提高。

（6）工序简单，生产效率高。在电路板上安装时，表面组装元器件无需提前对引线进行成型处理，使生产过程缩短，提高生产效率。

扫一扫下载表面组装方式教学课件

2．SMT 的组装方式

SMT 的自动化焊接方式有回流焊和波峰焊。回流焊比波峰焊的工序简单、使用的工艺材料少、生产效率高、劳动强度低、焊接质量好、可靠性高、焊接缺陷少、修板量小，在节省人力、电力、材料等方面具有明显优势，因此，目前 SMT 焊接以回流焊工艺为主。

SMT 组装方式可分为全表面组装、单面混装、双面混装。其中，全表面组装是指印制电路板（PCB）双面全部都是表面贴装元器件；混装是指印制电路板上既有表面贴装元器件，又有通孔插装元器件。典型表面组装方式如表 4.1.1 所示。

表 4.1.1 典型表面组装方式

组装方式		示意图	电路基板	焊接方式	特征
全表面组装	单面表面组装	A B	单面 PCB	单面回流焊	工艺简单，适合小型、简单电路
	双面表面组装	A B	双面 PCB	双面回流焊	高密度组装

续表

组装方式		示意图	电路基板	焊接方式	特征
单面混装	SMC/SMD 和 THC 都在 *A* 面	A B	双面 PCB	先在 *A* 面使用回流焊，再在 *B* 面使用波峰焊	一般先贴后插，工艺简单
	THC 在 *A* 面 SMC/SMD 在 *B* 面	A B	单面 PCB	在 *B* 面使用波峰焊	一般先贴后插，工艺简单
双面混装	THC 在 *A* 面 SMC/SMD 在 *A*、*B* 两面	A B	双面 PCB	先在 *A* 面使用回流焊，再在 *B* 面使用波峰焊	高密度组装

3. SMT 工艺流程

在 SMT 生产中，不同的安装方式具有不同的工艺流程。目前，电子产品多以双面混装为主。双面混装可以充分利用板面空间，并能保证通孔元器件的散热需求。双面混装有两种情况：一种是通孔插装元件（THC）在 *A* 面、表面组装元器件（SMC/SMD）两面都有；另一种是 *A*、*B* 两面都有 THC 和 SMC/SMD，而后者工艺复杂，很少采用。下面以前者为例，介绍其工艺流程。该种情况通常采用 *A* 面回流焊、*B* 面波峰焊的工艺方法，如图 4.1.2 所示。

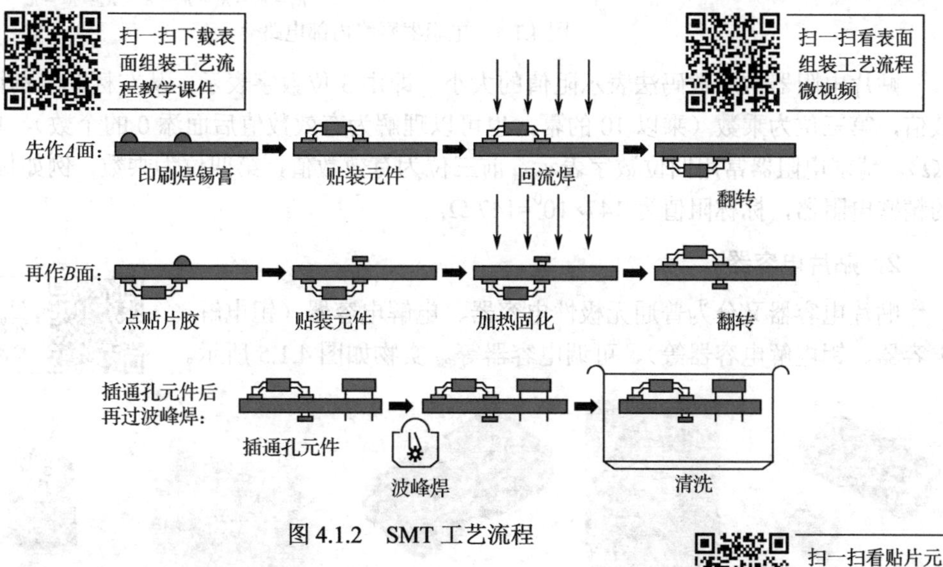

图 4.1.2　SMT 工艺流程

扫一扫看贴片元器件的识别与检测微视频 1

4.1.2　表面组装元器件的识别

表面组装元器件又称为片式元器件或贴片元器件，包括表面组装元件（SMC，包含贴片电阻、电容等）和表面组装器件（SMD，包含二极管、三极管、集成电路等）。随着表面组装技术和制造工艺的飞速发展，表面组装元器件的种类和数量快速增加，逐渐成为电子元器件的主流产品。

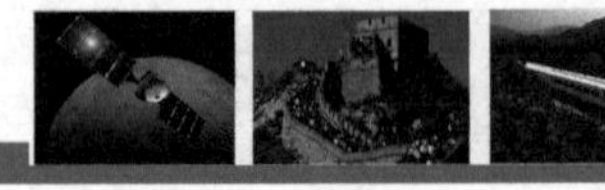

1. 贴片电阻器

贴片电阻器又分为矩形贴片电阻器、圆柱形贴片电阻器、电阻器网络和贴片电位器，如图 4.1.3 所示。

（a）矩形贴片电阻器

（b）圆柱形贴片电阻器

（c）电阻器网络

（d）贴片电位器

图 4.1.3 贴片电阻器

对于电阻器网络，其内部有不同的连接方式，如图 4.1.4 所示。使用时应进行检测，以免接错电路。

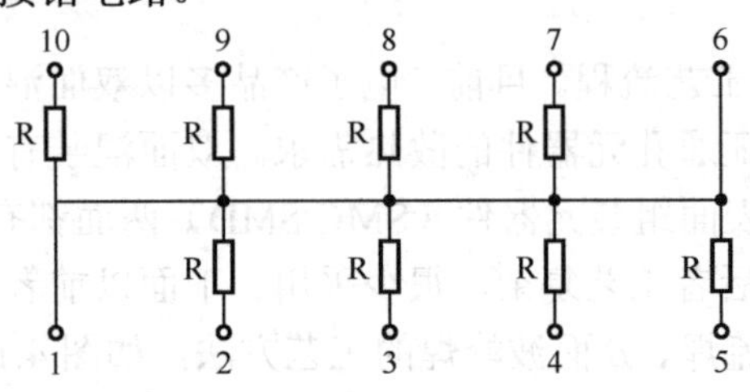

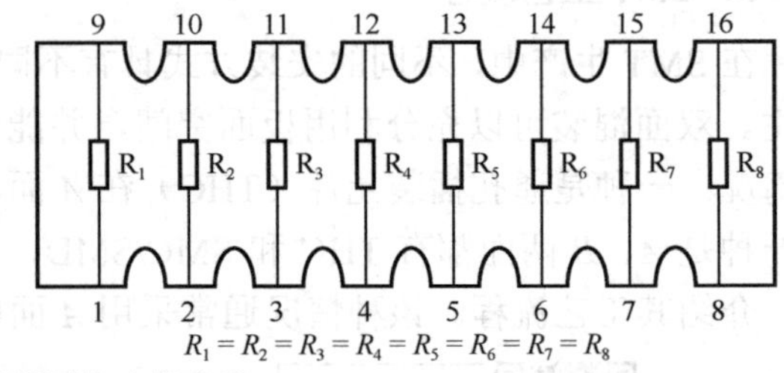

$R_1=R_2=R_3=R_4=R_5=R_6=R_7=R_8$

图 4.1.4 电阻器网络内部电路

贴片电阻器常用数码法表示阻值的大小，即由 3 位数字表示，从左标起，前两位为有效数值，第三位为乘数（乘以 10 的幂，也可以理解为有效数值后面添 0 的个数），单位为欧姆（Ω）。精密电阻器常用四位数字表示，前三位为有效数值，第四位为乘数，例如标有“1470”的精密电阻器，标称阻值为 $147\times10^0=147\ \Omega$。

2. 贴片电容器

贴片电容器又分为普通无极性电容器、电解电容器（钽电解电容器、铝电解电容器等）、可调电容器等。实物如图 4.1.5 所示。

扫一扫下载贴片元器件的识别与检测教学课件 1

（a）无极性电容器

（b）可调电容器

（c）电容器排

（d）钽电解电容器

（e）铝电解电容器

图 4.1.5 贴片电容器

贴片电容器的容量多以数码法表示（贴片铝电解电容器除外），单位为 pF。如图 4.1.5（d）所示的贴片钽电解电容器，标有“107，16 V”，表示其标称容量为 100 μF，额定电压为 16 V。铝电解电容器的参数常以直标法表示，单位为 μF，如图 4.1.5（e）所示，标有“330，35 V”的电解电容器，其标称容量为 330 μF、额定电压为 35 V。

普通无极性电容器的参数通常只标在外包装带上，而不在电容器壳体上标示，使用时应

当注意。

电解电容器都带有极性标志条，钽电解电容器有标志条的一端为正极，而铝电解电容器有标志条的一端为负极。

扫一扫看贴片元器件的识别与检测微视频2

3．贴片电感器

由于电感器受线圈大小的制约，器件的片式化比较困难，故其片式化晚于电阻器和电容器，片式化率也较低。贴片电感器目前用量较大的主要有绕线型、多层型和卷绕型，如图4.1.6所示。

图4.1.6　贴片电感器

贴片电感器常以数码法表示电感量，即前两位数为有效数值，第三位为乘数（乘以10的幂，也可以理解为有效数值后面添0的个数），单位为μH。图4.1.6中标有“330”的电感器，其电感量为$33\times10^0=33\ \mu H$。

扫一扫下载贴片元器件的识别与检测教学课件2

4．贴片二极管和贴片三极管

贴片二极管按外形不同分为圆柱形和矩形两种，有标志条的一端为负极，如图4.1.7所示。圆柱形二极管（无引线，电极为两端金属帽）的外形尺寸有ϕ1.5 mm×3.5 mm和ϕ2.7 mm× 5.2 mm两种。

图4.1.8为贴片三极管的实物图和引脚示意图。

图4.1.7　贴片二极管

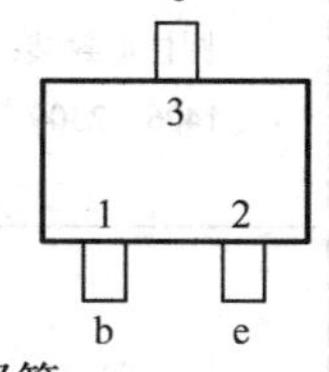

图4.1.8　贴片三极管

贴片二极管、三极管在使用时应注意散热。选用时，额定电流和电压应为实际值的1.5倍，额定功率应为实际值的2倍。

5．贴片集成电路

集成电路在电子电路中常用IC标志，使用时应注意方向，切不可装反。贴片集成电路的引脚排列具有规律性，读引脚的方法是，面向集成电路的型号面，找到集成电路的定位标记（一般为凹坑或缺角），从定位标记左侧起为1引脚，依次逆时针读取，如图4.1.9所示。

图4.1.9　贴片集成电路的引脚排列

6. 贴片机电元件

贴片机电元件是利用机械力或电信号的作用，使电路产生接通、断开或转接等功能的元件。机电元件包括开关、连接器、继电器等，实物如图 4.1.10 所示。

（a）贴片按键

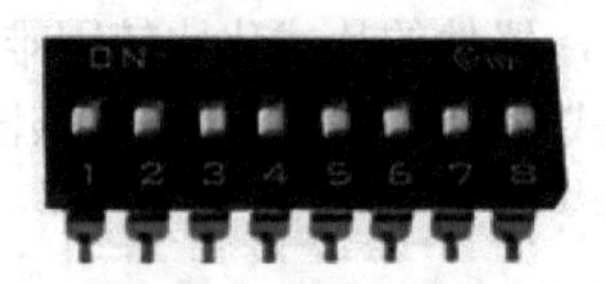

（b） 贴片拨码开关

（c）贴片继电器

图 4.1.10 贴片机电元件

7. 贴片元器件的封装形式

常规的贴片电阻器、贴片电容器等元器件的封装尺寸有 1206、0805、0603、0402 等。以 0402 为例，指贴片元器件的长度为 40 mil、宽度为 20 mil（mil 为英制单位，100 mil=2.54 mm）。贴片晶体管、集成电路等元器件的封装类型比较多，有 SOT、SOP、PLCC 等。贴片元器件的封装及示例图如表 4.1.2 所示。

表 4.1.2 贴片元器件的封装及示例图

封装尺寸	示 例 图	说 明
矩形封装： 0201、0402、0603、 0805、1206 等		该封装多用于片状的电阻器、电容器、电感器等。以 0805 为例，表示元件长度为 80 mil、宽度为 50 mil
圆柱形封装： 1406、2309 等		适用于圆柱状的电阻器、电容器、电感器等元件
SOT23		一般用于小功率的贴片三极管、场效应管等
SOT89		一般用于中功率的贴片三极管、场效应管等。三条引脚从一侧引出，中间电极特别加宽以便于散热，另一侧为散热片
SOT143		具有 4 条翼型短引脚，常用于双栅场效应管及高频晶体管

续表

封装尺寸	示 例 图	说 明
SOT252		大功率晶体管，功耗为2～50 W。三条引脚从一侧引出，中间较短的为集电极，另一面为散热片
SOP		与直插元件中的DIP封装对应，SOP后面跟有数字，表示引脚的数目。如SOP14，表示有14个引脚
QFP		引脚之间距离很小，管脚很细，大规模或超大规模集成电路采用这种封装，引脚数一般都在100条以上
PLCC		引脚在芯片底部向内弯曲，在芯片的俯视图中是看不见芯片引脚的。这种芯片的焊接采用回流焊工艺，需要专用的焊接设备，在调试时要取下芯片，现在使用较少
BGA		球栅阵列封装，多用于200条以上I/O端子的大规模和超大规模集成电路中，如计算机的CPU、数据控制器等

4.1.3 SMT手工焊接技术

焊接是表面组装技术中的主要工艺技术。焊接质量是产品可靠的关键，它直接影响电子产品的性能和经济效益。焊接质量取决于SMT工艺、SMT设备和焊接的方法。本任务在学习上述知识点的基础上进行表面组装元器件的手工焊接训练。

手工焊接 SMT 元器件最好使用恒温电烙铁，同时做好防静电工作。焊接时要注意随时擦拭烙铁头，保持烙铁头洁净；焊接时间要短，一般不要超过2 s，看到焊锡开始熔化就立即抬起烙铁头；焊接过程中烙铁头不要碰到其他元器件；焊接完成后，要用带照明灯的 2～5倍放大镜，仔细检查焊点是否牢固、有无虚焊现象。

1. 焊接两端元器件

扫一扫看贴片分立元器件手工焊接微视频

扫一扫下载贴片分立元器件手工焊接教学课件

两端元器件包括电阻器、电容器、二极管、电感器等。手工焊接的具体操作方法如表4.1.3所示。

表 4.1.3　手工焊接的操作方法（两端元器件）

步骤	示　意　图	操　作　要　领
1. 在一个焊盘上上锡		先在一个焊盘上上锡，另一端不要上锡
2. 用镊子夹持元件并焊好一端		电烙铁不要离开焊盘，保持焊锡处于熔融状态，立即用镊子夹着元件放到焊盘上，先焊好一个焊端。焊完后元件应紧贴电路板，不能用锡将元件垫高，锡量要适中
3. 焊接另一端		用焊接直插元件的方法（五步焊接）焊好另一端，焊点要平整光滑
4. 完成焊接并检验焊接质量		焊接完成的效果如左图所示，元件紧贴板面、焊点光亮，锡量适中，从侧面看去，焊点呈凹斜面

两端元件也可采用先粘贴，后焊接的方法，即先在焊盘上涂敷助焊剂，并在待焊元件两焊盘的中间点一滴不干胶，再用镊子将元器件粘在预定的位置上，待粘贴牢固后，再分别焊接两个焊端。

扫一扫下载贴片集成元器件的手工焊接教学课件

2．焊接集成电路

焊接贴片集成电路的方法有多种，其中最高效的方式是拖焊。贴片集成电路拖焊的操作步骤如表 4.1.4 所示。

扫一扫看贴片集成元器件的手工焊接微视频

表 4.1.4　贴片集成电路拖焊的操作步骤

步骤	示　例　图	操　作　要　领
1. 对准芯片		把 IC 平放在焊盘上，对准后用手压住。特别要注意集成块的方向，集成块的标志位要和电路板上的标志位相对应

续表

步骤	示 例 图	操 作 要 领
2. 固定芯片		引脚对准后，将 IC 固定在电路板上，方法是用沾满焊锡的烙铁头接触 IC 顶点处的任意几个引脚进行固定
3. 引脚堆锡		再次检查引脚是否对准，然后在 IC 的四个顶点处的引脚上堆较多的焊锡
4. 拖焊		将电路板的一端抬起，与桌面呈一定角度，用沾有松香的烙铁头迅速放到元件一侧的焊锡部位，沿着这一侧的引脚向下拖动烙铁头，完成芯片一侧的焊接
5. 焊另外三侧		用相同的方法焊接另外三侧。焊接完成的效果如左图所示
6．检查、清洗		检查电路板有无焊接缺陷，如需要，可进行修整。如无问题，用棉签蘸取无水酒精清洗电路板和引脚，使焊点光亮

任务实施

步骤 1：焊前准备。

准备焊接工具、焊接材料及焊接练习板，见表 4.1.5。

表 4.1.5　焊接所需物品

序号	名　称	序号	名　称
1	恒温焊台	4	助焊剂
2	焊锡丝	5	焊接练习板及元器件
3	镊子	6	吸锡烙铁或热风吹焊机

步骤 2：焊接训练。

按照 4.1.3 节讲述的方法焊接贴片元器件，焊接完成的效果如图 4.1.11 所示。对于不合格的焊点，利用吸锡烙铁或热风吹焊机拆掉重新补焊。

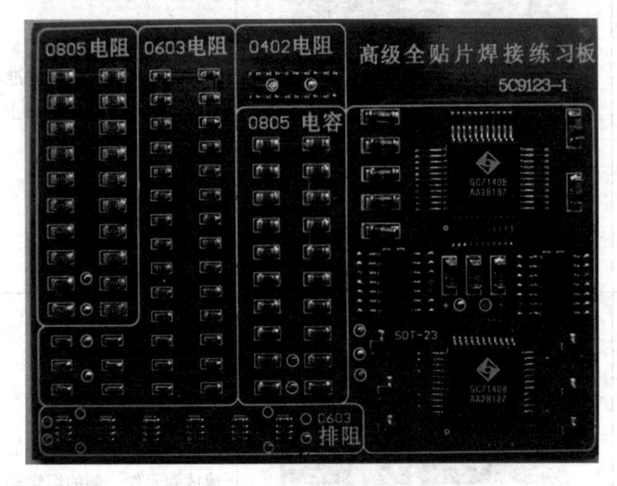

图 4.1.11　焊接完成的贴片练习板

任务评价

教师对学生进行考核和评价，选出优秀作品进行展示和点评。总结学生在任务完成过程中出现的问题，帮助学生完善知识、提升技能。填写考核评价表 4.1.6。

表 4.1.6　考核评价

考核内容		分值	得分
知识自评（20 分）	1．表面组装的方式可分为________、________、________。 2．贴片电阻器表面标注“473”，其标称阻值为________。 3．钽电解电容器，带有标志条的一侧为________，铝电解电容器带有标志条的一侧为________。 4．用示意图表示出贴片三极管的三个引脚电极________。 5．标有“330”的贴片电感器，其标称电感量为________。 6．标出下图所示的贴片集成电路的引脚顺序：	20 分	

续表

考核内容		分值	得分
知识自评（20分）	7．列举出五种贴片集成电路的封装形式：		
技能考评（60分）	1．贴片分立元器件的焊接	30分	
	2．贴片集成电路的焊接	30分	
职业素养（20分）	1．出勤和纪律	5分	
	2．正确使用焊接工具，安全用电、规范操作	10分	
	3．整理工作台面，及时清扫地面，维护整洁有序的工作环境	5分	
总分			

任务小结

1．表面组装技术是一种新型的电子组装技术，正在逐渐取代传统的通孔插装技术，成为电子产品组装的主流。

2．SMT组装方式可分为全表面组装、单面混装、双面混装等。在SMT生产中，不同的安装方式具有不同的工艺流程。目前，电子产品多以双面混装为主。

3．表面组装元器件包括表面组装元件（SMC）和表面组装器件（SMD）。

4．贴片电阻器从外形结构上可分为矩形贴片电阻器、圆柱形贴片电阻器、电阻网络和贴片电位器。贴片电阻器通常用数码法表示阻值的大小。

5．常见的贴片电容器主要有普通无极性电容器、电解电容器（钽电解电容器、铝电解电容器等）、可调电容器等。贴片电容器的容量多以数码法表示。

6．电解电容器都带有极性标志条，钽电解电容器有标志条的一端为正极，而铝电解电容器有标志条的一端为负极。

7．贴片二极管按外形结构分为圆柱形和矩形，有标志条的一端为负极。

任务4.2 贴片收音机的半自动化生产

任务提出

电子产品的微型化和集成化是当代技术革命的重要标志，也是未来发展的重要方向。本任务要求采用回流焊技术制作一台微型贴片收音机，贴片收音机套件如图4.2.1所示。

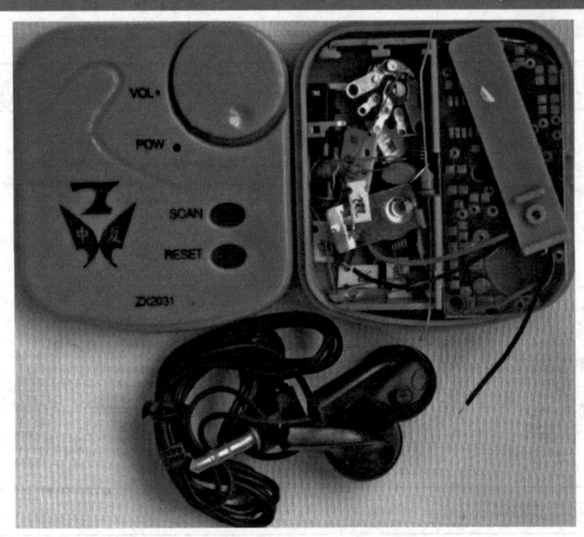

图 4.2.1　贴片收音机套件

任务导学

任务 4.2	贴片收音机的半自动化生产	建议学时	8 学时
材料与设备	回流焊机、焊锡膏、丝网印刷机、贴片收音机套件、镊子、偏口钳子、尖嘴钳子、恒温焊台、焊锡丝、螺丝刀、万用表、直流稳压电源		
任务分析	本任务通过制作贴片收音机，掌握贴片收音机的工作原理，学习回流焊的工艺流程，了解 SMT 生产设备及其使用方法。 本任务涵盖 3 个知识点：知识点 1 介绍回流焊技术；知识点 2 介绍 SMT 设备；知识点 3 介绍贴片收音机的工作原理。 在任务实施环节，将所学的知识和技能应用于实践，通过制作贴片收音机，了解回流焊生产过程，掌握 SMT 生产技能		
知识目标	1．掌握回流焊工艺流程。　2．了解 SMT 生产设备。 3．掌握回流焊设备操作方法。　4．掌握贴片收音机的工作原理		
能力目标	1．能够熟练地使用丝网印刷机。　2．能熟练地操作回流焊机。 3．能够制作并调试贴片收音机		
素质目标	1．培养认真、细致的工作作风。　2．做到安全用电、规范操作。 3．维护整洁、有序的工作环境		
重点	1．回流焊工艺流程。　2．回流焊的温度曲线。 3．SMT 设备的操作。　4．贴片收音机的工作原理		
难点	1．印刷焊锡膏。　2．手工贴装元器件。 3．贴片收音机的调试		

知识准备

扫一扫下载回流焊技术教学课件

4.2.1　回流焊技术

1．表面组装元件的自动化焊接方式

表面组装元件的自动化焊接方式有回流焊和波峰焊两种。

（1）回流焊。回流焊（Pie-flow Soldering）也叫再流焊，是伴随微型化电子产品的出现而发展起来的锡焊技术，主要应用于各类表面安装元器件的焊接。回流焊技术的焊料是焊锡膏，预先在印制电路板的焊接部位施放适量的焊锡膏，然后贴装表面组装元器件，焊锡膏将元器件粘贴在 PCB 板上，利用外部热源加热，使焊料熔化而再次流动浸润，从而将元器件焊接到印制电路板上。

回流焊的操作方法简单、效率高、质量好、一致性好、节省焊料（仅在元器件的引脚下有很薄的一层焊料），是一种适合自动化生产的电子产品装配技术。回流焊工艺目前已经成为 SMT 焊接的主流。

（2）波峰焊。采用波峰焊技术焊接贴片元器件时，先将微量的贴片胶（绝缘黏结胶）印刷或滴涂到印制电路板的元器件底部或边缘位置上（贴片胶不能污染印制电路板的焊盘和元器件端头），再将贴片元器件贴装在印制电路板表面规定的位置上，然后将贴装好元器件的印制电路板放在波峰焊传送带上进行胶固化。固化后的元器件被牢固地粘贴在印制电路板上，然后插装通孔元件（THC），最后进行波峰焊接。通常，表面贴装元器件与通孔插装元件混合组装时常用此种焊接方式。

扫一扫看 SMT 工艺流程（回流焊）微视频

2. 回流焊的特点

回流焊与波峰焊相比具有如下特点：

（1）焊接时不需要将印制电路板浸入熔融的焊料中，而是采用局部加热的方式完成焊接，因而被焊接的元器件受到的热冲击小，不会因过热而造成元器件损坏；

（2）由于回流焊技术仅需要在焊接部位施放焊料，因而避免了桥接等焊接缺陷，焊接质量好、可靠性高；

（3）焊料只是一次性使用，不存在再次利用的情况，因而焊料很纯净没有杂质，保证了焊点的质量；

（4）由于回流焊采用局部加热的热源，因此在同一基板上可采用不同的焊接方法进行焊接。

3. 回流焊工艺流程

回流焊的工艺流程如图 4.2.2 所示。

（1）焊前准备。焊接前，准备好待焊接的印制电路板、贴片元器件以及焊膏、焊接工具等。

（2）印刷焊锡膏并贴装 SMT 元器件。使用手工、半自动或自动丝网印刷机，如同油印一样将焊锡膏印到印制电路板上。然后用手工方式或自动化装置将 SMT 元器件粘贴到印制电路板上，使它们的电极准确地定位于各自的焊盘。

印制电路板准备
焊膏准备
印刷焊锡膏
元器件准备
贴装元器件
回流焊：加热、冷却
测试
修复、整形
清洗、烘干

图 4.2.2　回流焊工艺流程

（3）加热、冷却。在回流焊炉中加热电路板，使丝印的焊料（焊锡膏）熔化，达到将元器件焊接到印制电路板上的目的。焊接完毕，

及时冷却，避免长时间的高温损坏元器件和印制电路板。

（4）测试。检验测试，判断焊点连接的可靠性及有无焊接缺陷。

（5）修复、整形。若焊点出现缺陷时，应及时进行修复并对电路板进行整形。

（6）清洗、烘干。修复、整形后，对印制电路板面残留的焊剂、废渣和污物进行清洗，以免日后残留物侵蚀焊点而影响焊点的质量。最后进行烘干处理，去除板面水分并涂敷防潮剂。

4.2.2 SMT 生产设备

扫一扫下载SMT生产设备教学课件

在 SMT 生产中，常用到的设备有印刷机、贴片机和回流焊炉等，对于双面混装电路板，还需要插件机和波峰焊机。全自动 SMT 生产线具有全自动、高精度、高速度、高效益等特点，对生产现场的电、气、通风、照明、环境温度、相对湿度、空气清洁度、防静电等条件有专门的要求。

1. 印刷机

印刷机的作用是将焊锡膏涂敷到印制电路板焊盘上，大致分为以下几种：

（1）手工印刷机如图 4.2.3 所示。

图 4.2.3　手工印刷机

（2）半自动印刷机如图 4.2.4（a）所示。半自动印刷机增加了视觉识别系统，具有图像识别功能，提高了印刷精度。

（3）全自动印刷机如图 4.2.4（b）所示，是 SMT 生产线的主要设备之一。它除了具有自动涂敷系统外，还具有自动更换漏印模板、清洗模板、实施检测等功能，刮刀印刷角度可在 45°～90°之间调节。

图 4.2.5 所示为手工丝网印刷涂敷法的示意图。首先将印制电路板固定在工作台上，再将预先制作好的金属丝网模板绷在框架上，模板上的开孔与印制电路板的焊盘完全对应，将模板与印制电路板对准，焊锡膏放在模板上，手持刮刀以一定速度和角度向下挤压焊锡膏和丝网，使丝网底面接触到印制电路板面，形成一条压印线，刮刀走过之处，焊锡膏通过丝网上的开孔印刷到焊盘上，完成了焊锡膏的涂覆。

（a）半自动印刷机

（b）全自动印刷机

图 4.2.4　印刷机

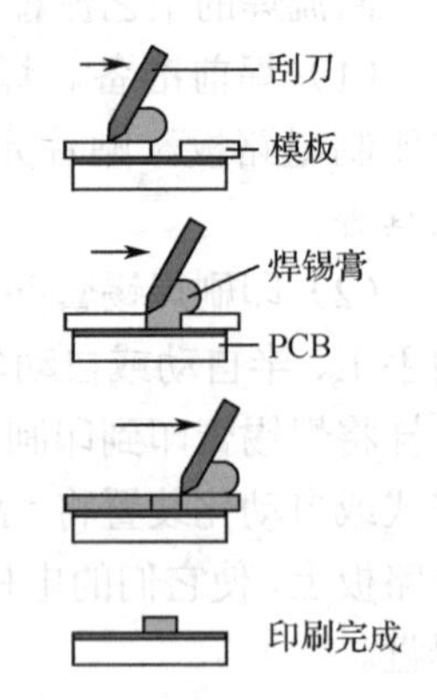

图 4.2.5　丝网印刷涂敷法

2．贴片机

贴片机的作用是将表面组装元器件准确地贴放到印制电路板相应的焊盘上。全自动贴片机是 SMT 生产线的主要设备之一。全自动贴片机由机器本体、贴片元器件供给系统、印制电路板传送与定位装置、贴装头及驱动定位装置、贴装工具（吸嘴）、计算机控制系统等部分组成。为适应高密度超大规模集成电路的贴装，比较先进的贴片机还具有光学检测和视觉对准系统，保证芯片能够高精度地定位。图 4.2.6 所示为常见贴片机。

（a）半自动视觉贴片机

（b）全自动贴片机

图 4.2.6 常见贴片机

3．回流焊机

回流焊机是用来对表面组装的元器件进行焊接的设备，经元器件预热、回流加温，使焊膏融化，最后冷却，使表面组装元器件与印制电路板形成焊点，实现黏结。

回流焊机主要由炉体、上下加热源、PCB 板传送装置、空气循环装置、冷却装置、排风装置、温度控制装置以及计算机控制系统组成。图 4.2.7（a）所示为简易回流焊机，多用于少量生产或实践教学等场合。图 4.2.7（b）所示为 SMT 生产线上使用的全自动回流焊机。

（a）简易回流焊机

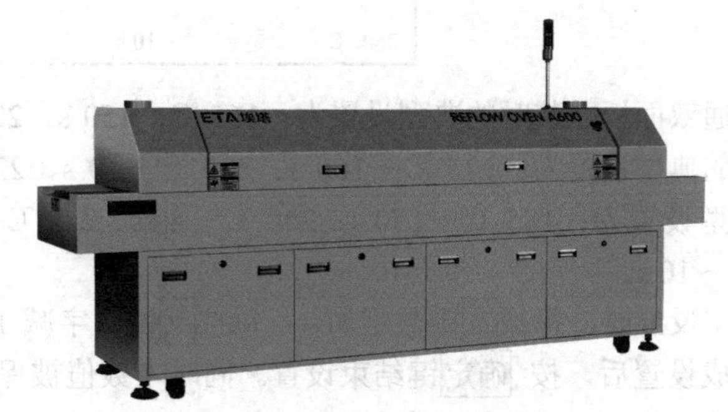

（b）全自动回流焊机

图 4.2.7 回流焊机

4．STR-2000A 智能回流焊机

本任务将使用 STR-2000A 智能回流焊机（见图 4.2.8）完成收音机贴片元器件的焊接。

1）STR-2000A 智能回流焊机的特点

（1）实现静止状态下的焊接工作，可焊接最窄间距的贴片元器件。

（2）可完成双面板的焊接。

（3）推拉抽屉式工作台，运动平稳，操作简单。

（4）采用模糊控制技术，实现温度动态曲线显示。

（5）设备操作简便可靠，功耗低。

（6）满足国际贴装技术要求。

图 4.2.8 STR-2000A 智能回流焊机

2）智能回流焊机的技术指标

STR-2000A 智能回流焊机的技术指标如表 4.2.1 所示。

表 4.2.1 STR-2000A 智能回流焊机的技术指标

工作电压	220 V AC
功 率	3.5 kW
工作台面	最大尺寸 400 mm×350 mm×30 mm
外形尺寸	600 mm×450 mm×500 mm（长×宽×高）

3）智能回流焊机操作说明

（1）设置：按下设置键，液晶屏进入设置状态，显示内容如表 4.2.2 所示。

表 4.2.2 液晶屏显示内容

165 ℃	145 s
220 ℃	45 s
260 ℃	10 s

普通双面板贴装时的典型设置为：165 ℃—150 s、220 ℃—40 s、220 ℃—10 s；多层板贴装时的典型设置为：175 ℃—160 s、230 ℃—40 s、230 ℃—10 s；陶瓷板、铝基板贴装时的典型设置为：185 ℃—150 s、240 ℃—40 s、240 ℃—10 s。根据焊锡膏要求可调整 2～4 ℃，5～10 s。

数字反显时，每按△键数字加 1，每按▽键数字减 1。每按一下设置键，数字跳到下一位。完成设置后，按 确定键结束设置。同时本数值被保存，在下次开机后，如不需重新设置可直接工作。回流焊的温度曲线由液晶屏动态显示，如图 4.2.9 所示。

（2）工作台进出：先轻拉工作台，将已贴好元件的 PCB 放入工作台内，再将工作台推入加温区。焊接过程结束后，拉出工作台将 PCB 取出，并将新的 PCB 放入。

（3）焊接工作：按 加热 键，回流焊机开始按照预先设置的温度变化规律进行焊接工作。同时，液晶屏动态显示温度曲线。当蜂鸣器报警时，表示焊接过程完成，可将工作台拉出。

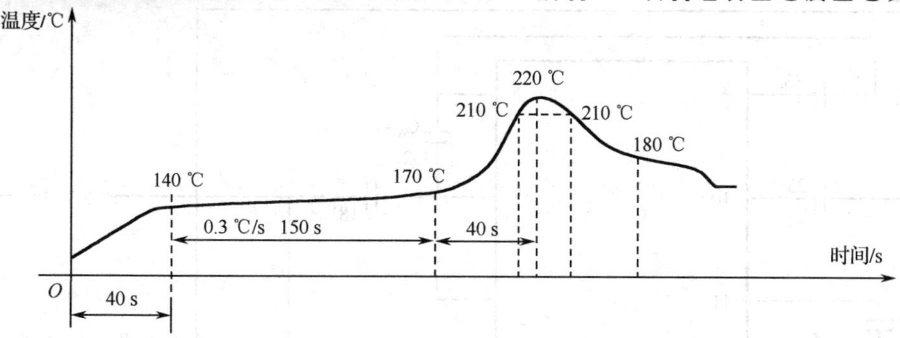

图 4.2.9 回流焊温度曲线

（4）电路板返修：将需要返修的电路板放入工作区后，按 加热 键，焊接机开始工作。当液晶屏显示温度在 220 ℃时，拉出工作台，同时停止加热。立即将电路板从工作台中取出，此时元件可以脱离电路板，开始进行返修工作。

（5）使用注意事项：

① 每班次工作前请空机加热运行一遍使回流焊机预热。

② 连续工作 4 h 应停机 30 min。

③ 每个年度应对设备进行全面检查。

④ 焊锡膏不用时应保存在 2～8 ℃的环境中，使用时应在室温环境中放置 30 min，并充分搅拌后使用。

⑤ 焊接过程结束后，电路板上仍有一定温度，请使用工具取板，避免烫伤。

⑥ 随着焊接次数的增加，冷却时间会有所延长，属正常现象。

4.2.3 贴片收音机的工作原理

贴片收音机电路的核心元件是集成电路 SC1088。它采用特殊的低中频（70 kHz）技术，外围电路省去了中频变压器和陶瓷滤波器，使电路简单可靠，调试方便。电路原理如图 4.2.10 所示，电路图中的单位常按省略法来标注，具体见表 4.2.3（读者可复习项目 2 相关内容，下同）。

1. 调频信号输入

调频（FM）信号由耳机线馈入，经 L_1、C_{14}、L_3 和 C_{15} 进入 IC 的 11、12 脚混频电路。此时所有调频电台信号均可进入。

2. 本振调谐电路

本振调谐电路中关键元器件是变容二极管，它是利用 PN 结的结电容与偏压有关的特性制成的可变电容器。变容二极管加反向电压 U_d，其结电容 C_d 与 U_d 的特性是非线性关系，这种电压控制的可变电容器广泛用于电调谐、扫频等电路。

3. 中频放大、限幅与鉴频

电路的中频放大、限幅及鉴频电路的有源器件及电阻器均在 IC 内，FM 广播信号和本振电路信号在 IC 内混频器中混频产生 70 kHz 的中频信号，经内部 1 dB 放大器、中频限幅器，送到鉴频器检出音频信号，经内部环路滤波后由 2 脚输出音频信号。电路中 1 脚的 C_{10} 为静

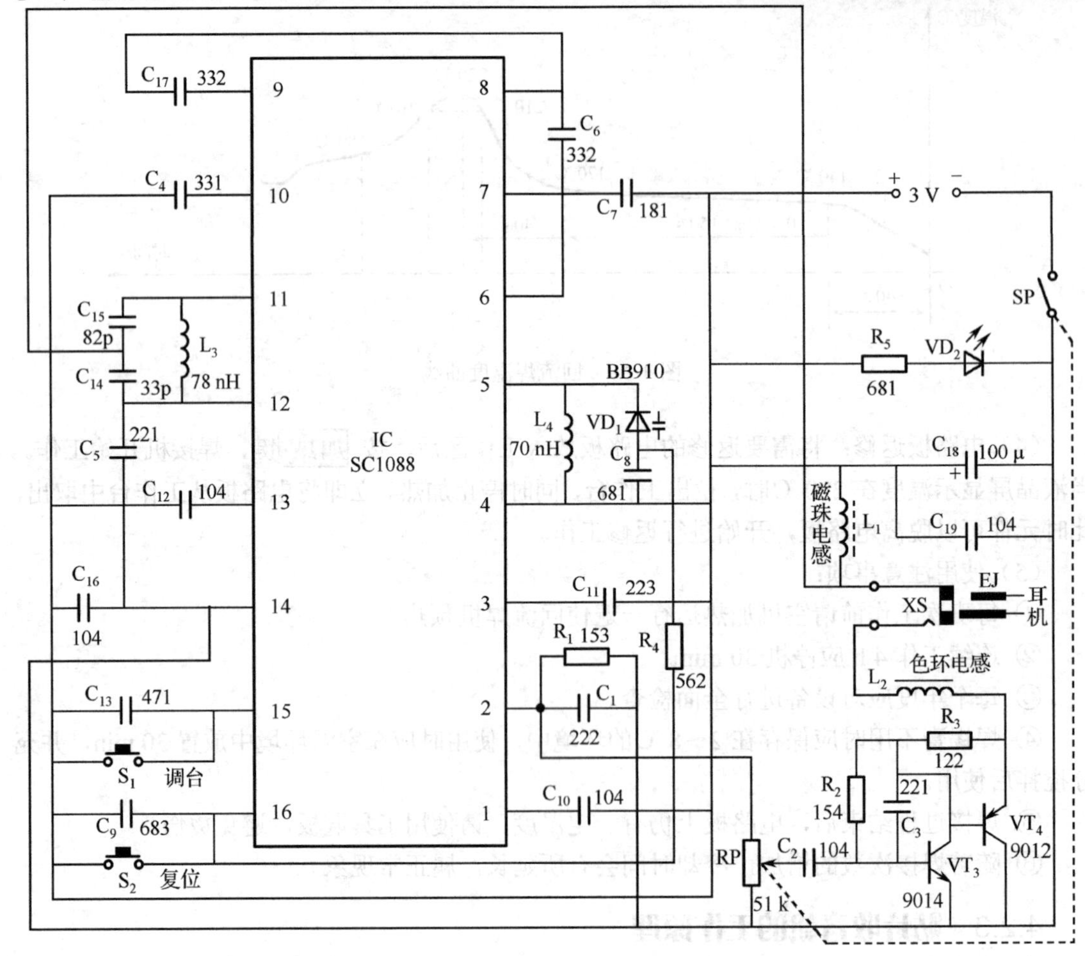

图 4.2.10　贴片收音机电路原理

噪电容器，3 脚的 C_{11} 为音频（AF）环路滤波电容器，6 脚的 C_6 为中频反馈电容器，7 脚的 C_7 为低通电容器，13 脚的 C_{12} 为中限幅器失调电压电容器，C_{13} 为滤波电容器。

4．耳机放大电路

由于用耳机收听时所需的功率很小，本机采用了简单的晶体管放大电路，2 脚输出的音频信号经电位器 RP 调节电量后，由 VT_3、VT_4 组成的复合管放大。R_1 和 C_1 组成音频输出负载，线圈 L_1 和 L_2 为射频隔离线圈。这种电路的耗电大小与有无广播信号以及音量大小关系不大，不收听时要关断电源。

任务制作

步骤 1：安装前检查。

（1）印制电路板检查。图 4.2.11 为印制电路板安装图，对照图 4.2.10 检查印制电路板上的线路是否完整，有无短路、断路缺陷，孔位、尺寸及表面涂覆的阻焊层是否完好。

（2）外壳及结构件检查。按材料清单（见表 4.2.3）检查元器件的规格及数量。检查元器件外壳有无缺陷及外观损伤，耳机是否完好。

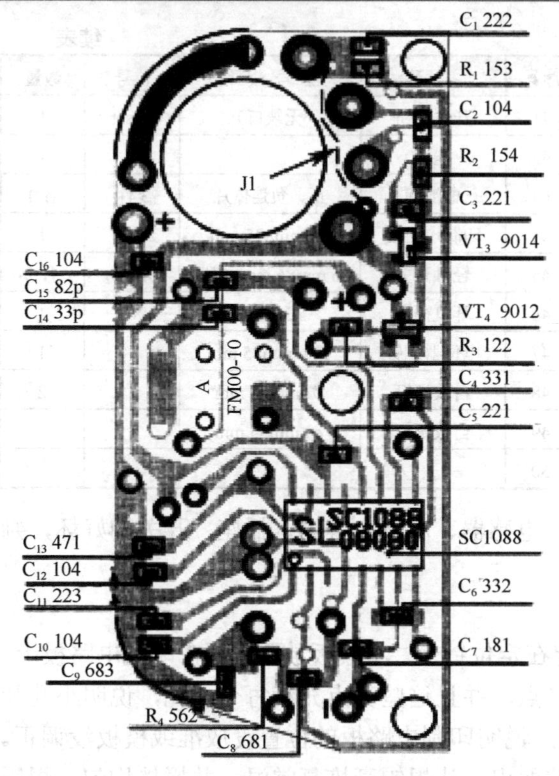

（a）SMT贴片

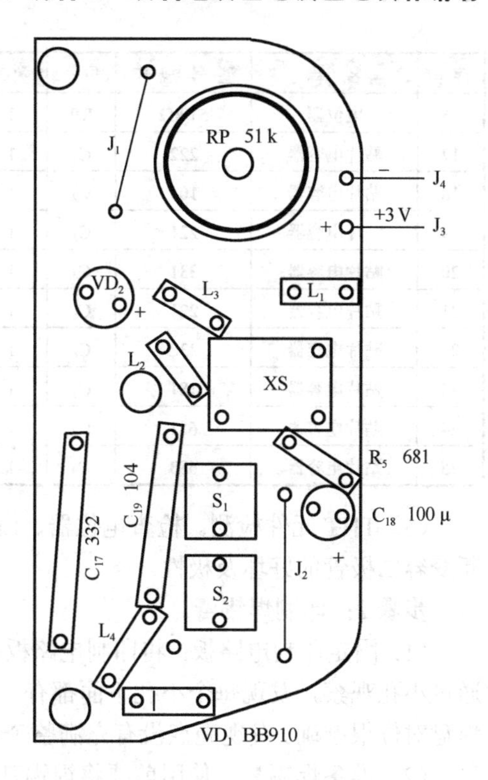

（b）THT安装

图 4.2.11　印制电路板安装图

表 4.2.3　贴片收音机材料清单

序号	名　称	型 号 规 格	位号	数量	序号	名　称	型 号 规 格	位号	数量
1	贴片集成电路	SC1088	IC	1	26	贴片电容器	104	C_{10}	1
2	贴片三极管	9014	VT_3	1	27	贴片电容器	223	C_{11}	1
3	贴片三极管	9012	VT_4	1	28	贴片电容器	104	C_{12}	1
4	二极管	BB910	VD_1	1	29	贴片电容器	471	C_{13}	1
5	发光二极管	LED	VD_2	1	30	贴片电容器	33 pF	C_{14}	1
6	磁珠电感器	4.7 μH	L_1	1	31	贴片电容器	82 pF	C_{15}	1
7	色环电感器	4.7 μH	L_2	1	32	贴片电容器	104	C_{16}	1
8	空心电感器	78 nH 8 圈	L_3	1	33	插件电容器	332	C_{17}	1
9	空心电感器	70 nH 5 圈	L_4	1	34	电解电容器	100 μF ϕ6 mm	C_{18}	1
10	耳机	32 Ω×2	EJ	1	35	插件电容器	104	C_{19}	1
11	贴片电阻器	153	R_1	1	36	导线	ϕ0.8 mm×6 mm		2
12	贴片电阻器	154	R_2	1	37	前盖			1
13	贴片电阻器	122	R_3	1	38	后盖			1
14	贴片电阻器	562	R_4	1	39	电位器钮	（内、外）		各 1
15	插件电阻器	681	R_5	1	40	开关按钮	（有缺口）	Scan	1

续表

序号	名　称	型号规格	位号	数量	序号	名　称	型号规格	位号	数量
16	电位器	51 kΩ	RP	1	41	开关按钮	（无缺口）	Reset	1
17	贴片电容器	222	C_1	1	42	挂钩			1
18	贴片电容器	104	C_2	1	43	电池片	正、负连体片	3 件	各 1
19	贴片电容器	221	C_3	1	44	印制电路板	55 mm×25 mm		1
20	贴片电容器	331	C_4	1	45	轻触开关	6 mm×6 mm 二脚	S_1、S_2	各 2
21	贴片电容器	221	C_5	1	46	耳机插座	ϕ3.5 mm	XS	1
21	贴片电容器	332	C_6	1	47	电位器螺钉	ϕ1.6 mm×5 mm		1
23	贴片电容器	181	C_7	1	48	自攻螺钉	ϕ2 mm×8 mm		2
24	贴片电容器	681	C_8	1	49	自攻螺钉	ϕ2 mm×5 mm		1
25	贴片电容器	683	C_9	1	50				

（3）THT 元件检测。检查电位器、LED、电感器、电解电容器、插座、开关的好坏，判断变容二极管的好坏及极性。

步骤 2：印刷焊锡膏。

（1）固定印制电路板：将印制电路板固定在定位针上。将模板放平，压在印制电路板上。通过小孔观察，发现每个小孔下面都有一个亮点，并且这些亮点充满每个小孔，说明小孔和焊盘对位很准确。发现亮点没有充满整个小孔，说明印制电路板的位置没放准或模板没调正。

（2）准备焊锡膏：使用前要将焊锡膏提前取出，让焊锡膏恢复常温，并搅拌均匀。焊锡膏的性状将直接影响回流焊的效果。

（3）刮焊锡膏：当刮刀以一定速度和角度向前移动时，对焊锡膏产生一定的压力，推动焊锡膏在刮刀前滚动，同时将焊锡膏挤压注入模板的漏孔中。刮焊锡膏时，刮刀的起始角度约为 60°，在刮焊锡膏的过程中角度逐渐变小，到印制电路板末端时角度约为 30°，以使每个焊盘上焊锡膏均匀。

步骤 3：按工序流程贴片。

按照以下顺序贴片：C_1/R_1，C_2/R_2，C_3/VT_3，C_4/VT_4，C_5/R_3，C_6/SC1088，C_7，C_8/R_4，C_9，C_{10}，C_{11}，C_{12}，C_{13}，C_{14}，C_{15}，C_{16}。

注意：（1）贴片电阻器分为两面，一面标注阻值，另一面为白色没有任何标记，有标注的一面向上贴装，以备检查。

（2）贴片电容器（贴片电解电容器除外）是没有极性的，表面也没有标注，而且大小、颜色都非常相似，所以贴装时一定注意，如果贴错，很难检查出问题。

（3）贴装集成电路时，集成电路的标记和图纸标记要对应，一次贴好，如果没放正，要垂直拿起重新贴装，不要直接挪动，以免造成短路。

（4）SMC 和 SMD 不可用手直接拿，以免感应静电。

步骤 4：检查无误后进行回流焊。

在 23 个元件贴装好以后，用放大镜在台灯下观察元件有没有贴错、贴反、贴斜。检查无误后放入回流焊机。焊接完成后，取出印制电路板，检查焊接质量，如有焊接缺陷再进行修复。

步骤 5：安装 THT 元器件。

（1）安装并焊接电位器 RP，注意电位器与印制电路板平齐。

（2）安装耳机插座 XS。

（3）焊接轻触开关 S_1、S_2，焊接跨接线 J_1、J_2。

（4）焊接变容二极管 VD_1，注意极性方向，见图 4.2.12。

（5）焊接电感器 L_1～L_4，L_1 用磁珠电感器，L_2 用色环电感器，L_3 用 8 匝空心线圈，L_4 用 5 匝空心线圈。注意磁珠电感器刮掉绝缘漆再焊入电路中。

（6）焊接电解电容器 C_{18}（100 μF），水平贴板放置。

（7）焊接发光二极管 VD_2，安装高度为 11 mm，见图 4.2.13。

（8）焊接电源线 J_3、J_4，注意正负极连接线颜色，见图 4.2.14。

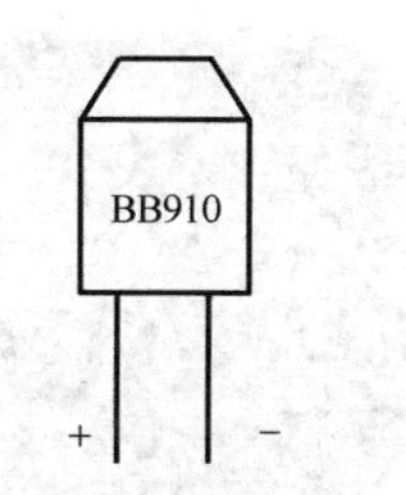

图 4.2.12　变容二极管

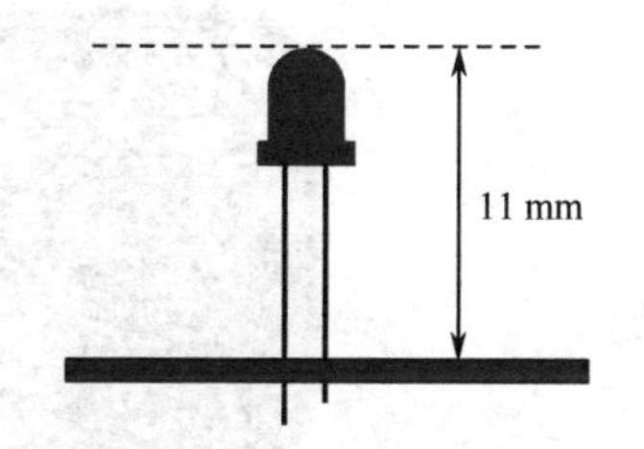

图 4.2.13　发光二极管

图 4.2.14　安装 THT 元器件

步骤 6：调试。

（1）所有元器件焊接完成后按下面要求进行目视检查。

元器件检查：型号、规格、数量、安装位置、安装方向是否与图纸符合。

焊接检查：有无虚焊、漏焊、桥接、飞溅等缺陷。

（2）测总电流。当上面的检查无误后将电源线焊到电池片上，在电位器开关断开的状态下装入电池，插入耳机，用万用表的 200 mA 挡（数字表）或 50 mA 挡（指针表）跨接在开关两端测总电流（用指针表时注意表笔极性）。样机测试结果参考数值见表 4.2.4。

表 4.2.4　总电流值

工作电压（V）	1.8	2	2.5	3	3.2
工作电流（mA）	8	11	17	24	28

如果电流为零或超过 35 mA 应检查电路。

（3）搜索电台广播。如果电流在正常范围，可按 S_1 键搜索广播电台。只要元器件质量好、安装正确、焊接可靠，不用调任何部分即可收到电台。

如果收不到广播应仔细检查电路，特别要检查有无错装、虚焊、漏焊等缺陷。

（4）调试收频段。我国调频广播的频率范围为 87～108 MHz。调试时可找一个当地频率最低的 FM 电台，适当改变 L_4 的匝间距，使按过 S_1（Reset）键后第一次按 S_2（Scan）键就可收到这个电台。由于 SC1088 的集成度高，如果元器件的一致性较好，一般在收到低频电台后均可覆盖其他 FM 频段。

（5）调灵敏度。本机灵敏度由电路及元器件决定，一般不用调整，调好覆盖频段后可正常收听。无线电爱好者可在收听频段中间电台时适当调整 L_4 的匝间距，使灵敏度最高。

步骤 7：总装。

（1）蜡封线圈。当调试完成后，将适量泡沫塑料填入线圈 L_4（注意不要改变线圈形状及匝间距），滴入适量蜡使线圈固定。

（2）固定印制电路板，装外壳。将外壳面板平放到桌面上，不要划伤面板，将 2 个按键帽放入孔内。

注意：Scan 键帽上有缺口，放键帽时要对准机壳上的凸起，Reset 键帽上无缺口。

（3）将印制电路板对准位置放入外壳内。

注意：对准 LED 位置，若有偏差可轻轻掰动，偏差过大时必须重焊。注意三个孔与外壳螺柱的配合，注意电源线，不要妨碍机壳装配。

（4）装上中间螺钉。

（5）装电位器旋钮。

（6）装后盖上两边的两个螺钉。

（7）装卡子。

贴片收音机总装完成后，样品如图 4.2.15 所示。

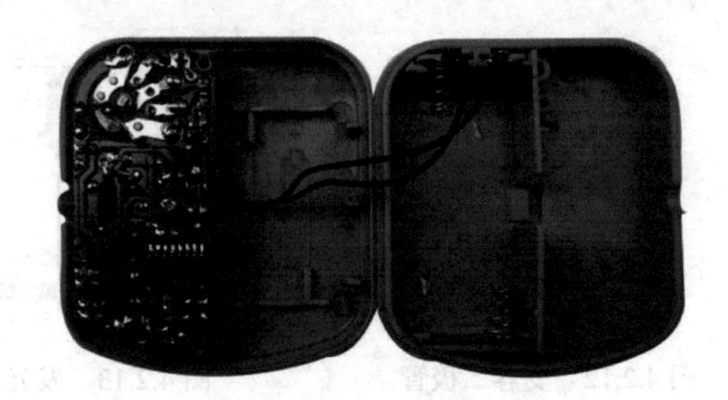

图 4.2.15　贴片收音机总装

任务评价

教师对学生进行考核和评价，选出优秀作品进行展示和点评。总结学生在任务完成过程中出现的问题，帮助学生完善知识、提升技能。填写考核评价表 4.2.5。

表 4.2.5　考核评价

考核内容		分值	得分
知识自评（20 分）	1．SMT 的自动化焊接方式可分为________和________两种类型。 2．常用的 SMT 设备有________、________、________等。 3．贴片收音电路由________、________、________和________等部分组成。 4．简述回流焊的工艺流程。 5．简述贴片收音机的工作原理。	20 分	

续表

考核内容		分值	得分
技能考评（60分）	1. 贴片元件的回流焊	20分	
	2. 通孔插装元件的手工焊接	10分	
	3. 贴片收音机的调试	20分	
	4. 贴片收音机的总装	10分	
职业素养（20分）	1. 出勤和纪律	5分	
	2. 正确使用焊接工具，安全用电、规范操作	10分	
	3. 整理工作台面，及时清扫地面，维护整洁有序的工作环境	5分	
总分			

任务小结

1. 回流焊的操作方法简单、效率高、质量好、一致性好、节省焊料，是一种适合自动化生产的电子产品装配技术，目前已经成为SMT焊接的主流。

2. 回流焊的工艺流程：焊前准备、印刷焊锡膏并贴装SMT元器件、加热、冷却、测试、修复、整形、清洗、烘干等。

3. SMT生产中常用到的设备有印刷机、贴片机和回流焊机等。

4. 贴片收音机电路的核心元件是集成电路SC1088，它采用特殊的低中频技术，外围电路省去了中频变压器和陶瓷滤波器，使电路简单可靠、调试方便。

5. 贴片收音机由FM信号输入、本振调谐电路、中频放大、限幅与鉴频、耳机放大电路等几部分组成。

6. 半自动化生产贴片收音机的步骤：安装前检查、印刷焊锡膏、按工序贴片、回流焊、手工焊接通孔元件、调试、总装。

任务4.3 贴片收音机工艺文件的编制

任务提出

工艺文件是生产部门实施生产的技术文件，一套完整、科学、先进而又行之有效的工艺文件体系是企业安全、高效、优质生产的重要保障。本任务要求编写贴片收音机的工艺文件。

任务导学

任务4.3	贴片收音机工艺文件的编写	建议学时	4学时
材料	贴片收音机套件、笔、A4纸		
任务分析	电子产品技术文件是企业组织和实施生产的重要文件，技术文件包括设计文件、工艺文件、产品保证文件等。设计文件是由企业设计部门制定的技术文件，而工艺文件是生产部门实施生产的技术文件。 本任务涵盖3个知识点：知识点1介绍技术文件的种类和特点；知识点2介绍设计文件的种类、编号方法及成套性要求；知识点3介绍工艺文件的种类、格式规范及成套性要求。 在任务实施环节，将所学的知识应用于实践，编写贴片收音机的工艺文件		

续表

任务 4.3	贴片收音机工艺文件的编写	建议学时	4 学时
知识目标	1. 了解技术文件的种类。 2. 掌握设计文件的种类及编号方法。 3. 掌握工艺文件的种类及编制方法。		
能力目标	1. 能够绘制电子产品制作的工艺流程图。 2. 能够编写电子产品工艺文件		
素质目标	1. 培养认真、细致的工作作风。 2. 做到安全用电、规范操作。 3. 维护整洁、有序的工作环境		
重点	1. 技术文件的种类。 2. 设计文件的种类及编号规则。 3. 工艺文件的种类及编写规范		
难点	1. 工艺文件的编制。 2. 工艺文件的成套性		

知识准备

4.3.1 电子产品技术文件

电子产品技术文件包括标准文件、设计文件、工艺文件、产品保证文件、产品鉴定文件等。在从事电子产品生产的制造企业中，产品技术文件具有生产法规的效力，必须执行统一的标准，实行严明的规范管理，不允许生产者有个人的随意性。技术文件一旦通过审核签署，生产部门必须完全按照相关的技术文件进行工作，操作者不能随便更改。电子产品技术文件具有下列特点。

1. 标准化

标准化是电子产品技术文件的基本要求，技术文件应严格按照国家标准、企业标准进行编制， 企业标准不能与国家标准相悖。

例如，电气制图和电气图形符号的国家标准有《电气技术用文件的编制》GB/T 6988—2008、《电气简图用图形符号》GB/T 4728—2018、《电气设备用图形符号》GB/T 5465—2009、《工业系统、装置与设备以及工业产品结构原则与参照代号》GB/T 5094—2018 等。这些标准详细规定了各种电气图形符号、各种电气用图以及项目代号、文字符号，覆盖了技术文件的各个方面。

2. 格式严谨

国家标准规定了技术文件的格式，包括图纸编号、图形符号、标题栏、图幅及其分区等，以便存档和成册。

3. 管理严明

电子产品技术文件由企业技术部门管理，包含文件的审核、签署、更改、保密等，企业有相关规章制度约束和规范。投入生产的图纸要有设计、复核以及工艺标准化负责人的签字，经技术管理部门批准才有效，图纸更改要有技术负责人签字、标注才有效，这样做有利于规范管理、责任到人。

4.3.2 设计文件

设计文件是由企业设计部门制定的产品技术文件，它规定了产品的组成、结构、原理以及产品制造、调试、验收、储运等技术指标，也可用于产品使用和维修。我国电子行业标准《设计文件管理制度》SJ/T 2017—2018 中对文件的分类、格式、编制方法等方面做出了规定。

1．设计文件的分类

设计文件按照文件样式可分为三大类：文字性文件、表格性文件和电子工程图。文字性设计文件包括产品标准、技术条件、技术说明、使用说明等。表格性设计文件包括明细表、软件清单、接线表等。电子工程图包括电路图、方框图、印制电路板图、实物装配图等。

2．常用的设计文件

1）电路图

电路图也叫电路原理图，用电气制图的图形符号画出产品各元器件之间、各部分之间的连接关系，用以说明产品的工作原理。它是电子产品设计文件中最基本的图纸。

2）方框图

方框图用方框表示电子产品的各个部分，用连线表示它们之间的连接关系，进而说明其组成结构和工作原理，是电路原理图的简化示意图。

3）装配图

用机械制图的方式画出产品各部件之间装配关系的图称为装配图。装配图要求完整、清楚地表示出产品的组成部分及其结构形状，从装配图上可以看出产品的实际构造和外观。装配图的种类很多，按产品的级别分为部件装配图和整件装配图；按生产管理和工艺分为总装图、结构装配图、印制电路板装配图等。

4）技术说明书、使用说明书及安装说明书

技术说明书是供研究、使用和维修产品用的技术文件，清楚地说明了产品的性能、技术参数、工作原理、结构特点以及使用维修等信息。使用说明书是供使用者正确使用产品而编写的技术文件，其主要内容是说明产品性能、基本工作原理、使用方法和注意事项。安装说明书是为产品的安装工作而编写的技术文件，其主要内容是产品性能、结构特点、安装图、安装方法及注意事项。

5）明细表

明细表是用以确定产品组成内容及其数量的基本设计文件，是产品资料配套、生产准备的技术依据。包含构成产品（或某部分）的所有零部件、元器件和材料的汇总表，也叫物料清单。

6）流程图

流程图全称为信息处理流程图，它用一组规范的图形符号表示信息的各个处理步骤，用一组流程线把这些图形符号连接起来，表示各个步骤的执行次序。流程图主要用于计算机软件的编制、调试、交流和维护，也可用于其他信息处理过程的说明和表达。

3．设计文件的编号

为了实现标准化管理，须对设计文件进行分类编号。见到设计文件的编号，就能知道这个产品是哪个厂生产的，是哪一级、哪一类的什么产品，设计文件是什么图，设计文件的顺序号是多少。

设计文件一般采用十进制分类编号法。按产品技术特征分为10级，每级分为10类，每类分为10型，每型又分为10种，分类特征标记均用0～9十个数字编号。分类特征标记前加企业代号，分类特征标记后加三位数字表示登记顺序号，最后是文件简号，用拼音表示。设计文件编号如图4.3.1所示。

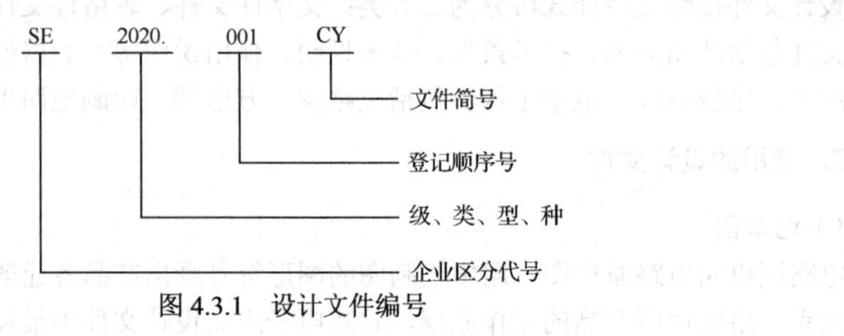

图4.3.1 设计文件编号

1）企业区分代号

企业区分代号由大写的汉语拼音字母组成，由企业的上级主管部门给定，用以区别编制设计文件的单位。

2）分类特征

由四位阿拉伯数字组成，分别表示产品设计文件的级、类、型、种。编号规定见我国电子行业标准《设计文件管理制度》SJ/T 207—2018。级的名称规定如表4.3.1所示。类、型、种的名称规定请参考有关标准。

表4.3.1 硬件产品技术特征分级

级的名称	技术文件	系统成套设备	整件	部件	零件	暂时不用
级的代号	0	1	2，3，4	5，6	7，8	9

3）登记顺序号

由三位或四位阿拉伯数字（000～999 或 0000～9999）组成，用以区别分类标记相同的若干不同产品的设计文件。

4）文件简号

文件简号以该文件的汉语拼音第一个字母来组合，各种设计文件的简号规定如表 4.3.2所示，它能区分同一产品不同种类的设计文件。零件图、装配图是最基本的图种，没有规定文件简号，产品标准也没有规定文件简号。表格中“●”“■”分别表示硬件、软件应编制的文件，“○”“□”分别表示硬件、软件根据产品的性质、生产和使用的需要而编制的文件，“—”表示不需要编制的文件。

表4.3.2 系统/成套设备产品设计文件的成套性

序号	文件名称	文件简号	产品				产品的组成部分		
			1级	2，3，4级	2，3，4级	7，8级	2，3，4级	5，6级	7，8级
			系统/成套设备	整机	元器件	零件	整件	部件	零件
1	产品标准/产品规范	—	●	●	●	●	—	—	—
2	技术条件	JT	—	—	—	—	○	○	○

续表

序号	文件名称	文件简号	产品				产品的组成部分		
			1级	2，3，4级	2，3，4级	7，8级	2，3，4级	5，6级	7，8级
			系统/成套设备	整机	元器件	零件	整件	部件	零件
3	技术说明书	JS	○	○	○	—	○	—	—
4	使用说明书	SS	●	●	○	—	○	—	—
5	维修手册	WC	○	○			○	—	—
6	调试说明	TS	○	○			○		
7	其他说明	B	○	○	○	○	○	○	—
8	零件图	—	—	—	—	●	—	—	●
9	装配图	—	—	●	●	—	●	●	—
10	媒体程序图	—	—	—	—	—	□	□	—
11	外形图	WX	—	○	○	—	○	○	○
12	安装图	AZ	○	○			—	—	—
13	总布置图	BL	○	—			—	—	—
14	框图	FL	○	○			○	—	—
15	电路图	DL	○	○	○	—	○	—	—
16	逻辑图	LJ	○	○	○	○	○	—	—
17	接线图	JL	—	○	○		○	○	—
18	线缆连接图	LL	○	○			—	—	—
19	机械传动图	CL	○	○			○	○	—
20	其他图	T	○	○	○	—	○	○	—
21	明细表	MX	●	●	●	—	●■	—	—
22	整件汇总表	ZH	●	●	○	—	—	—	—
23	外购件汇总表	WG	○	○			—	—	—
24	关键件汇总表	GH	○	○			—	—	—
25	备附件及工具汇总表	BH	○	○			—	—	—
26	成套运用文件清单	YQ	○	○			—	—	—
27	其他表格	B	○	○	○	○	○	—	—
28	其他文件	W	○	○	○	○	○	○	—

4.3.3 工艺文件

工艺文件是企业生产部门实施生产的技术文件。它是产品加工、装配、检验的技术依据，也是计划、调度、原材料准备、劳动力组织、定额管理、质量管理的主要依据。有一套完整、

合理而行之有效的工艺文件体系，企业才能实现优质、高效、低耗、安全的生产，获得最佳的经济效益。工艺文件的组成和内容应根据产品的生产性质、生产类型、生产阶段、复杂程度及生产组织方式等情况而定。成套的工艺文件必须做到正确、完整、统一和清晰。

1．工艺文件的分类

工艺文件分为工艺管理文件和工艺规程两类。

工艺管理文件是供企业科学地组织生产、控制工艺工作的工艺文件。工艺管理文件包括工艺文件封面、工艺文件目录、工艺文件更改通知单、工艺路线表、材料消耗定额表、配套明细表等。

工艺规程是规定产品或零件的制造工艺和操作方法的工艺文件。工艺规程按使用性质和加工专业又可进行不同的分类。

（1）按使用性质，工艺规程可分为专用工艺规程、通用工艺规程和标准工艺规程。专用工艺规程是专为某产品或组装件的某一工艺阶段编制的一种文件；通用工艺规程是几种结构和工艺特性相似的产品或组装件所共用的工艺文件；标准工艺规程是指某些工序的工艺方法经长期生产考验已定型，并纳入标准的工艺文件。

（2）按加工专业，可分为机械加工工艺、电气装配工艺、扎线接线工艺、绕线工艺等。

2．常用的工艺文件

1）工艺文件封面

工艺文件封面装订在成册的工艺文件的最前面。简单产品的工艺文件可按整机装订成册，复杂产品的工艺文件可按组成部分装订成若干册。

2）工艺文件明细表

工艺文件明细表是工艺文件的目录，紧跟在工艺文件封面后。多册成套的工艺文件应具备成套工艺文件的总目录表和各分册的目录表。

3）工艺流程图

工艺流程图是根据生产的顺序，用方框形式表示产品工艺流程的示意图。它是编制产品装配工艺过程卡的依据。

4）导线及线扎加工卡

导线及线扎加工卡用于导线和线扎的加工准备，规定了导线的长度、剥头长度等参数。

3．工艺文件的成套性

工艺文件的编制不是随意的，应该根据产品的具体情况，按照一定的规范和格式配套齐全，保证工艺文件的成套性。

我国电子行业标准 SJ/T 10324—1992、SJ/T 10320—1992《工艺文件的成套性 工艺文件格式》中，对工艺文件的成套性提出了明确的要求，分别规定了产品在设计定型、生产定型、样机试制和一次性生产时的工艺文件成套性标准，如表 4.3.3 所示，表中“●”表示必须编制的文件，“○”表示根据需要编制的文件，“—”表示不需要编制的文件。GS、GH 分别表示工艺文件的竖式、横式模式。产品生产定型后，该产品即可转入正式大批量生产。

表 4.3.3 工艺文件的成套性（部分）

序号	工艺文件名称	所用格式代号	产品		产品的组成部分		
			成套设备	整机	整件	部件	零件
1	工艺文件封面	GS1 GH1	○	●	○	○	—
2	工艺文件明细表	GS2 GH2	○	●	○	—	—
3	工艺流程图	GS3 GH3	○	○	○	○	—
4	加工工艺过程卡片	GS5 GS5a GH5 GH5a	—	—	—	○	●
5	塑料工艺过程卡片	GS6 GH6	—	—	—	○	○
6	陶瓷、金属压铸和硬模铸造工艺过程卡片	GS7 GH7	—	—	—	○	○
7	热处理工艺卡片	GS8 GH8	—	—	—	○	○
8	电镀及化学涂覆工艺卡片	GS9 GH9	—	—	—	○	○
9	涂料涂覆工艺卡片	GS10 GH10	—	—	○	○	○
10	元器件引出端成型工艺表	GS12 GH12	—	—	○	○	—
11	绕线工艺卡片	GS13 GH13	—	—	○	○	○
12	导线及线扎加工卡	GS14 GH14	—	—	○	○	—
13	贴插编带程序表	GS15 GH15	—	—	○	○	—
14	装配工艺过程卡片	GS16 GS16a GH16 GH16a	—	●	●	●	—

续表

序号	工艺文件名称	所用格式代号	产品		产品的组成部分		
			成套设备	整机	整件	部件	零件
15	工艺说明	GS17 GH17	○	○	○	○	○
16	检验卡片	GS18 GH18	○	○	○	○	○
17	外协件明细表	GS19 GH19	○	○	○	—	—
18	配套明细表	GS20 GH20	○	○	○	○	—

任务实施

根据工艺文件的编制规范，编写贴片收音机的工艺文件，这里要求初学者能够编写出工艺文件封面、工艺文件明细、工艺流程、元器件引出端成型工艺、导线及线扎加工工艺、SMT元件装配工艺以及THT元件装配工艺等文件。当然，工艺文件还应包括调试工艺和总装工艺等，初学者可尝试编制，这里不做统一要求。

步骤1：编制工艺文件封面。

编制ZX2031微型贴片收音机工艺文件封面如图4.3.2所示。

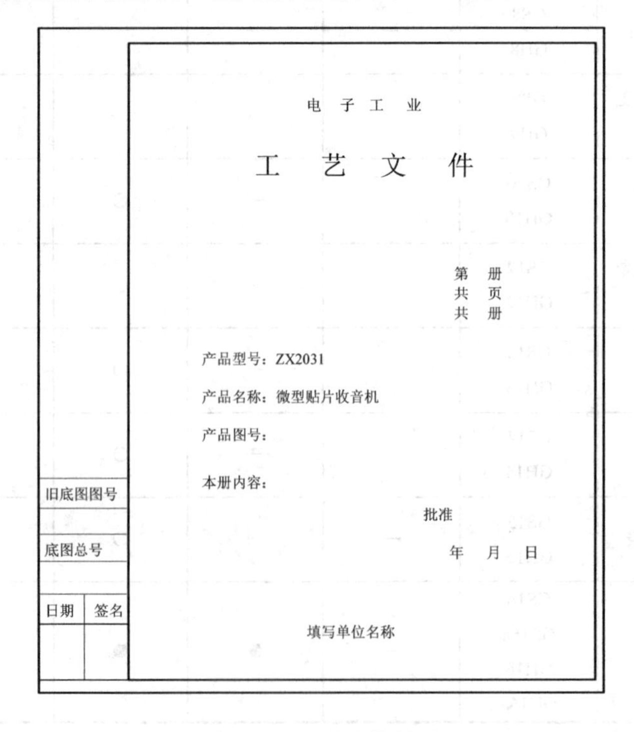
电子工业

工艺文件

第　册
共　页
共　册

产品型号：ZX2031

产品名称：微型贴片收音机

产品图号：

本册内容：

批准

年　月　日

填写单位名称

旧底图图号

底图总号

日期　签名

图4.3.2　工艺文件封面

步骤 2：编制工艺文件明细。

编制工艺文件明细如表 4.3.4 所示。

表 4.3.4 工艺文件明细

	工艺文件明细				产品名称	ZX2031 微型贴片收音机	
					产品图号		
	序号	零部整件图号	零部整件名称	文件代号	文件名称	页数	备注
	1				工艺文件封面		
	2				工艺文件明细表		
	3				工艺流程图		
	4				元器件引出端成型工艺表		
	5				导线及线扎加工卡		
	6				SMT 元件装配工艺		
	7				THT 元件装配工艺		
旧底图号							
底图总号							

		更改标记	数量	更改单号	签名	日期		签名	日期	
日期	签名						拟制			第 页
							审核			
							标准化			共 页
							批准			
			描图：				描校：			

步骤 3：编制工艺流程。

编制工艺流程如表 4.3.5 所示。

表 4.3.5　工艺流程

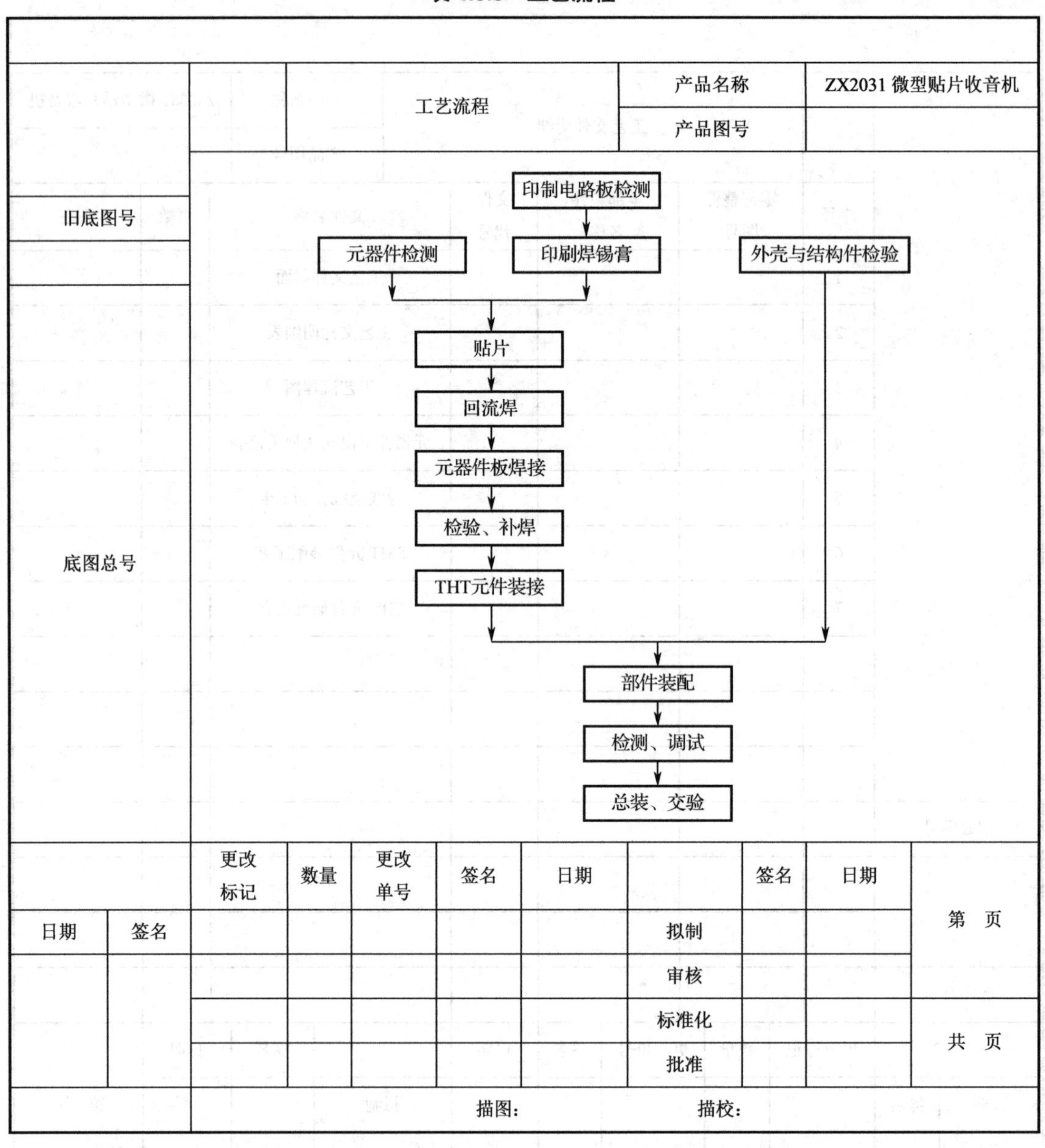

		工艺流程	产品名称	ZX2031 微型贴片收音机
			产品图号	
旧底图号				
底图总号				

		更改标记	数量	更改单号	签名	日期		签名	日期	
日期	签名						拟制			第　页
							审核			
							标准化			共　页
							批准			
				描图：			描校：			

步骤 4：编制元器件引出端成型工艺。

在微型贴片收音机电路板中，对部分元器件的安装方式和安装的高度有特殊规定，例如电解电容应贴板安装，否则会导致无法安装外壳。电源指示灯的高度也有特殊要求，太高或太低都会造成产品外观缺陷，因此应对这些元器件编制元器件引出端成型工艺表。这里涉及的元器件有 R_5、L_2、C_{17}、C_{19}、VD_1、C_{18}、VD_2，表 4.3.6 中已经绘制出这些元器件的引出端示意图，根据装配要求确定其他元器件的引出端长度，并填入此表格中。

表 4.3.6　元器件引出端成型工艺

元器件引出端成型工艺	产品名称	ZX2031 微型贴片收音机
	产品图号	

序号	位号	名称、型号、规格	L 长度/mm					数量	设备及工装	工时定额	备注
			A	*B*	*C*	*D*					
1	R_5	电阻器 681 Ω	4	13	5	2		1			
2	L_2	色环电感器 4.7 μH	4	13	5	2		1			
3	C_{17}	瓷介电容器 3 300 pF	4		16			1			
4	C_{19}	瓷介电容器 100 000 pF	4		16			1			
5	VD_1	二极管 BB910	8					1			
6	C_{18}	电解电容器 100 μF	4					1			
7	VD_2	发光二极管	8					1			

旧底图号	
底图总号	

		更改标记	数量	更改单号	签名	日期		签名	日期	
日期	签名						拟制			第　页
							审核			
							标准化			共　页
							批准			
		描图：					描校：			

步骤 5：编制导线及线扎加工工艺。

用于连接电路板和电池盒的导线，总长度约 80 mm，两端用剥线钳剥出 5 mm 长的端头，表 4.3.7 中绘制了导线的加工工艺，根据上述工艺要求将数据填入此表格中。

表 4.3.7　导线及线扎加工工艺

导线及线扎加工工艺	产品名称	ZX2031 微型贴片收音机
	产品图号	

序号	编号	名称规格	颜色	数量	导线长度（mm）			去向、焊接处		设备及工装	工时定额	备注
					L 全长	A 剥头	B 剥头					
1		电池接线	黑	1	5	5				剥线钳		
2		电池接线	红	1	5	5				剥线钳		

旧底图号
底图总号

	更改标记	数量	更改单号	签名	日期		签名	日期	
日期 / 签名						拟制			第　页
						审核			
						标准化			共　页
						批准			

描图：　　　　描校：

步骤 6：编制元件装配工艺。

编制 SMT 元件装配工艺及 THT 元件装配工艺，如表 4.3.8 和表 4.3.9 所示。

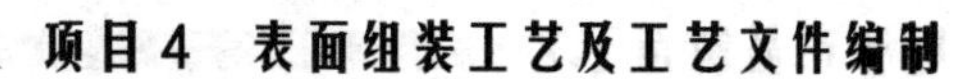

表 4.3.8　SMT 元件装配工艺

			名称	ZX2031 微型贴片收音机
		SMT 元件装配工艺	图号	

C1 202
R1 153
C2 104
R2 154
C3 221
VT3 9014
VT4 9012
R3 1K2
C4 331
C5 221
SC1088
C6 332
C7 181
J1
C16 104
C15 82 p
C14 33 p
FM00-10
A
C13 471
C12 104
C11 223
C10 104
C9 683
R4 562
C8 681

技术要求：

1．焊锡膏调匀，焊盘两端的焊锡膏一定要均匀。

2．装配元件时，要穿戴防静电手环。

3．SMC 和 SMD 不得用手拿，放置元件时用镊子，不要夹持元件引线。

4．元器件的位置、极性和方向应正确，不能歪斜，注意美观整齐。

5．检查贴片元器件的数量及位置。

6．贴装无误后进行回流焊。

7．检查焊接质量

旧底图号	
底图总号	

		更改标记	数量	更改单号	签名	日期		签名	日期	
日期	签名						拟制			第　页
							审核			
							标准化			共　页
							批准			

描图：　　　　描校：

表 4.3.9 THT 元件装配工艺

		THT 元件装配工艺					名称	ZX2031 微型贴片收音机		
							图号			
		J1 RP 51 k J4 − +3 V + J3 VD2 + L3 L1 L2 XS R5 681 S1 C18 100 μ C19 104 C17 332 + J2 S2 L4 VD1 BB910								
		技术要求： 1．装配元件时，要穿戴防静电手环。 2．元件的位置、极性和方向应正确， 3．元件应插到位，排列应平整，不能歪斜，注意美观整齐。								
旧底图号		4．检查元器件的型号、规格、数量、安装位置、方向是否正确。								
		5．手工焊接 THT 元件，焊料和焊件之间湿润良好，焊点外形标准，表面有光泽且光滑。								
底图总号		6．检查焊接质量								
		更改标记	数量	更改单号	签名	日期		签名	日期	第 页
日期	签名						拟制			
							审核			
							标准化			共 页
							批准			
		描图：					描校：			

任务评价

教师对学生进行考核和评价，选出优秀作品进行展示和点评。总结学生在任务完成过程中出现的问题，帮助学生完善知识、提升技能。填写考核评价表 4.3.10。

表 4.3.10　考核评价

考核内容		分值	得分
知识自评（20 分）	1．电子产品技术文件包括______、______、______、______和______等。 2．常用的设计文件有______、______、______、______、______和______等。 3．工艺文件包括______和______两类。 4．常用的工艺文件有______、______、______和______等	20 分	
技能考评（60 分）	1．工艺文件明细表	10 分	
	2．工艺流程图	10 分	
	3．编制元器件引出端成型工艺表	10 分	
	4．导线及线扎加工卡	10 分	
	5．SMT 装配工艺卡	10 分	
	6．THT 装配工艺卡	10 分	
职业素养（20 分）	1．出勤和纪律	5 分	
	2．正确使用仪器仪表，安全用电、规范操作	10 分	
	3．整理工作台面，及时清扫地面，维护整洁有序的工作环境	5 分	
总分			

任务小结

1．电子产品技术文件包括标准文件、设计文件、工艺文件、产品保证文件、产品鉴定文件等。

2．电子产品技术文件具有标准化、格式严谨、管理严明等特点。

3．设计文件是由企业设计部门制定的技术文件。

4．常用的设计文件有电路原理图、方框图、装配图、技术说明、明细表、流程图等。

5．工艺文件分为工艺管理文件和工艺规程两类。

6．常用的工艺文件有工艺流程、导线及线扎加工工艺、工艺文件明细、配套明细等。

项目5 印制电路板的设计、制作与调试

随着某生产车间的生产量不断加大，在生产中遇到一个问题：正常情况下，一个大包装袋里应装入9小包物料，但是由于人为疏忽，有时会导致多装或漏装。为解决这个问题，需要安装一个物料自动打包系统。

物料自动打包系统由两部分组成，即物体流量计数器和机械封装系统。本项目的任务是设计并制作物体流量计数器部分，实现对生产线上的物料进行计数，计数结果用数码管显示，当计数到9时，进行声光报警。

本项目以制作物体流量计数器为载体，带领学生学习印制电路板的设计与制作以及电子产品的调试方法和调试步骤。

任务 5.1 物体流量计数器印制电路板的设计与制作

任务提出

根据物体流量计数器的电路原理图（如图 5.1.1 所示），用计算机辅助设计软件绘制印制电路板图，并用热转印制版的方法制作印制电路板。

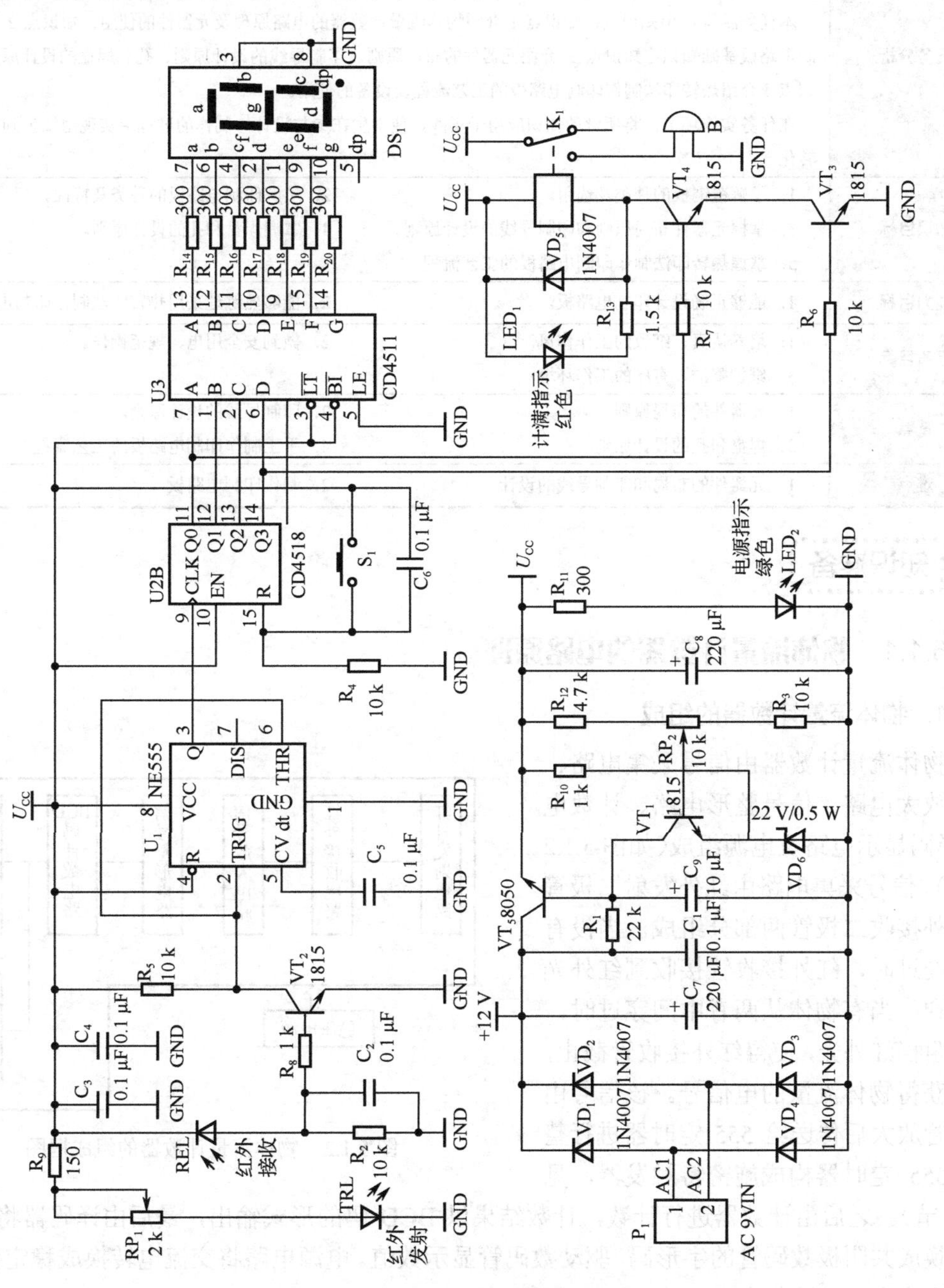

图 5.1.1 物体流量计数器电路原理图

任务导学

任务 5.1	物体流量计数器印制电路板的设计与制作		建议学时	6 学时
材料与设备	覆铜板、油性记号笔、油墨清洗剂、热转印纸、热转印机、打印机、电脑、腐蚀液、蚀刻箱、PCB 台钻、0.8 mm 钻头、纸胶带			
任务分析	本任务通过设计、制作物体流量计数器的印制电路板，学习印制电路板的设计原则和印制电路板的制作方法。 本任务涵盖 4 个知识点：知识点 1 介绍物体流量计数器的电路原理及元器件的使用；知识点 2 介绍印制电路板基础知识；知识点 3 介绍元器件的布局原则、印制导线的设计原则、孔和焊盘的设计原则；知识点 4 介绍热转印法制作印制电路板的工艺流程及设备的使用。 在任务实施环节，将所学的知识应用于实践，使学生在参与设计、制作的过程中实现由知识到技能的转化			
知识目标	1. 了解覆铜板的种类及选用。 3. 掌握元器件布局原则和印制导线的设计原则。 5. 掌握热转印法制作印制电路板的工艺流程	2. 了解印制电路板的种类及特性。 4. 掌握焊盘和孔的设计原则。		
能力目标	1. 能够正确设计印制电路板。	2. 能够熟练地采用热转印法制作印制电路板		
素质目标	1. 培养认真、细致的工作作风。 3. 维护整洁、有序的工作环境	2. 做到安全用电、规范操作。		
重点	1. 元器件的布局原则 3. 焊盘和孔的设计原则。	2. 印制导线的设计原则。 4. 手工制作印制电路板的工艺流程		
难点	1. 元器件的布局和印制导线的设计。	2. 制作印制电路板		

知识准备

5.1.1 物体流量计数器的电路原理

1. 物体流量计数器的组成

物体流量计数器由信号采集电路、信号放大电路、信号整形电路、计数电路、译码显示电路及电源组成（如图 5.1.2 所示）。信号采集电路由红外发射二极管和红外接收二极管两部分组成。当没有物体经过时，红外接收管接收到红外光而导通；当有物体从两者中间穿过时，物体阻挡红外光，使得红外接收管截止，从而获得物体流量的电信号。该信号由三极管放大后传送给 555 定时器进行整形（555 定时器构成施密特触发器，见 2.5.1 节）。之后由计数器进行计数，计数结果以 BCD 码的形式输出，最后由译码器将 BCD 码转换成共阴极数码管的字形码，驱动数码管显示数值。电源电路将交流电转换成稳定的 5 V 直流电为上述电路供电。

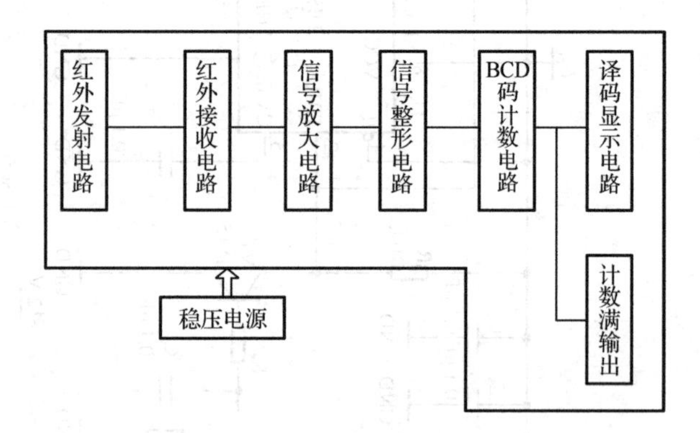

图 5.1.2 物体流量计数器的组成框图

二极管、三极管、555 定时器以及直流稳压电源的相关知识在前面的项目中已经介绍，这里重点讲解计数器和译码器的使用方法。

2. 计数芯片 CD4518

CD4518 是二、十进制（8421 编码）同步加法计数器，引脚如图 5.1.3 所示。引脚功能如表 5.1.1 所示。

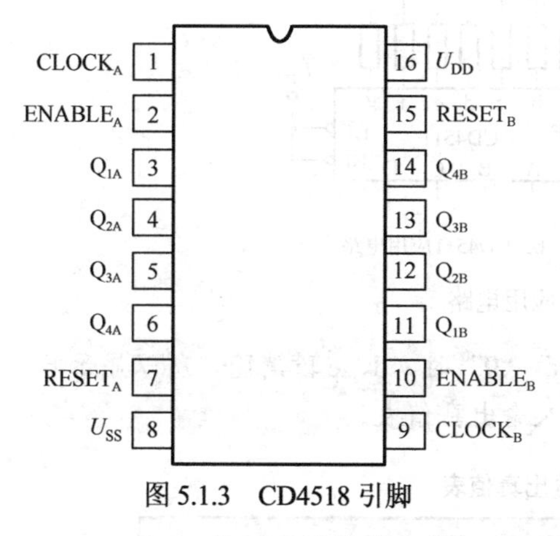

图 5.1.3　CD4518 引脚

表 5.1.1　CD4518 引脚功能

引　脚	符　号	功　能
1、9	CLOCK	时钟输入端
7、15	RESET	清除端
2、10	ENABLE	计数允许控制端
3、4、5、6	Q_{1A}～Q_{4A}	计数输出端
11、12、13、14	Q_{1B}～Q_{4B}	计数输出端
8	U_{SS}	地
16	U_{DD}	电源正

CD4518 有两个时钟输入端 CLOCK 和 ENABLE。若用时钟的上升沿触发时，则信号由 CLOCK 输入，此时 ENABLE 端应为高电平(1)；若用时钟的下降沿触发时，则信号由 ENABLE 输入，此时 CLOCK 端应为低电平（0），同时复位端 RESET 应保持低电平（0），如表 5.1.2 所示。只有满足了这些条件，电路才会处于计数状态，否则不工作。

表 5.1.2　CD4518 真值表

CLOCK	ENABLE	RESET	功　能
上升沿	1	0	加计数
0	下降沿	0	加计数
×	×	1	Q_4～Q_1=0

3. 数码管驱动芯片 CD4511

CD4511 是一个用于驱动共阴极数码管的译码器。它能将 BCD 码转换成共阴极数码管的字形码，同时具有消隐、锁存控制及驱动功能。图 5.1.4（a）为 CD4511 的引脚图。

3 引脚是灯测试信号的输入端。当 $\overline{LT}$=0 时，无论输入端 DCBA 的状态如何，译码输出端全为 1。它主要用来检测七段数码管是否有物理损坏。正常工作时，$\overline{LT}$ 端应接高电平。

4 引脚是消隐输入控制端。当 $\overline{BI}$=0 时，无论输入端 DCBA 的状态如何，译码输出端全为 0。正常工作时，$\overline{BI}$ 端应接高电平。

5 脚是锁存控制端。当 LE=0 时，允许译码输出。LE=1 时译码器是锁定保持状态，译码器输出被保持在 LE=0 时的数值。

A、B、C、D 为 8421BCD 码输入端。a、b、c、d、e、f、g 为译码输出端，串联电阻后与七段数码管连接，如图 5.1.4（b）所示。CD4511 有拒绝伪码的特点，当输入数据超过十进制数 9（1001）时，显示字形也自行消隐。

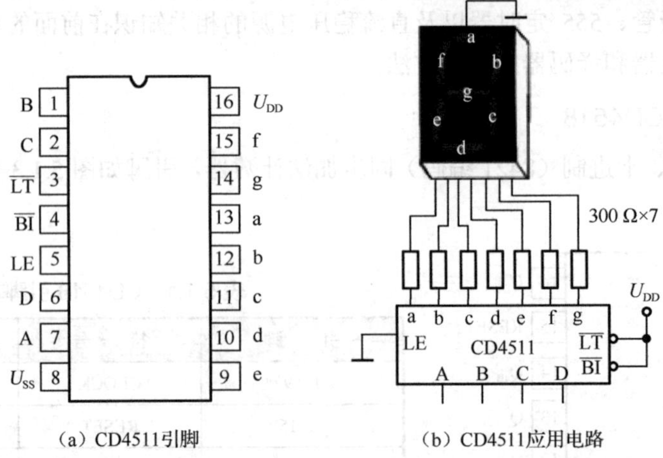

（a）CD4511引脚　　（b）CD4511应用电路

图 5.1.4　CD4511 引脚图及应用电路

注意：CD4511 显示数“6”时，a、b 段消隐；显示“9”时，d、e 段消隐，所以显示 6、9 这两个数时，字形不太美观。表 5.1.3 为 CD4511 输入输出真值表。

表 5.1.3　CD4511 输入、输出真值表

输　入							输　出							
LE	$\overline{BI}$	$\overline{LT}$	D	C	B	A	a	b	c	d	e	f	g	显示
×	×	0	×	×	×	×	1	1	1	1	1	1	1	8
×	0	1	×	×	×	×	0	0	0	0	0	0	0	消隐
0	1	1	0	0	0	0	1	1	1	1	1	1	0	0
0	1	1	0	0	0	1	0	1	1	0	0	0	0	1
0	1	1	0	0	1	0	1	1	0	1	1	0	1	2
0	1	1	0	0	1	1	1	1	1	1	0	0	1	3
0	1	1	0	1	0	0	0	1	1	0	0	1	1	4
0	1	1	0	1	0	1	1	0	1	1	0	1	1	5
0	1	1	0	1	1	0	0	0	1	1	1	1	1	6
0	1	1	0	1	1	1	1	1	1	0	0	0	0	7
0	1	1	1	0	0	0	1	1	1	1	1	1	1	8
0	1	1	1	0	0	1	1	1	1	0	0	1	1	9

5.1.2　印制电路板的基础知识

印制电路板（Printed Circuit Board，缩写为 PCB），是现代电子整机设备中的关键部件，在电子产品中起到连接元器件引脚和固定元器件的双重作用。不断发展的印制电路板技术使电子产品设计、装配走向标准化、规模化、机械化和自动化，电子产品的体积越来越小、成本逐步降低，可靠性和稳定性不断提高，装配维修工作越来越简单。

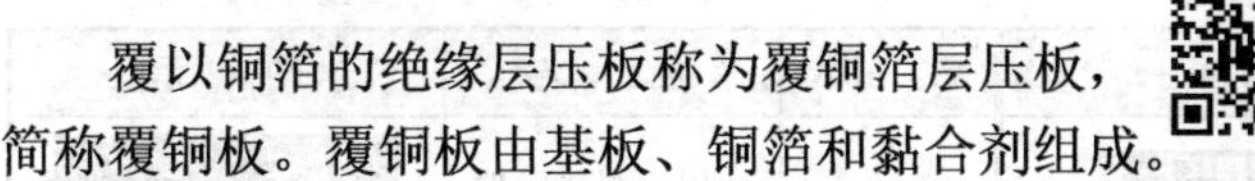

1．覆铜板的种类与选用

扫一扫看覆铜板的种类与选用微视频

扫一扫下载覆铜板的种类与选用教学课件

覆以铜箔的绝缘层压板称为覆铜箔层压板，简称覆铜板。覆铜板由基板、铜箔和黏合剂组成。

基板是由高分子合成树脂和增强材料组成的绝缘层压板。合成树脂的种类繁多，常用的有酚醛树脂、环氧树脂、聚四氟乙烯等。增强材料一般有纸、玻璃布等，它们决定了基板的机械性能。

（1）酚醛树脂纸基覆铜板。价格低、机械强度低、易吸水、耐高温性能差，主要用于低频和中低端电子产品中。

（2）环氧树脂玻璃布覆铜板。耐高温性能好，受潮湿影响小，电气和机械性能良好，加工方便，用于高温、恶劣环境中。

（3）聚四氟乙烯玻璃布覆铜板。电性能和化学性能均好，温度范围宽，介质损耗小，常用于微波、高频电路、家用电器、航空航天、导弹、雷达等产品中。

覆铜板的板材厚度有 0.5、0.7、0.8、1.0、1.2、1.5、1.6、2.0、2.4、3.2、6.4 等规格（单位 mm）。电子仪器、通用设备一般可选用 1.5 mm 厚的板材，当有重物或尺寸较大的电路板时可选用 2.0～3.0 mm 厚的板材。

除了材质和厚度不同外，覆铜板的铜箔层厚度也有区别，有 10、18、35、50、70 等规格（单位μm）。对于印制导线较窄的，可选取铜箔较薄的板子，否则选用较厚些的。一般选用 35 μm 或 50 μm 厚的。

2．印制电路板的分类

扫一扫看印制电路板的分类微视频

扫一扫下载印制电路板的分类教学课件

（1）单面印制电路板。单面印制电路板是用单面覆铜板制成的，在覆铜箔的一面制成印制导线。它适用于元器件密度不高的电子产品，具有不需打过孔、制作成本低的优点，但因其只能单面布线，使实际的设计工作往往比双面板或多层板困难得多。

（2）双面印制电路板。双面印制电路板是用双面覆铜板制成的，覆铜板的两面都可以布线，一般需要由金属化孔连通。双面板可用于比较复杂的电路，但设计工作不一定比单面板困难，因此被广泛采用。

（3）多层印制电路板。它由几层较薄的单面或双面印制电路板（每层厚度在 0.4 mm 以下）叠合压制而成，具有多层印制导线。为了将夹在绝缘基板中间的印制导线引出，需要由金属化孔连通。多层印制电路板接线短、布线密，有利于缩小整机体积，减轻整机质量；由于增设了屏蔽层，可以减小电路的信号失真；引入了接地散热层，可以减少局部过热，提高整机工作的稳定性。

以上是按照布线层次进行分类的方法。此外，按照电路板的基材性质，可分为钢性印制电路板和软性印制电路板。软性印制电路板也称挠性印制电路板或柔性印制电路板，是以软层状塑料或其他软质绝缘材料为基材制成的，也分为单面板、双面板和多层板。它除了质量轻、体积小、可靠性高以外，最突出的特点是具有挠性，能折叠、弯曲、卷绕，实现了立体布线、三维空间互连，从而提高装配密度和产品可靠性。笔记本电脑、摄像机等高档电子产品中都应用了挠性电路板。

3．印制电路板的常用名词

扫一扫看印制电路板的常用名词微视频

扫一扫下载印制电路板的常用名词教学课件

印制电路板的常用名词如表 5.1.4 所示。

表 5.1.4　印制电路板的常用名词

名　称	含　义	图　示	名　称	含　义	图　示
元件面	大多数元件都安装在其上的那一面		焊盘	用于焊接元件并将电气连通的铜箔	
焊接面	与元件面相对的另一面		金属化孔	孔壁沉积有金属的孔，主要用于层间导电图形的电气连接	
丝印层	印制在元件面或焊接面上的一种不导电的图形		通孔	用于导线转接的一种金属孔	
阻焊图	防止不需要焊接的印制导线被粘连而绘制的一种图形		坐标网格	用于元器件在印制电路板上的定位	

5.1.3　印制电路板的设计

将电路原理图设计成印制电路板图的过程称做印制电路板的设计。常采用计算机辅助设计（CAD）。印制电路板的设计内容包括：印制电路板的板材、大小、形状的确定；印制电路板对外连接方式的确定；印制电路板上元器件排列的设计；印制导线的设计；焊盘和孔的设计。

扫一扫看确定印制电路板微视频

扫一扫下载确定印制电路板教学课件

1．确定印制电路板的材料、厚度和尺寸

（1）板材的选择。覆铜板的性能直接影响产品的电器性能和使用寿命，选用时必须综合考虑产品的电气性能、机械性能、工作环境和制造成本等因素。

（2）厚度的确定。板材厚度的选择主要考虑印制板的尺寸、元器件的质量及产品使用条件等因素。如果印制板尺寸较大或元器件过重时，应适当增加印制板的厚度。铜箔厚度的选择主要考虑工作电流的大小及印制导线的宽度，通常选用 35 μm 或 50 μm 厚度的。

（3）形状和尺寸。印制板的形状通常与整机外形有关，异形板会增加制版难度和加工成本。印制板尺寸的确定要考虑元件的数量、安装方式及散热等因素。在确定印制板的净面积后，还应向外扩出 5～10 mm，以便于印制板在整机中安装固定。

2．选择对外连接方式

印制电路板的对外连接一般包括电源线、地线、板外元器件的引线、板与板之间的连接线等，绘图时应大致确定其位置和排列顺序。若采用接插件引出时，要确定接插件的位置和方向。印制电路板的对外连接方式有三种：直接焊接、接插件连接和排线连接。

（1）直接焊接，如图 5.1.5 所示。优点是成本低、可靠性高，可避免因接触不良而造成的故障，缺点是维修不方便。一般适用于对外引线较少的场合，例如电池盒、扬声器与电路板的连接等。

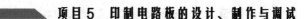

（2）接插件连接，如图 5.1.6 所示。维修、调试、组装方便，但成本也相应提高，对印制板的制造精度及工艺要求较高。

图 5.1.5　直接焊接

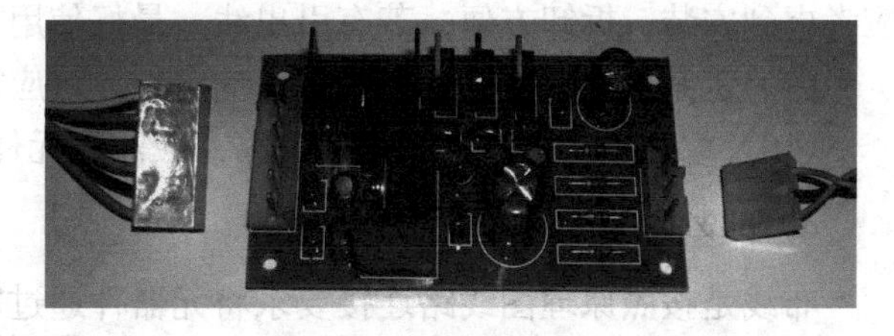

图 5.1.6　接插件连接

（3）排线连接，如图 5.1.7 所示。两块印制板之间采用排线焊接，既可靠又不易出现连接错误，且两块印制板的相对位置不受限制。

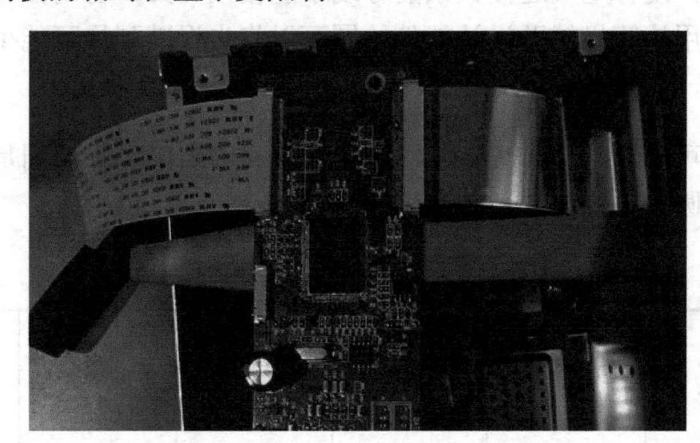

图 5.1.7　排线连接

扫一扫下载元器件布局教学课件

扫一扫看元器件布局微视频

3．元器件布局

元器件布局就是将元器件放在印制电路板布线区内，布局是否合理不仅影响后面的布线工作，而且对整个电路板的性能也有重要影响。

（1）排列顺序。元器件在印制板上排列时尽可能按元器件轴线方向排列，元器件以卧式安装为主（高频电路除外）。遵循先主后次、先大后小、先集成后分立的原则。

（2）信号流向原则。按信号流向排列，一般从输入级开始，到输出级终止，避免输入、输出部分交叉；将高频和低频部分电路分开来布置。

（3）就近原则。相关电路应就近安放，避免走远路，绕弯子，尤其忌讳交叉穿插。每个单元电路，应以核心器件为中心，并围绕它进行布局。

（4）美观原则。在保证电路功能和性能指标的前提下，元件排列应均匀、整齐、紧凑、疏密得当。单元电路之间的引线应尽可能短，引出线数目尽可能少。

（5）工艺原则。满足工艺、检测、维修方面的要求，既要考虑元器件的排列顺序、方向、引线间距，又要考虑到印制电路板检测的需要，设置必要的调整空间和测试点。

（6）散热原则。发热元器件应放在有利于散热的位置或加装散热片。

（7）敏感元件要远离干扰源。有铁芯的电感线圈，应尽量相互垂直放置，且相互远离以减小相互间的磁耦合；尽可能缩短高频元件的连接线，以减小它们的分布参数和相互间的干扰；易受干扰的元件应加屏蔽。

（8）比较大、重的元件，要另加支架或紧固件，不能直接焊在印制电路板上；可调元件布置时，要考虑到调节方便；线路板需要固定的，应留有紧固件的位置，放置紧固件的位置应考虑到安装、拆卸方便；若有引出线，最好使用接插线。

（9）若某些元件或导线间有较大的电位差，应加大它们之间的距离。

（10）对称式的电路，如桥式电路，应注意元件的对称性，尽可能使其分布参数一致。

4．印制导线的设计

布线是按照原理图线路连接要求将元器件通过印制导线连通，这是印制电路板设计中的关键步骤，印制导线设计应遵循以下原则。

扫一扫看印制导线的设计微视频

扫一扫下载印制导线的设计教学课件

1）连接正确

在印制电路板上，没有电气连接关系的导线不能相互交叉，这是在布置印制导线时特别需要注意的问题。利用计算机辅助设计软件绘图可以将失误减到尽可能少的程度。

2）走线简捷

印制导线走线尽可能短、直、平滑，避免急拐弯和尖角出现。特别是高频、高电压电路部分，导线连接处用圆角，避免直角，如表 5.1.5 所示。

表 5.1.5　印制导线走线规则

避免采用						
优先采用						

3）导线宽度适当

在印制电路板中，印制导线的主要作用是连接焊盘和承载电流，它的宽度主要由流过导线的电流决定。根据经验值，印制导线的载流量可按 20 A/mm^2（电流/导线截面积）计算，即当铜箔厚度为 0.05 mm 时，1 mm 宽的印制导线允许通过 1 A 电流，如表 5.1.6 所示。

表 5.1.6　导线宽度与载流量（铜箔厚度为 0.05 mm）

导线宽度（mm）	1	1.5	2	2.5	3	3.5	4
允许流过的最大电流（A）	1	1.5	2	2.5	3	3.5	4

对于集成电路的信号线，导线宽度可以选 0.2～1 mm，电源线、地线及大电流的信号线要适当加宽，一般地线宽度为信号线的 2 倍，布设在 PCB 板的边缘。在设计高频电路时，为减小引线电感和接地阻抗，防止自激，地线应有足够的宽度，必要时可采用大面积接地的方法。

4）导线的间距适当

印制导线之间的距离将直接影响电路的电气性能，导线之间的间距必须满足电气安全要求，需考虑导线之间的绝缘强度、相邻导线之间的峰值电压、电容耦合等参数。为了便于操作和生产，间距在估算基础上应尽量宽些。印制导线的间距可根据布线的实际情况并参考表 5.1.7 进行设计。

表 5.1.7　导线间距与承受电压的关系

导线间距（mm）	0.5	1	1.5	2	3
工作电压（V）	100	200	300	500	700

5）合理使用跨接线

在单面印制电路板设计中，有些线路无法连接时，常会用到跨接线（也称飞线），跨接线有长有短，会给生产带来不便。因此，设计跨接线时，其长度类别越少越好。

6）减少分布参数

当双面 PCB 板布线时，两面的导线宜相互垂直、斜交或弯曲走线，避免相互平行，以减小寄生耦合。

5．焊盘和孔的设计

扫一扫看焊盘和孔的设计微视频

扫一扫下载焊盘和孔的设计教学课件

1）焊盘的尺寸

焊盘是焊接元件的地方，元件的一根引线只能对应一个焊盘，不允许一个焊盘焊接多个元件引线。焊盘之间是由印制导线连接起来的。每个焊盘中心都钻有引线孔，孔径要比所插入元件引线的直径略大些，但不要过大，否则焊锡易从引线孔中流过而损坏被焊元件。元件引线孔的直径优先采用 0.5 mm、0.8 mm、1.0 mm、1.2 mm 等规格，如表 5.1.8 所示。

表 5.1.8　钻孔直径与焊盘尺寸的关系

钻孔直径（mm）		0.4	0.5	0.6	0.8	0.9	1.0	1.2	1.6	2.0
焊盘最小直径（mm）	Ⅰ级	1.2	1.2	1.3	1.5	1.5	2.0	2.5	2.5	3.0
	Ⅱ级	1.3	1.5	1.5	2.0	2.0	2.5	3.0	3.5	4.0

2）焊盘的形状

常见焊盘的形状如图 5.1.8 所示。

（a）圆形

（b）岛形

（c）泪滴形

（d）多边形

（e）椭圆形

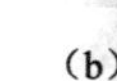
（f）方形

（g）开口形

图 5.1.8　焊盘的形状

圆形焊盘：广泛应用于元件规则排列的单双面板中。若板的密度允许，焊盘可大些，焊接时不至于脱落。

岛形焊盘：将焊盘与焊盘间的连接线合为一体，常用于立式不规则排列的安装中。如收

音机电路板。

泪滴形焊盘：当焊盘连接的走线较细时常采用泪滴式焊盘，常用在高频电路中，利于减少传输损耗，提高传输速率，也能防止焊盘和导线连接的地方起皮、断线。

多边形焊盘：用于区别外径接近而孔径不同的焊盘，便于加工装配。

椭圆形焊盘：这种焊盘有足够的面积增强抗剥强度，常用于双列直插式器件。

方形焊盘：当印制板上的元器件体积大、数量少且印制线路简单时，多采用方形焊盘，在手工自制 PCB 时常用这种焊盘。

开口形焊盘：常用在波峰焊后不被焊锡封死且需要进行手工补焊的焊盘。

3）孔的设计

引线孔：引线孔即焊盘孔，有金属化孔和非金属化孔之分。引线孔有电气连接和机械固定双重作用。引线孔过小，元器件引脚安装困难，焊锡不能润湿金属孔；引线孔过大，容易形成气泡等焊接缺陷。

过孔：过孔也称连接孔。过孔均为金属化孔，主要用于不同层间的电气连接。一般电路过孔直径可取 0.6～0.8 mm，高密度板可减小到 0.4 mm，甚至用盲孔方式，即过孔完全用金属填充。孔的最小极限受制版技术和设备条件的制约。

安装孔：安装孔用于大型元器件和印制板的固定，安装孔的位置应便于装配。

定位孔：定位孔主要用于印制板的加工和测试定位，可用安装孔代替。

5.1.4 印制电路板的制作流程

制作印制电路板常用的方法有：热转印制版、曝光制版、雕刻制版和工业级制版等。热转印制版方法简单、快捷且价格低廉，主要应用于各大专院校、科研院所、工厂技术部门试制研发等，适用于少量制版。下面介绍热转印制版的工艺流程。

扫一扫看热转印制版的工艺流程视频

1．下料

根据电路的电气功能和使用的环境选取合适厚度、材质的覆铜板，裁成需要的形状和尺寸，并用锉刀或砂纸将四周打磨平整、去除毛刺。清洗覆铜面，去除表面的污物，最后用布擦拭干净，如图 5.1.9 所示。

扫一扫下载热转印制版的工艺流程教学课件

2．热转印

用 Protel、CAD 或其他制图软件绘制电路图，用激光打印机将电路图打印在热转印纸上，再用热转印机（见图 5.1.10）将印制电路板图转印到覆铜板上。转印后的覆铜板如图 5.1.11 所示。若转印后线路有少量缺陷，如断线、转印不完全等，可用油性记号进行描图补漆。

图 5.1.9　裁好的覆铜板

图 5.1.10　热转印机

注意：转印设备需提前开机预热，转印后如有断线、空心，可用油性记号笔填涂处理。

3. 腐蚀

将印有线路的覆铜板放入盛有腐蚀液（三氯化铁或过硫酸钠）的腐蚀箱中，如图 5.1.12 所示。为了加快腐蚀速度可增加腐蚀液的浓度并加温，但温度不宜超过 50 ℃，否则会使线路脱落。

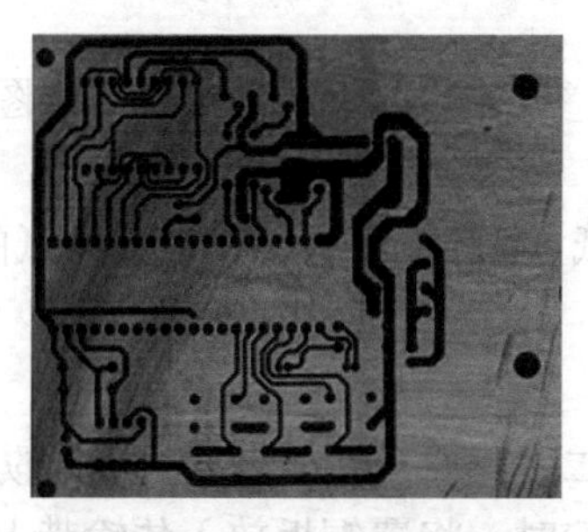

图 5.1.11　转印后的覆铜板

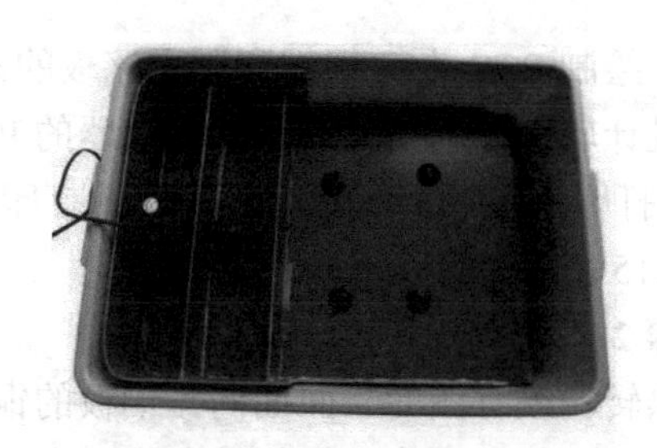

图 5.1.12　腐蚀箱

注意：腐蚀过程中要有人看管，时间不宜过长，待板面上除线路和焊盘外全部腐蚀掉后，立即将电路板从腐蚀液中取出，防治腐蚀过渡使线路脱落。

4. 清洗、去膜、修板

从腐蚀液中取出腐蚀好的电路板应立即用清水冲洗干净，否则残存的腐蚀液会继续腐蚀线路。冲洗用的清水最好是流动的，冲洗干净后将线路板擦干。

用沾有油墨清洗剂的棉球擦掉线路上的油墨，这时铜箔电路就显露出来了，之后一定要再用清水冲洗干净，以免化学药物对人皮肤产生伤害。

将腐蚀好的线路板再一次与原图对照，用刻刀修整焊盘和导线的边缘，使其平滑无毛刺。

5. 钻孔

使用 PCB 台钻（见图 5.1.13）钻孔，孔一定要钻在焊盘的中心，且垂直板面，孔应光洁、无毛刺。

6. 涂助焊剂

将钻好孔的线路板放入 5%～10%稀硫酸溶液中浸泡 3～5 min，进行表面处理。取出后用清水冲洗，然后将铜箔表面擦至光洁明亮为止。最后将电路板烘烤至烫手时即可喷涂助焊剂，图 5.1.14 为制作完成的印制电路板。

图 5.1.13　PCB 台钻

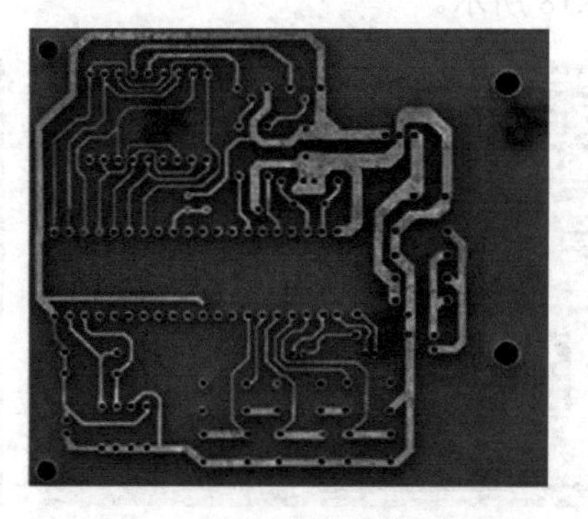

图 5.1.14　制作完成的印制电路板

任务实施

步骤 1：准备工作。

（1）下料。选取铜箔厚度为 50 μm 的单面覆铜板，裁成 5 cm×4 cm 的长方形，并清洗板面备用。

（2）绘制 PCB 图。根据印制电路板的设计原则，参照图 5.1.1 所示电路原理图，用计算机辅助设计软件绘制出物体流量计数器的 PCB 图。

（3）打印图形。将绘制好的 PCB 图打印在热转印纸上，图形要打印在热转印纸的光滑面，如图 5.1.15 所示。

步骤 2：热转印图形。

将热转印纸有图的一面面向覆铜板的铜箔面，将二者贴合并用纸胶带固定，防止移位。热转印机提前开机预热，待热转印机温度上升至 180 ℃时，将覆铜板放入传输带上进行热转印。转印结束后，将转印纸撕下，检查覆铜板上的图形是否完整，有无断线或砂眼，若有，可用油性记号笔将图补完整，如图 5.1.16 所示。

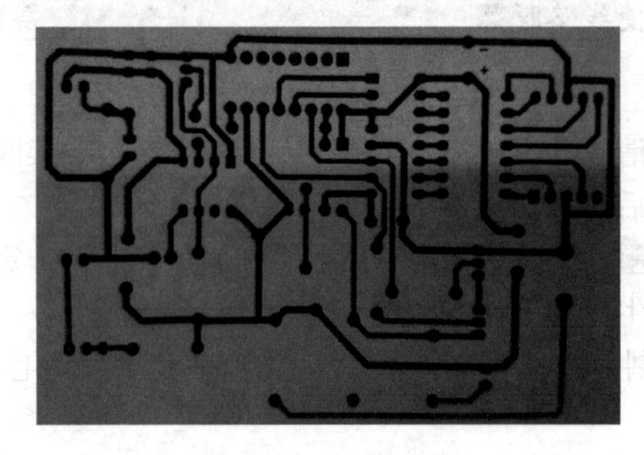

图 5.1.15　打印图形

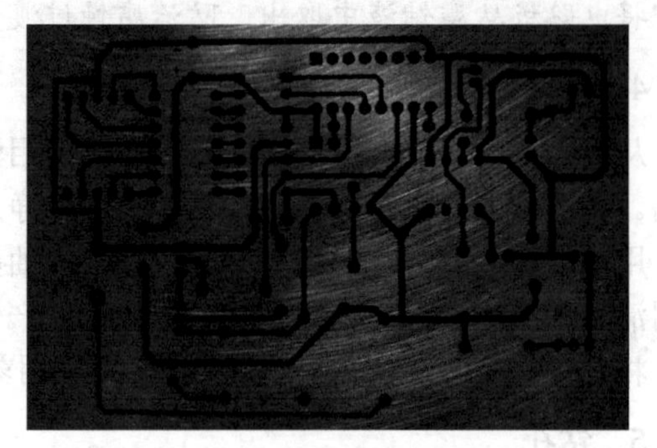

图 5.1.16　热转印后的覆铜板

步骤 3：腐蚀电路板。

将覆铜板放入腐蚀箱中腐蚀。注意在板边缘打安装孔，穿入带绝缘皮的导线，以方便从溶液中取出板子，腐蚀完成的电路板如图 5.1.17 所示。

步骤 4：清洗、去膜、修版。

当覆铜板被腐蚀好后，先用清水冲洗，然后用油墨清洗剂擦洗板子，露出光亮的印制导线，如图 5.1.18 所示。

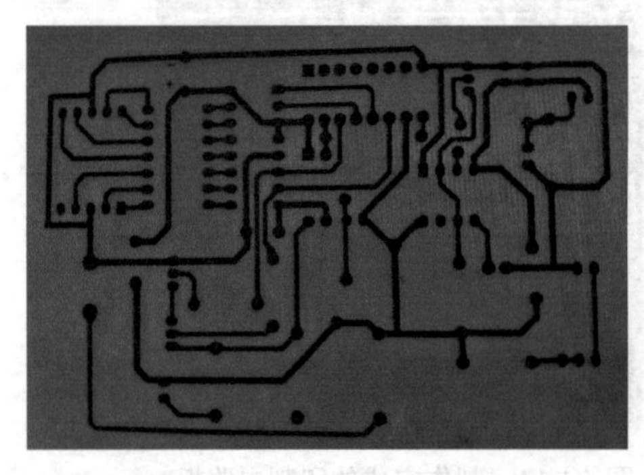

图 5.1.17　腐蚀完成的电路板

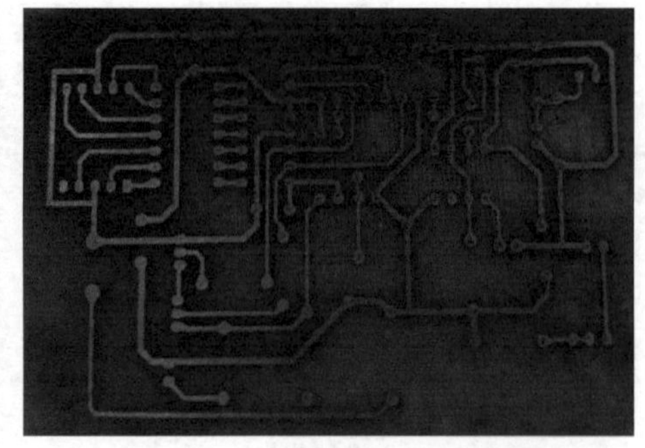

图 5.1.18　清洗后的印制电路板

步骤5：打孔。

用0.8 mm钻头打孔。

步骤6：涂助焊剂。

任务评价

教师对学生进行考核和评价，选出优秀作品进行展示和点评。总结学生在任务完成过程中出现的问题，帮助学生完善知识、提升技能。填写考核评价表5.1.9。

表5.1.9　考核评价

考核内容		分值	得分
知识自评（20分）	1. 印制板的对外连接方式有三种________、________、________。 2. 在PCB设计中，当铜箔厚度为0.05 mm时，1 mm宽印制导线的载流量为________。间距为1 mm的印制导线能承受的最大电压为________。 3. 简述印制电路板元器件布局的基本原则。 4. 简述印制导线的布线原则。 5. 简述手工制作印制电路板的步骤。	20分	
技能考评（60分）	1. 元器件的布局	20分	
	2. 印制导线的设计	20分	
	3. 印制电路板的制作	20分	
职业素养（20分）	1. 出勤和纪律	5分	
	2. 正确使用仪器设备，安全用电、规范操作	10分	
	3. 整理工作台面，及时清扫地面，维护整洁有序的工作环境	5分	
总分			

任务小结

1. 手工热转印制作印制电路板的步骤是：下料、热转印、腐蚀、清洗、去膜、打孔、涂助焊剂。

2. PCB的分类：按布线层次分为单面板、双面板和多层板三类；按基材的性质分为刚性印制板和挠性印制板两大类。

3. 印制电路板的设计主要包括：板材的选择、对外连接方式的选择、元器件的布局、插装方式的选择、印制导线的设计、焊盘和孔的设计等内容。

4. 印制导线的设计原则是：连接正确、走线简洁、宽度适当、间距适当、合理使用跨接线、减少分布参数。

任务 5.2　物体流量计数器的装配与调试

任务提出

在任务5.1制作的印制电路板上完成物体流量计数器的装配，并进行调试。当有物体经过时，数码管显示值依次加1，当数值达到9时触发声光报警，并进入新的计数周期。物体流量计数器的电路板及元器件套件，如图5.2.1所示。

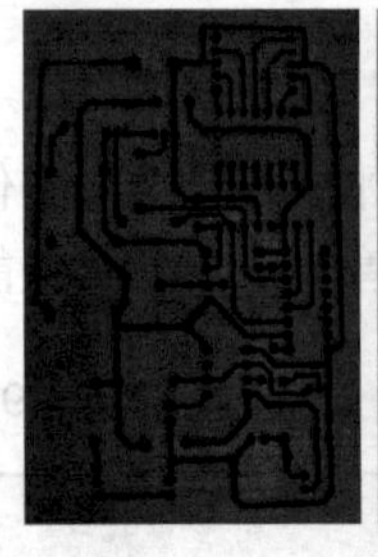
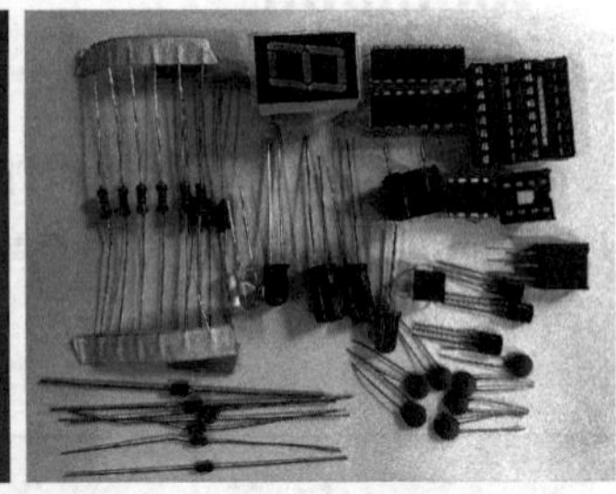

图5.2.1　物体流量计数器的电路板及元器件套件

任务导学

任务5.2	物体流量计数器的装配与调试	建议学时	4学时
材料与设备	电烙铁、焊锡丝、元器件、偏口钳、直流稳压电源、万用表、示波器		
任务分析	本任务通过装配、调试物体流量计数器电路板，学习电子产品的调试方法以及排除电路故障的方法。 本任务涵盖2个知识点：知识点1介绍电子产品调试的流程；知识点2介绍故障查找和故障排除的方法。 在任务实施环节，将所学的知识应用于实践，通过调试电路板，提升操作技能，提高解决问题的能力		
知识目标	1．掌握电子产品调试的方法。　2．了解电子产品调试中常用的仪器仪表。 3．掌握故障查找和故障排除的方法		
能力目标	1．能够根据原理图和装配图完成电路板的装配。 2．能够调试电路板，并排除电路中的故障		
素质目标	1．培养认真、细致的工作作风。　2．做到安全用电、规范操作 3．维护整洁、有序的工作环境		
重点	1．电子产品调试的方法。　2．故障查找和故障排除的方法		
难点	1．信号采集单元的调试和排故。　2．报警单元的调试和故障排除		

知识准备

扫一扫下载电子产品调试教学课件

5.2.1　电子产品的调试流程与仪器

电子产品是由众多的元器件组成的，由于各元器件的性能、参数具有很大的离散性，再加上生产过程中其他随机因素的影响，使得装配完成的电子产品在性能方面有较大的差异，通常达不到设计规定的功能和性能指标，这就需要装配完成后进行产品的调试。调试既是保证并实现电子产品功能和质量的重要工序，又是发现电子产品设计缺陷和工艺缺陷的重要环节。

调试工作包括调整和测试两个方面。调整主要是对电路参数而言，即对产品内可调元器件（如可变电阻器、微调电容器、电感线圈的可调磁芯等）及与电气指标有关的部分进行调整，使之达到预定的性能指标和功能要求。测试则是在调整的基础上，用规定精度的测量仪表对单元电路板和整机的各项技术指标进行测试，以此判断被测产品的技术指标是否符合设

计规定的要求。

1．调试工作的内容

调试工作的内容有以下几方面：

（1）正确合理地选择和使用测试所需的仪器、仪表。

（2）严格按照调试工艺文件的规定，对单元电路板或整机进行调整和测试，完成后按照规定的方法紧固调整部位。

（3）排除调试中出现的故障，并及时做好记录。

（4）对调试数据进行认真的分析与处理，编写出调试工作总结，提出改进意见。

对于简单的小型整机（如稳压直流电源、半导体收音机等），在装配完成后可直接进行整机调试；对于结构复杂的整机，通常先对单元电路板进行调试，达到要求后，再进行整机装配，最后进行整机调试。对于大量生产的电子整机，调试工作一般在装配流水线上按照调试工艺卡的规定进行。比较复杂的大型设备可先在生产现场进行部分调试或粗调工作，然后再在总装现场进行最后安装及全面调试。

2．电子产品的调试流程

由于电子产品的种类繁多、电路复杂，内部单元电路的种类、要求和技术指标也不相同，所以调试程序也不尽相同。但对一般电子产品来说，调试过程大致如下。

1）电源调试

比较复杂的电子产品都有独立的电源电路，它是其他单元电路和整机工作的基础。因此一般先对电源电路进行调试，正常后再进行其他项目的调试。电源部分通常是一个独立的单元，电源电路通电前应检查电源变换开关的挡位是否正确、输入电压是否在允许范围内、是否已装入符合要求的保险丝等。通电后，应注意有无放电、打火、冒烟现象，有无异常气味，触摸电源变压器绝缘部位看有无超常温升。若有异常现象，应立即断电检查，待正常后，方可进行电源调试。电源电路的调试通常先在空载状态下进行，其目的是防止因电源未调好而引起负载部分的电路损坏。

电源部分的调试内容主要是测试各输出电压是否达到设计值，电压波形有无异常，电压调节后是否符合设计要求等。空载调试正常后进行加载调试，即将电源加上额定负载，再测量各电压值，观察波形是否符合要求，当达到要求后，应固定可调元器件的位置。

2）单元电路的调试

电源电路调试结束后，再按单元电路依次进行调试（批量生产时，有的单元电路调试不用电源电路供电，而用直流稳压电源供电）。调试时，应先测量和调整静态工作点，然后进行其他各参数的调整，直到各部分电路均符合技术文件规定的指标为止。

3）整机调试

各单元电路调试好后，便可进行整机装配和整机调试。在整机调试过程中，应对各项参数分别进行测试。整机调试完毕，应紧固各调试元器件。

在对整机装调质量进一步检查后，进行全部参数测试，测试结果均应达到技术指标的要求。

4）环境试验

有些电子设备在调试完成后，需要进行环境试验，以检验在相应环境下的正常工作能力。环境试验有温度、湿度、气压、振动、冲击等试验，应严格按照技术文件的规定执行。

5）整机老化试验

大多数电子整机在调试完成后，均进行整机通电老化试验，目的是提高电子设备工作的可靠性。老化试验应按规定的产品试验条件进行。

6）参数复调

经整机通电老化后，整机各项技术性能指标会有一定程度的变化，通常还需要进行参数复调，使出厂的整机具有最佳的技术状态。

3. 调试仪器

仪器仪表是调试工作的重要工具，在选择仪器仪表时应注意以下原则：

（1）仪器仪表的工作误差应小于被测参数误差的1/10；

（2）仪器仪表的测量范围和灵敏度应符合被测参数的数值范围；

（3）正确选择仪器仪表的输入阻抗，使仪器仪表接入被测电路后，不改变被测电路的工作状态或者接入被测电路后所产生的测量误差在允许范围之内。

下面介绍几种常用的调试仪器。

1）数字万用表或模拟万用表

万用表可以很方便地测量交、直流电压，交、直流电流，电阻值及晶体管 β 值等。特别是数字万用表具有精度高、输入阻抗高、对负载影响小等优点。

2）示波器

用示波器可以测量正弦波、三角波和脉冲波等波形的各种参数。用双踪示波器还可同时观察两个波形的相位关系，这在数字系统中是比较重要的。因为示波器的灵敏度高、交流阻抗高，故对负载影响小。调试中所用示波器的频带一定要大于被测信号的频率。

3）信号发生器

信号发生器可产生正弦波、三角波、方波等多种波形。电路板测试时，常会遇到加信号测量的情况，因此在调试和故障诊断时最好备有信号发生器。

以上三种仪器是调试和故障判别时必不可少的，三种仪器要配合使用，可以提高调试及故障判别的效率。根据被测电路的需要还可选择其他仪器，如逻辑分析仪、频率计等。

5.2.2 故障查找与排除的方法

在电子产品制作中，出现故障是经常的事。通过查找和排除故障对全面提高电子技能水平十分有益。初学者往往在遇到故障后束手无策，因此了解和掌握故障查找与排除的基本方法是十分必要的。

扫一扫下载故障查找与排除方法教学课件

1）观察法

观察法是通过视觉、嗅觉、听觉、触觉来查找故障部位的方法，又分为静态观察法和动态观察法，如表 5.2.1 所示。

表 5.2.1 观察法

方 法	说 明
静态观察法	静态观察法又称为不通电观察法，是在电子线路通电前通过目视检查找出故障，如焊点失效、导线接头断开、电容器漏液或炸裂、接插件松脱、连接点生锈等故障，完全可以通过观察发现。在面包板上接插电路时，接线错误引起的故障占很大比例，如发现电路有故障时，应对照安装接线图检查电路的接线有无漏线、断线和错线，特别要注意检查电源线和地线的接线是否正确，为了避免和减少接线错误，应提前画出正确的安装接线图
动态观察法	动态观察法也称通电观察法。线路通电后，运用人体的视觉、嗅觉、听觉、触觉检查电路故障。通电后，眼要看电路内有无打火、冒烟等现象；耳要听电路内有无异常声音；鼻要闻电路内有无烧焦、烧煳的异味；手要触摸一些功率元件、集成电路是否发烫，发现异常立即断电

2）测量法

测量法又分为电阻法、电压法、电流法和示波器法，如表 5.2.2 所示。

表 5.2.2 测量法

方 法		说 明	注 意 事 项
电阻法	测量电路通断	用于检查电路中是否存在短路、断路、虚接等故障。一般采用万用表电阻挡 $R\times1\ \Omega$或 $R\times10\ \Omega$挡进行测量。如果使用数字万用表，则用蜂鸣挡测量	电阻法测量时要注意：（1）使用电阻法时应在线路断电、大电容器放电的情况下进行，否则结果不准确，还可能损坏万用表；（2）在检测低电压供电的集成电路（≤5 V）时避免用模拟万用表的 $R\times10\ k\Omega$挡；（3）在测量电阻值时，如果是在线测量，还应考虑被测元器件与电路中其他元器件的等效并联对结果的影响，需要准确测量时，元器件的一端必须与电路断开
	测量电阻值	用于检查电路中元件的电阻值是否正确；检查电容器是否断线、击穿和漏电；检查半导体器件是否击穿、断开及各 PN 结的正反向电阻值是否正常等。检查二极管和三极管时，一般用万用表的 $R\times100\ \Omega$或 $R\times1\ k\Omega$挡进行测量。在检查大容量电容器（如电解电容器）时，应先用导线将电解电容器的两端短路放电后再进行测量	
电压法	直流	用直流电压挡测量直流电压值	在电子产品调试中，电压法是最常采用的方法
	交流	用交流电压挡测量交流电压值	
电流法	直接测量	直接将电流表串联在欲测的回路中进行测量。测量电路总电流时，可将电流表并联在总开关的两端（开关断开）进行测量	采用电流法检测故障，应对被测电路的正常工作电流做到心中有数。一方面可通过电路分析、产品说明书、元件手册查询，另一方面可通过实践经验大致判断。例如一般的运算放大器，TTL 电路的静态工作电流不超过几毫安，CMOS 电路则在毫安级以下
	间接测量	先测量电压和电阻，再通过欧姆定律计算出电流值。这种方法快捷方便，但如果测量点的元器件有故障则不容易准确判断	
示波器法		用示波器测量电路中关键点的波形、幅度、宽度及相位，与理论分析或维修资料给出的标准波形进行比较，从中发现故障所在，这种方法就称为示波器检测法。 应用示波器对故障点进行检测是比较理想的检测方法，它具有准确、迅速等优点	示波器与信号源配合使用，就可以进行跟踪测量，在条件允许的情况下，使用示波器法往往可以比仅使用万用表检测更容易判断出故障点所在

3）替换法

替换元器件时一般都需拆焊，操作比较麻烦且容易损坏周边电路或印制板，因此替换元

器件法一般只作为其他检测方法均难以判别故障时才采用的方法。对怀疑有故障的元器件，可用一个完好的元器件替代，置换后若电路工作正常，则说明原有元器件存在故障。

用于替换的部件与原部件必须型号、规格一致，或者主要性能、功能兼容。替换要单独试验，不要一次换多个元件或部件。

4）分割法

为了准确地找出故障发生的部位，还可通过拔去某些部分的插件和切断部分电路之间的联系来缩小故障范围，分隔出故障部分。如发现电源负载短路可分区切断负载，检查出短路的负载部分；或通过关键点的测试，把故障范围分为两个部分或多个部分，通过检测排除或缩小可能的故障范围，找出故障点。采用上述方法，应保证拔去或断开部分电路不至于造成关联部分的工作异常。

扫一扫下载物体流量计数器的焊接与调试教学课件

任务实施

步骤1：电路板的装配。

（1）根据元器件清单清点元器件。

（2）元器件的识别和检测。

（3）元器件引线成型。

（4）根据装配图插装、焊接元器件，先焊接较低的元件，再焊接较高的元件。

装配完成的电路板如图5.2.2所示。

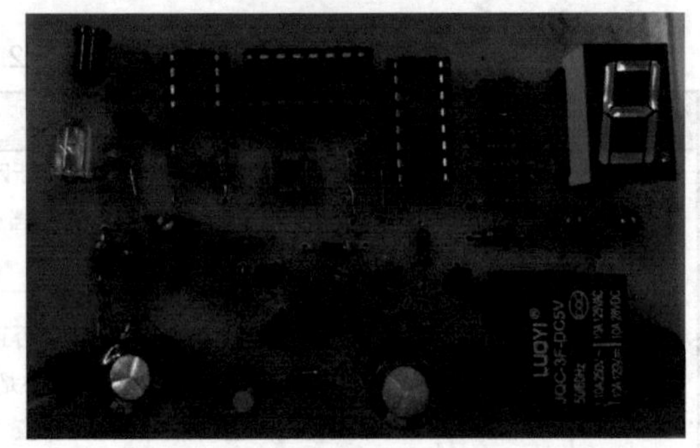

图5.2.2　物体流量计数器电路板

步骤2：调试前的准备。

（1）小组讨论，根据产品的结构和工作原理，制定调试的步骤和方法。确定关键的测试点，从理论上分析各个测试点的电压或波形。

（2）准备调试工具：万用表、示波器、直流稳压电源。

（3）检查电路板有无短路、断路、桥连、漏焊、虚焊等故障。

（4）接通电源，观察电路板有无冒烟现象、有无异常声响、有无火花，用手触摸元器件有无发烫现象。如出现以上现象，立即切断电源。

步骤3：电源的调试。

（1）接通电源，检测电源模块的输出电压。

（2）检测555集成电路、CD4518计数芯片、CD4511驱动芯片的电源电压是否正常。

步骤4：信号采集、放大和整形电路的调试。

（1）检测红外接收二极管两端的电压。在有物体经过时，接收二极管两端的电压应出现高低电平的变化。如果没变化，则调节RP_1的阻值，检测发射二极管和接收二极管是否击穿或接反，检测是否有断路的地方。

（2）检测三极管VT_2的集射极电压。在有物体经过时，该电压应出现高低电平的变化。

（3）用示波器观测555集成电路的输出端，在有物体经过时，应出现脉冲波。

步骤5：计数单元的调试。

（1）检测时钟端和允许计数端的电平状态。若硬件设计为上升沿计数，则允许输入端

ENABLE 应为高电平。

（2）检测 CD4518 计数芯片的输出端，有物体经过时，4 位 BCD 码输出端的电平应发生变化。如没有变化，则检测线路是否松动或接触不良。

（3）按下复位键，输出端应全部变为低电平，否则检查复位电路。

步骤 6：数码管驱动单元的调试。

（1）根据电路原理图的接线，检测 CD4511 驱动芯片的 3 脚、4 脚、5 脚的电压。

（2）检测 CD4511 的输入端和 CD4518 之间的线路是否连通。

（3）检测 CD4511 的输出端，当有物体经过时，输出端的电平应发生变化。

步骤 7：显示单元的调试。

（1）检测数码管的公共端，应为低电平。

（2）检测数码管和 CD511 驱动芯片之间的线路是否连通。

（3）按下连接 CD4518 计数芯片的复位键，数码管应显示 0。

（4）当有物体经过时，数码管显示的数值应依次加 1。

步骤 8：报警单元的调试。

当数码管显示 9 时，蜂鸣器应报警；如不报警则按如下步骤调试：

（1）在数码管显示 9 时，检测 CD4518 驱动芯片的 11 引脚和 14 引脚应为高电平。检测 VT_3 和 VT_4 的基极应为高电平。

（2）在数码管显示 9 时，分别检测 VT_4 和 VT_3 的集射极电压，应低于 1 V。

（3）如蜂鸣器一直报警，则考虑三极管击穿或接反。

任务评价

教师对学生进行考核和评价，选出优秀作品进行展示和点评。总结学生在任务完成过程中出现的问题，帮助学生完善知识、提升技能。填写考核评价表 5.2.3。

表 5.2.3　考核评价

考核内容		分值	得分
知识自评（20 分）	1．调试工作包括________和________两个方面。 2．常用的调试仪器包括__________、__________、__________、________、__________等。 3．简述电子产品调试的流程。 4．故障查找与排除的常用方法有________、________、______。 5．测量法包括________、________、________、________	20 分	
技能考评（60 分）	1．印制电路板的装配	25 分	
	2．电路板的故障查找与排除	20 分	
	3．调试电路板，实现任务规定的功能	15 分	
职业素养（20 分）	1．出勤和纪律	5 分	
	2．正确使用仪器设备，安全用电、规范操作	10 分	
	3．整理工作台面，及时清扫地面，维护整洁有序的工作环境	5 分	
总分			

任务小结

1. 电子产品调试的流程是：电源调试、单元电路调试、整机调试、整机性能指标的测试、环境试验、整机老化试验、参数复调。

2. 常用的调试仪器有：数字万用表或模拟万用表、示波器、信号发生器、逻辑分析仪、频率计等。

3. 查找故障常用的方法有：观察法、测量法、替换法、分割法。

4. 观察法是通过视觉、嗅觉、听觉、触觉来查找故障部位的方法，又分为静态观察法和动态观察法。

5. 测量法又分为电阻法、电压法、电流法和示波器法。

整机装配与调试是电子产品生产过程中的重要环节。本项目以石家庄数英仪器有限公司生产的 TFG1905B 函数信号发生器为载体，以企业真实的工艺文件为指导，带领学生完成产品的整机装配，并进行整机调试，使其达到设计规定的技术指标和功能要求。

任务 6.1　函数信号发生器的整机装配

任务提出

整机装配就是将组件以及零、部件按预定的设计要求装配在机箱，再用导线将它们之间进行电气连接，它是电子产品总装过程中的一个重要的工艺过程。本任务要求对 TFG1905B 函数信号发生器进行装配，在装配的过程中，了解仪器内部各组件以及零部件的组成结构，并严格按照作业指导书和工艺规程操作，保证产品的质量。

任务导学

任务 6.1	函数信号发生器的整机装配		建议学时	4 学时
材料与设备	恒温焊台、焊锡丝、偏口钳、尖嘴钳、十字螺丝刀、一字螺丝刀、TFG1905B 函数信号发生器各组件			
任务解析	本任务通过装配石家庄数英仪器有限公司的 TFG1905B 函数信号发生器，使学生了解本款仪器的内部组成结构及各组成部分的功能，熟悉电子产品整机装配的流程。 本任务涵盖 2 个知识点：知识点 1 介绍电子产品总装的基本要求和工艺流程；知识点 2 介绍整机装配的工艺规范和整机装配的检验工艺。 在任务制作环节，综合利用所学知识，使用各种工具，依照工艺文件对整机进行装配和检验，完成整机装配工作的全过程			
知识目标	1．掌握整机装配的工艺规范。	2．掌握整机装配的检验工艺		
能力目标	1．能依照组装作业指导书完成整机装配。	2．能依照装配工艺规范检查装配的产品是否合格		
素质目标	1．培养认真、细致的工作作风。 3．维护整洁、有序的工作环境	2．做到安全用电、规范操作。		
重点	1．整机装配的工艺规范。	2．整机装配的检验工艺		
难点	1．严格依照装配作业指导书进行操作。	2．装配过程中对工艺文件的理解		

知识准备

扫一扫看电子产品总装的基本要求微视频

扫一扫下载电子产品总装的基本要求教学课件

6.1.1　电子产品的总装要求和工艺流程

1．电子产品总装的基本要求

电子产品总装包括机械装配和电气装配两大部分的工作。具体地说，总装的内容包括将各零件、部件、整件按照设计要求，安装在不同的位置上组合成一个整体，再用导线将元器件、部件之间进行电气连接，完成一个具有一定功能的完整机器，以便进行整机调整和测试。

总装的连接方式可以归纳为两大类：一类是可拆卸的连接，即拆散时不会损伤任何零件，它包括螺钉连接、柱销连接、夹紧连接等；另一类是不可拆连接，即拆散时会损坏零件或材料，它包括锡焊连接、胶粘连接、铆钉连接等。

电子产品总装的基本要求有以下几方面：

（1）总装前组成整机的所有装配件必须经过调试、检验，未经检验合格的装配件不允许投入生产线安装，已检验合格的装配件必须保持清洁。

（2）要认真阅读安装工艺文件和设计文件，严格遵守工艺规程，总装完成后的整机应符合图纸和工艺文件的要求。

（3）严格遵守总装的工艺顺序，注意前后工序的衔接，防止前后顺序的颠倒。

（4）在总装过程中，注意不损伤元器件和零部件，避免碰伤机壳、元器件和零部件的表面涂覆层，不破坏整机的绝缘性；保证安装件的方向、位置、极性的正确，保证产品的电性能稳定，并有足够的机械强度和稳定度。

（5）批量生产的产品，应在流水线上按工位进行装配。每个工位除按工艺要求操作外，还要求工位的操作人员熟悉安装要求和熟练掌握安装技术，保证产品的安装质量，严格执行自检、互检与专职调试检验的“三检”原则。总装中每一个阶段的工作完成后都应自行检验，分段把好质量关，从而提高产品的一次通过率。

扫一扫看电子产品整机装配的工艺流程微视频

2. 电子产品总装的工艺流程

总装的形式应根据产品的性能、用途和总装数量决定，各厂所采用的作业形式不尽相同。在工业化生产条件下，产品数量较大的总装过程是在流水线上进行的，以取得高效、低耗、一致性好的结果。

电子产品总装的工艺流程为:零部件的配套准备—整机装配—整机调试—合拢总装—整机检验—包装—入库或出厂。

扫一扫下载电子产品整机装配的工艺流程教学课件

1）零部件的配套准备

电子产品在总装之前，应该对装配过程中所需的各种装配件（包括单元电路板）和紧固件等从数量的配套和质量的合格两个方面进行检查和准备，并准备好整机装配与调试中的各种工艺文件、技术文件，以及装配所需的仪器设备。

2）整机装配

整机装配是将合格的单元功能电路板及其他零部件，通过螺钉连接、铆钉连接和胶粘连接等工艺，安装在规定的位置上。在整机装配过程中，各工序除按工艺要求操作外，还应严格进行自检和互检，并在装配过程的一定阶段设置相应的专检工序，分段把好质量关，以提高整机生产的一次合格率。

3）整机调试

整机调试包括调整和测试两部分工作，即对整机内可调部分进行调整，并对整机的电性能进行测试。各种电子整机在装配完成后，进行电路性能指标的初步调试，调试合格后再把面板、机壳等部分进行合拢总装。

4）整机检验

整机检验应按照产品的技术文件要求进行，检验整机的各种电气性能、机械性能和外观等。通常按以下几个步骤进行：

（1）对总装的各种零部件进行检验。检验应按规定的有关标准剔除废品和次品，做到不合格的材料和零部件不投入使用。

（2）工序间的检验。后一道工序的工人检验前一道工序工人加工的产品质量，不合格的产品不流入下一道工序。

（3）电子产品的综合检验。电子整机产品全部装配完成后，要进行全面的检验。一般是先由车间检验员对产品进行电气、机械方面全面的检查，认为合格的产品，再由专职检验员按比例进行抽样检验，全部产品检验合格后，电子整机产品才能进行包装、入库。

5）包装

包装是电子整机产品总装过程中，起保护产品、美化产品及促销的重要环节。电子总装产品的包装，通常着重于方便运输和储存两个方面。

6）入库和出厂

合格的电子整机产品经过合格的包装，就可以入库储存或直接出厂运往需求部门，从而完成整个总装过程。

扫一扫看函数信号发生器整机装配微视频

6.1.2 整机装配的工艺规范

整机装配就是将组件以及零部件按预定的设计要求装配在机箱里，再用导线将它们之间进行电气连接，它是电子产品总装中一个重要的工艺过程。

1. 整机装配的基本顺序

电子设备整机装配的基本顺序是：先轻后重、先小后大、先装后焊、先里后外、先平后高，上道工序不得影响下道工序。

扫一扫下载函数信号发生器整机装配教学课件

2. 整机装配的工艺要求

（1）严格按照设计文件和工艺规程操作，保证实物与装配图一致。

（2）交给该工序的所有材料和零部件均应经检验合格后方可进行安装，安装前应检查其外观、表面有无伤痕，涂敷有无损坏。

（3）机械安装件的安装位置要摆正，方向要对，不歪斜。

（4）当安装处是金属面时，应采用钢垫圈，以减小连接件表面的压强。仅用单一螺母固定的部件，应加装止动垫圈或内齿垫圈防止松动。

（5）机械零部件在安装过程中不允许产生裂纹、凹陷、压伤和可能影响产品性能的其他损伤。

（6）安装时勿将异物掉入机内，安装过程中应随时注意清理紧固件、焊锡渣、导线头以及元件、工具等异物。

（7）在整个安装过程中，应注意整机面板、机壳或后盖的外观保护，防止出现划伤、破裂等现象。

3. 面板、机壳的装配要求

（1）凡是面板、机壳接触的工作台面，均应放置泡沫塑料或橡胶垫，防止装配过程中划伤其表面。搬运面板、机壳时，要轻拿轻放，不能碰压。

（2）面板、机壳间的插入、嵌装处应完全吻合与密封。

（3）面板上各零部件（操纵和控制元器件、显示器件、接插部件等）应紧固无松动，而其可动部分（橡胶键盘、旋钮等）的操作应灵活、可靠。

（4）面板、机壳内部预留有各种台阶及成形孔，用来安装印制电路板、连接头等其他部

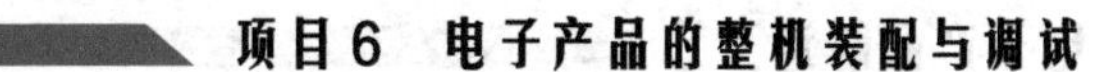

件。装配时应执行先里后外、先小后大的程序。

（5）面板、机壳上使用自攻螺钉时，螺钉尺寸要合适，防止面板、机壳被穿透或开裂。手动或机动旋具应与工件垂直，钮力矩的大小选择要适中。

4．整机装配中的接线工艺

导线的作用是用于电路中的信号和电能传输，接线是否合理对整机性能的影响较大。如果接线不符合工艺要求，轻则影响电路信号的传输质量，重则使整机无法正常工作，甚至会发生整机毁坏。整机装配时接线应满足以下要求：

（1）接线要整齐、美观，在电气性能许可的条件下减小布线面积。

（2）对低频、低增益的同向接线尽量平行靠拢，分散的接线组成整齐的线扎。

（3）连接线的放置要可靠、稳固和安全；连接线要避开锐利的棱角、毛边，避开高温元件，防止损坏导线绝缘层。

（4）传输信号的连接线要用屏蔽线导线，避开高频和漏磁场强度大的元器件，减少外界干扰。

（5）电源线和高电压线的连接一定要可靠、不可受力。

（6）可以使用线管或扎扣对线束进行固定。

任务实施

按照下面的整机装配作业指导书文件要求，完成TFG1905B函数信号发生器的整机装配。

函数信号发生器整机装配作业指导书	发行日期：	文件编号：	
	修订日期：	版次：	页号：1/5

一 、使用工具

电烙铁、螺丝刀、套筒、扳手、镊子等。

二、组装过程

1．准备

准备线材、产品零部件、各种辅料等。

2．前面板组装

（1）组装步骤：面板、按键检查（有无划痕、印字是否完整）→装滤光板→装橡胶键→把显示板装到面板上→安装旋钮帽（粘703胶）→装主板→检查。

（2）用料明细如下：

名　称	用 料 名 称
显示板	BJA5.907.135（BJA7.820.1531A）
主板	BJA5.948.553（BJA7.820.1554BP）

（3）螺钉明细如下：

名称／位置	螺　钉		平垫圈		弹性垫圈		螺　母		焊　片	
	规　格	数量	规格	数量	规格	数量	规格	数量	规格	数量
显示板	自攻螺钉ST3 mm×8 mm	8								

拟制		审核		批准	

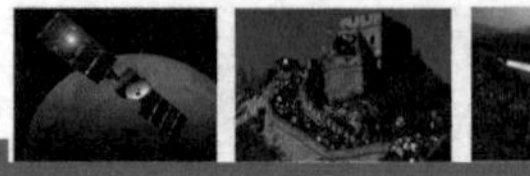

续表

函数信号发生器整机装配作业指导书	发行日期:	文件编号:	
	修订日期:	版次:	页号：2/5

（4）组装过程如下：

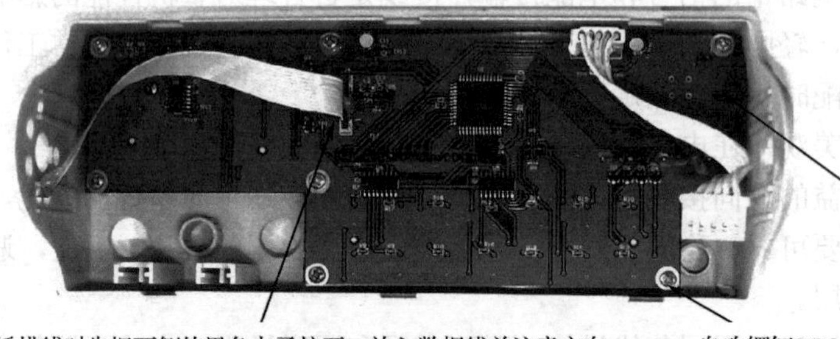
显示板
（注：装显
示板前要先
装橡胶键）
插排线时先把两侧的黑色卡子拉开，放入数据线并注意方向，
使兰色面面向U_1集成电路，插到底后再把卡子推上去把线卡紧
自攻锣钉ST 3 mm×8 mm（8个）

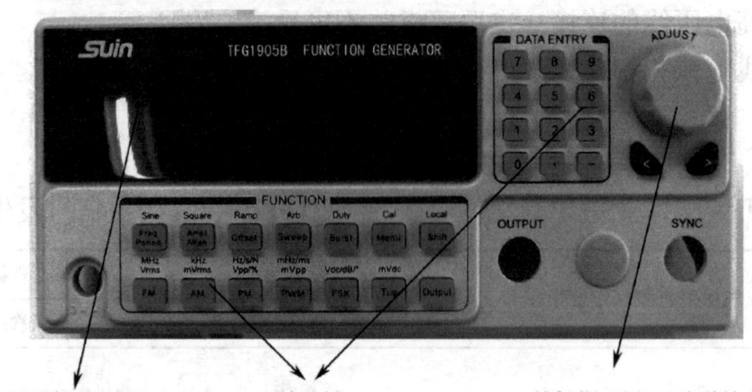
Suin
TFG1905B FUNCTION GENERATOR
DATA ENTRY
ADJUST
FUNCTION
OUTPUT
SYNC

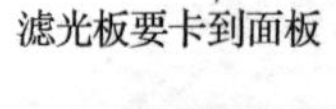
滤光板要卡到面板
橡胶键
旋钮帽（用703胶黏结牢固）

安装主板（BJA7.820.1554B）前，先拆开BNC头上的
螺母和垫圈，再插入前面板，最后安装垫片和螺母

3．后面板组装

（1）组装步骤：后面板检查（有无划痕、印字是否完整）→装转接板→插座/Q9-50KY→贴序列号→检查。

（2）用料明细如下：

拟制		审核		批准	

续表

函数信号发生器整机装配作业指导书	发行日期:	文件编号:	
	修订日期:	版次:	页号：3/5

名　　称	用 料 名 称
转接板	BJA5.948.482（BJA7.820.1540）
插座	插座/Q9-50KY（座/普通）

（3）螺钉明细如下：

名称／位置	螺　　钉		平垫圈		弹性垫圈		螺　　母		焊　　片	
	规　　格	数量	规格	数量	规格	数量	规格	数量	规格	数量
转接板	自带平弹垫圈 M3 mm×8 mm	2								

（4）组装过程如下：

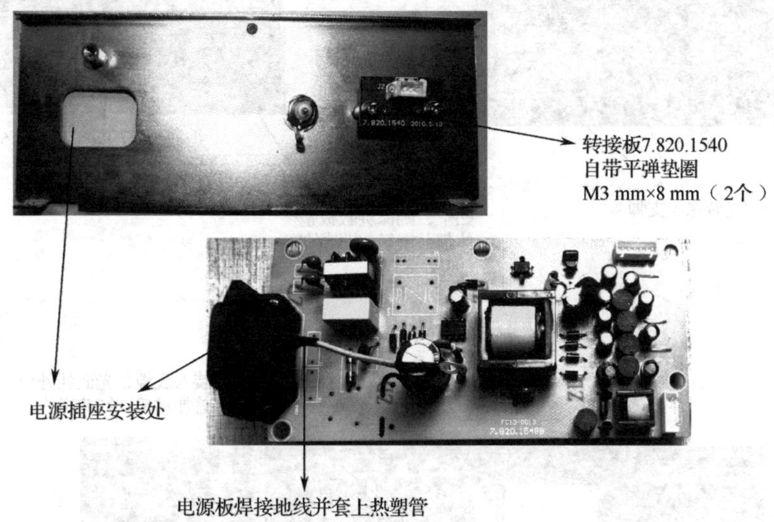

4．整机组装

（1）组装过程：底板加橡胶脚→底板贴屏蔽板→后面板→电源板→前面板→主板（安装到底板）→插线、焊线、扎线→检查。

（2）用料明细如下：

名　　称	用 料 名 称
电源板	BJA5.908.273（BJA7.820.1549BP）
屏蔽板	BJA7.070.531A

（3）螺钉明细如下：

名称／位置	螺　　钉		平垫圈		弹性垫圈		螺　　母		焊　　片	
	规　　格	数量	规格	数量	规格	数量	规格	数量	规格	数量
主板	B型带垫自攻螺钉 M3 mm×8 mm	4								
电源板	B型带垫自攻螺钉 M3 mm×8 mm	5								
后面板与接地点	柱头螺钉 M4 mm×8 mm	1			M4	1			M4	1
后面板与底板	自攻螺螺钉/ST3 mm×6 mm	2								
前面板与底板	沉头螺钉 M3 mm×8 mm	2								

拟制		审核		批准	

续表

函数信号发生器整机装配作业指导书	发行日期:	文件编号:	
	修订日期:	版次:	页号:4/5

(4)组装过程如下:

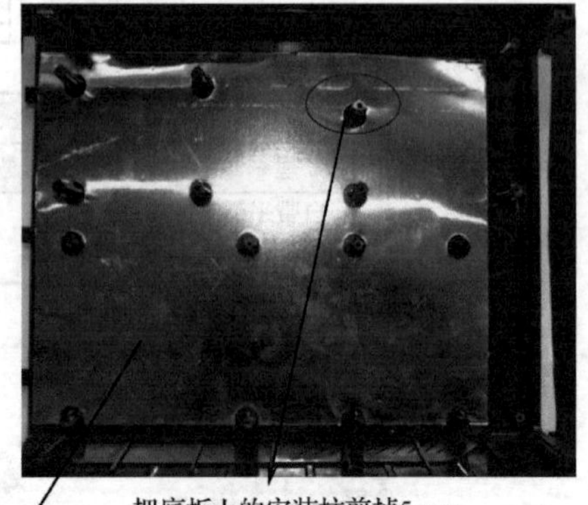

安装橡胶支脚

底板粘贴屏蔽板,在贴膜前应把机壳灰尘擦干净,贴好后按压贴平,确保屏蔽板整体都贴牢靠,四周加502胶

把底板上的安装柱剪掉5 mm

把衬垫装入底板,光面朝外
机壳上盖加衬垫,同此操作

把703黏合剂涂入开关杆,
再插入开关,并注意开关杆头的方向

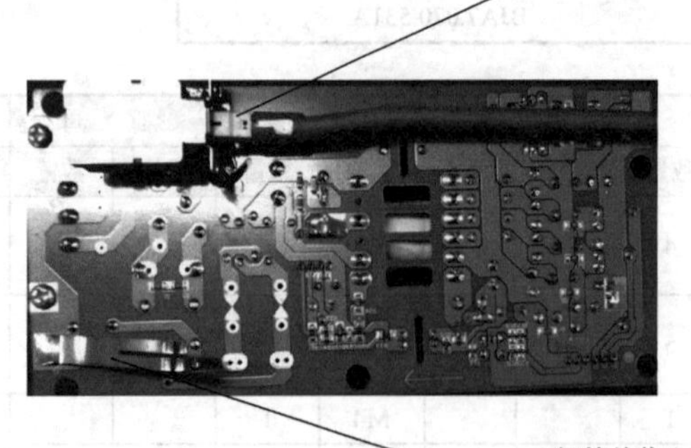

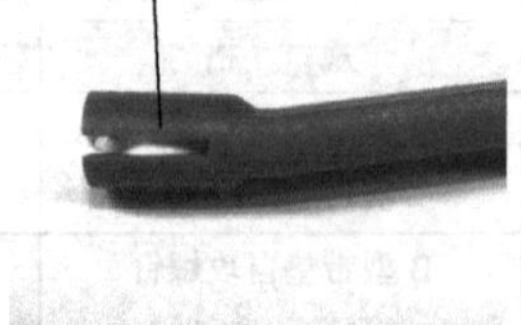

把簧片往上翘一下,
使其与屏蔽板接地良好

拟制		审核		批准	

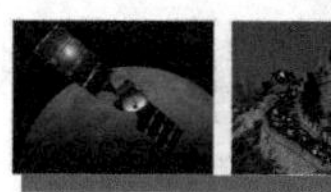

续表

<table>
<tr><td rowspan="2">函数信号发生器整机装配作业指导书</td><td>发行日期：</td><td colspan="2">文件编号：</td></tr>
<tr><td>修订日期：</td><td>版次：</td><td>页号：5/5</td></tr>
<tr><td colspan="4">

安装电源板（详看螺钉明细），将地线固定到接线柱，安装连接线

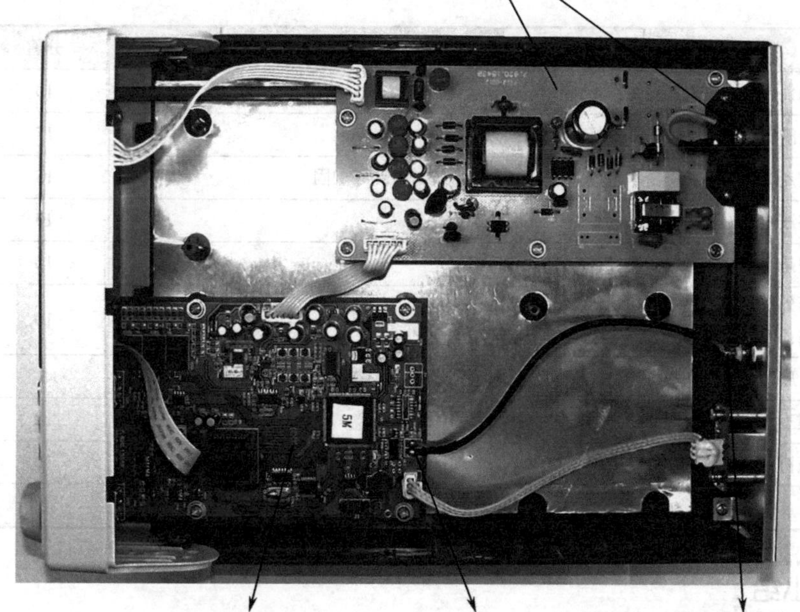

安装主板（详看螺钉明细）、安装连接线

由此方向看，上为电缆线芯，下为接地线

芯对芯，接地线对接地线

（5）总装完成后的整机如下：

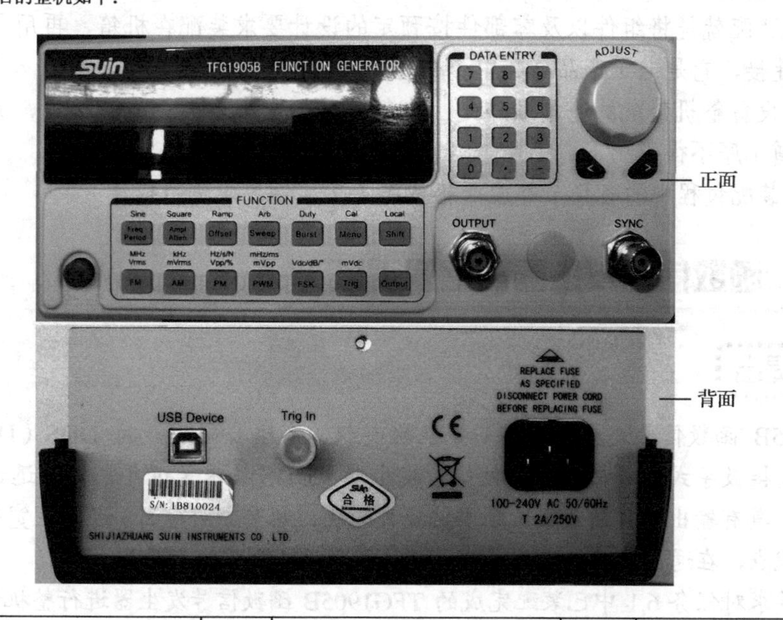

正面

背面

</td></tr>
</table>

拟制		审核		批准	

任务评价

根据表 6.1.1 对整机装配的效果进行考核评价，选出优秀作品进行展示和点评，总结学生在任务完成过程中出现的问题，帮助学生提升技能，并填写得分。

表 6.1.1　考核评价

序号	评 价 指 标	分值	得分
1	正确使用仪器仪表，安全用电、规范操作	10	
2	组装的各部件和零件是否良好加固	15	
3	整机走线无重叠、交错、扭曲、排列整齐，导线是否良好加固	15	
4	内部连线有无虚焊、漏焊、短路、断路现象	15	
5	按键是否良好接触，易于操作	10	
6	仪器外观：无明显凹痕、划伤、裂缝和变形，各零件上的文字、符号应清晰完整，标志清晰、牢固	10	
7	产品序列号与批次相符，粘贴在仪器后面板明显处，要求平整	5	
8	整理工作台面，及时清扫地面，维护整洁有序的工作环境	10	
9	沟通协调，团队合作	10	
总分		100	

任务小结

1. 电子产品总装的工艺流程为：零部件的配套准备—整机装配—整机调试—合拢总装—整机检验—包装—入库或出厂。

2. 整机装配就是将组件以及零部件按预定的设计要求装配在机箱，再用导线将它们之间进行电气连接，它是电子产品总装中一个重要的工艺过程。

3. 电子设备整机装配的基本顺序是：先轻后重、先小后大、先装后焊、先里后外、先平后高，上道工序不得影响下道工序。

4. 整机装配过程中的各环节都应严格按照工艺文件要求进行操作。

任务 6.2　函数信号发生器的整机调试

任务提出

TFG1905B 函数信号发生器是由石家庄数英仪器有限公司生产的 DDS（Direct Digital Synthesis，直接数字式合成技术）函数信号发生器。DDS 技术是近年来发展迅速的一种频率合成新技术，具有输出相对频带宽、频率转换时间快、频率分辨率高、可产生宽带正交信号、易于集成等优点，在通信、遥控遥测、电子对抗等领域得到广泛的应用。

本任务要求对任务 6.1 中已装配完成的 TFG1905B 函数信号发生器进行整机调试，使其达到设计规定的技术性能和指标要求。

任务导学

任务 6.2	函数信号发生器的整机调试	建议学时	4 学时
调试设备	数字万用表 SA5052、数字示波器 TDS2012、通用计数器 SS7200A		
任务解析	本任务通过对石家庄数英仪器有限公司生产的 TFG1905B 函数信号发生器进行调试，使学生了解本款仪器的使用方法、工作原理、技术指标及调试工艺。 本任务涵盖三个知识点：知识点 1 介绍 TFG1905B 函数信号发生器的使用方法；知识点 2 介绍 TFG1905B 函数信号发生器的工作原理；知识点 3 介绍整机调试工艺。 在任务实施环节，综合利用所学知识，使用调试设备，依照调试工艺文件，完成该电子产品的整机调试工作		
知识目标	1．TFG1905B 函数信号发生器前后面板功能键的认识与基本操作。 2．根据仪器的整机原理框图，了解各部分的工作原理。 3．掌握整机调试的流程		
能力目标	1．能够熟练使用调试仪器。 2．能依照 TFG1905B 函数信号发生器的调试工艺完成调试工作。 3．通过测试，能排除电路中的简单故障		
素质目标	1．培养认真、细致的工作作风。 2．做到安全用电、规范操作。 3．维护整洁、有序的工作环境		
重点	1．整机调试的流程。 2．严格按照调试工艺进行整机调试		
难点	1．函数信号发生器的工作原理。 2．调试过程中对技术指标的理解		

知识准备

6.2.1 函数信号发生器的面板功能与操作

扫一扫看函数信号发生器的前后面板微视频

1．函数信号发生器的前后面板

TFG1905B 函数信号发生器的前后面板如图 6.2.1 和图 6.2.2 所示。显示屏有两组数字显示，左边的 6 位数字显示频率、周期、衰减、占空比等参数。右边的 4 位数字显示幅度、偏移等参数。显示屏上的其他符号和字符指示灯，用于指示当前信号的波形和参数选项，以及参数值的单位。

扫一扫下载函数信号发生器的面板功能教学课件

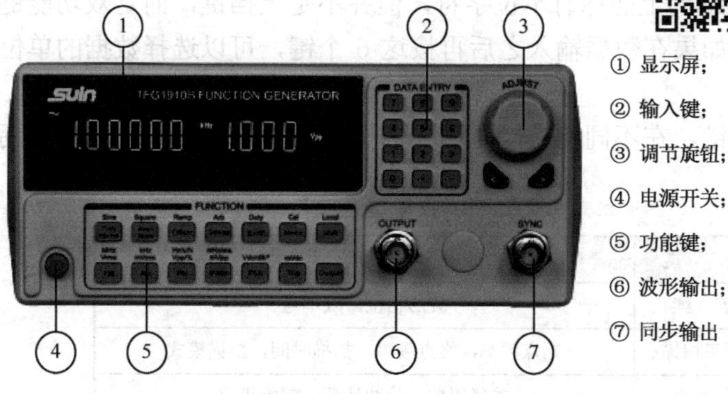

① 显示屏；
② 输入键；
③ 调节旋钮；
④ 电源开关；
⑤ 功能键；
⑥ 波形输出；
⑦ 同步输出

图 6.2.1 TFG1905B 函数信号发生器的前面板

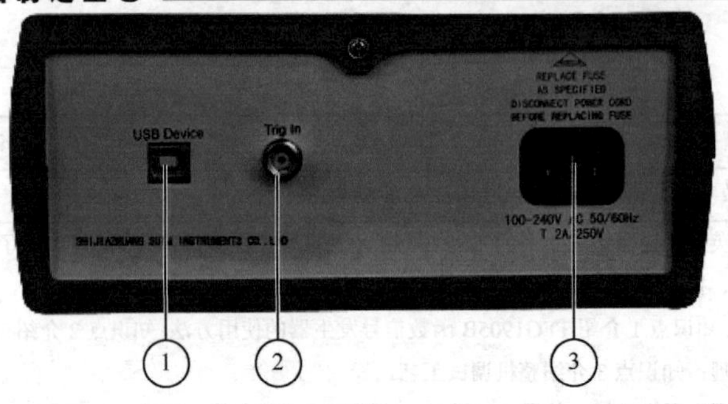

① USB 设备接口；

② 触发输入；

③ 电源插座

图 6.2.2 TFG1900B 函数信号发生器的后面板

仪器前面板上共有 28 个按键，各个按键的功能如下：

【0】～【9】键：数字输入键。

【.】键：小数点输入键。

【-】键：负号输入键，在“偏移”选项时输入负号，在其他时候可以循环开启和关闭按键声响。

【<】键：光标闪烁位左移键，当在数字输入状态时为退格删除键。

【>】键：光标闪烁位右移键。

【Freq】【Period】键：循环选择频率和周期，在校准功能时取消校准。

【Ampl】【Atten】键：循环选择幅度和衰减。

【Offset】键：选择偏移。

【FM】【AM】【PM】【PWM】【FSK】【Sweep】【Burst】键：分别选择和退出频率调制、幅度调制、相位调制、脉宽调制、频移键控、频率扫描和脉冲串功能。

【Trig】键：在频率扫描、频移键控和脉冲串功能时选择外部触发。

【Output】键：循环开通和关闭输出信号。

【Shift】键：选择上挡键，在程控状态时返回键盘功能。

【Sine】【Square】【Ramp】键：上挡键，分别选择正弦波、方波和锯齿波三种常用波形。

【Arb】键：上挡键，使用波形序号选择 16 种波形。

【Duty】键：上挡键，在方波时选择占空比，在锯齿波时选择对称度。

【Cal】键：上挡键，选择参数校准功能。

单位键：下排 6 个键的上面标有单位字符，但并不是上挡键，而是双功能键，直接按这 6 个键执行键面功能，如果在数据输入之后再按这 6 个键，可以选择数据的单位，同时作为数据输入的结束。

【Menu】键：菜单键，在不同的功能时循环选择不同的选项，如表 6.2.1 所示。

表 6.2.1 菜单键选项

功　能	菜单键选项
连　续	波形相位，版本号
频率扫描	始点频率，终点频率，扫描时间，扫描模式
脉冲串	重复周期，脉冲计数，起始相位
频率调制	调制频率，调频频偏，调制波形

续表

功　能	菜单键选项
幅度调制	调制频率，调幅深度，调制波形
相位调制	调制频率，相位偏移，调制波形
脉宽调制	调制频率，调宽深度，调制波形
频移键控	跳变速率，跳变频率
校　准	校准值：零点，偏移，幅度，频率，幅度平坦度

2．函数信号发生器的基本操作

下面以TFG1905B为例说明函数信号发生器的基本操作方法，在使用其他型号的函数信号发生器时作为参考。

1）连续功能

扫一扫看函数信
号发生器的基本
操作微视频

开机后默认为连续功能，输出连续信号。

（1）频率设定：设定频率值为3.5 kHz。

依次按【Freq】【3】【.】【5】【kHz】键。

（2）频率调节：按【<】或【>】键可移动光标闪烁位，左右转动旋钮可使光标闪烁位的数字增大或减小，并能连续进位或借位。光标向左移动可以粗调，光标向右移动可以细调。其他的选项数据也都可以使用旋钮调节，以后不再重述。

（3）周期设定：设定周期值为2.5 ms。

依次按【Period】【2】【.】【5】【ms】键。

（4）幅度设定：设定幅度值为1.5 Vpp。

依次按【Ampl】【1】【.】【5】【Vpp】键。

（5）衰减设定：设定衰减为0 dB（开机后默认为自动衰减Auto）。

依次按【Atten】【0】【dB】键。

（6）偏移设定：设定直流偏移为-1 Vdc。

依次按【Offset】【-】【1】【Vdc】键。

（7）常用波形选择：选择方波（开机后默认为正弦波）。

依次按【Shift】【Square】键。

（8）占空比设定：设定方波占空比为20%。

依次按【Shift】【Duty】【2】【0】【%】键。

（9）波形选择：选择指数波形。

依次按【Shift】【Arb】【1】【2】【N】键。

以下为功能设置，为方便观测先将连续信号设置为正弦波形，幅度为1 Vpp，偏移为0 Vdc。

2）频率扫描功能

按【Sweep】键，输出频率扫描信号。

（1）始点频率设定：设定始点频率为5 kHz。

按【Menu】键，使“Start”字符点亮，按【5】【kHz】键。

（2）终点频率设定：设定终点频率为 2 kHz。

按【Menu】键，使“Stop”字符点亮，按【2】【kHz】键。

（3）扫描时间设定：设定扫描时间为 5 s。

按【Menu】键，使“Time”字符点亮，按【5】【s】键。

（4）扫描模式设定：设定为对数扫描模式。

依次按【Menu】【1】【N】键。

（5）触发扫描设定：按【Trig】键，扫描到达终点后停止，然后每按一次【Trig】键，触发扫描一次。再按【Sweep】键，恢复连续扫描。

3）脉冲串功能

连续频率设置为 1 kHz。

按【Burst】键，输出脉冲串信号。

（1）重复周期设定：设定重复周期为 5 ms。

按【Menu】键，使“Period”字符点亮，依次按【5】【ms】键。

（2）脉冲计数设定：设定脉冲计数为 1 个。

按【Menu】键，使“Ncyc”字符点亮，依次按【1】【N】键。

（3）起始相位设定：设定起始相位为 180°。

按【Menu】键，使“Phase”字符点亮，依次按【1】【8】【0】【°】键。

（4）触发脉冲串设定：按【Trig】键，脉冲串输出停止，然后每按一次【Trig】键，触发一次脉冲串。再按【Burst】键，恢复连续脉冲串。

4）频率调制功能

连续频率设置为 20 kHz。

按【FM】键，输出频率调制信号。

（1）调制频率设定：设定调制频率为 10 Hz。

按【Menu】键，使“Mod_f”字符点亮，依次按【1】【0】【Hz】键。

（2）频率偏差设定：设定频率偏差为 2 kHz。

按【Menu】键，使“Devia”字符点亮，依次按【2】【kHz】键。

（3）调制波形设定：设定调制波形为三角波。

按【Menu】键，使“Shape”字符点亮，依次按【2】【#】键。

5）幅度调制功能

按【AM】键，输出幅度调制信号。

（1）调制频率设定：设定调制频率为 1 kHz。

按【Menu】键，使“Mod_f”字符点亮，依次按【1】【kHz】键。

（2）调幅深度设定：设定调幅深度为 50%。

按【Menu】键，使“Depth”字符点亮，依次按【5】【0】【%】键。

（3）调制波形设定：设定调制波形为正弦波。

按【Menu】键，使“Shape”字符点亮，依次按【0】【#】键。

6）相位调制功能

按【PM】键，输出相位调制信号。

（1）调制频率设定：设定调制频率为10 kHz。

按【Menu】键，使“Mod_f”字符点亮，依次按【1】【0】【kHz】键。

（2）相位偏差设定：设定相位偏差为180°。

按【Menu】键，使“Devia”字符点亮，依次按【1】【8】【0】【°】键。

（3）调制波形设定：设定调制波形为方波。

按【Menu】键，使“Shape”字符点亮，依次按【1】【#】键。

7）脉宽调制功能

按【PWM】键，输出脉宽调制信号。

（1）调制频率设定：设定调制频率为1 Hz。

按【Menu】键，使“Mod_f”字符点亮，依次按【1】【Hz】键。

（2）脉宽偏差设定：设定脉宽偏差为80%。

按【Menu】键，使“Devia”字符点亮，依次按【8】【0】【%】键。

（3）调制波形设定：设定调制波形为正弦波。

按【Menu】键，使“Shape”字符点亮，依次按【0】【#】键。

8）频移键控功能

波形设置为正弦波。

按【FSK】键，输出频移键控信号。

（1）跳变速率设定：设定跳变速率为1 kHz。

按【Menu】键，使“Rate”字符点亮，依次按【1】【kHz】键。

（2）跳变频率设定：设定跳变频率为2 kHz。

按【Menu】键，使“Hop”字符点亮，依次按【2】【kHz】键。

6.2.2 函数信号发生器的工作原理

要产生一个电压信号，传统的模拟信号源是采用电子元器件以各种不同的方式组成振荡器，其频率精度和稳定度都不高，而且工艺复杂、分辨率低，频率设置和实现计算机程序控制也不方便。直接数字合成技术（DDS）是最新发展起来的一种信号产生方法，它完全没有振荡器元件，而是用数字合成方法产生一连串数据流，再经过数模转换器产生出一个预先设定的模拟信号。例如要合成一个正弦波信号，首先将函数 Y=sin$X$ 进行数字量化，然后以 X 为地址，以 Y 为量化数据，依次存入波形存储器。DDS使用了相位累加技术来控制波形存储器的地址，在每一个采样时钟周期中，都把一个相位增量累加到相位累加器的当前结果上，通过改变相位增量即可以改变DDS的输出频率值。根据相位累加器输出的地址，由波形存储器取出波形量化数据，经过数模转换器和运算放大器转换成模拟电压。由于波形数据是间断的取样数据，所以DDS发生器输出的是一个阶梯正弦波形，必须经过低通滤波器将波形中所含的高次谐波滤除掉，输出即为连续的正弦波。数模转换器内部带有高精度的基准电压源，因而保证了输出波形具有很高的幅度精度和幅度稳定性。

幅度控制器是一个乘法数模转换器，经过滤波后的模拟信号作为数模转换器的电压基准，与数字设定的幅度值相乘，使输出信号的幅度等于数字设定的幅度值。偏移控制器也是一个乘法数模转换器，使用一个高精度的直流电压基准，与数字设定的偏移值相乘，使输出信号的偏移等于数字设定的偏移值。经过幅度偏移控制器的合成信号再经过电压放大和功率放大，最后由输出端口输出。

微控制器通过接口电路控制键盘及显示部分，当有键按下时，微控制器识别出被按键的编码，然后转去执行该键的命令程序。显示电路将仪器的工作状态和各种参数显示出来。

面板上的旋钮可以用来改变光标指示位的数字，每旋转 15° 角可以产生一个触发脉冲，微处理器能够判断出旋钮是左旋还是右旋，如果是左旋则使光标指示位的数字减一，如果是右旋则加一，并且连续进位或借位。

DDS 函数信号发生器的工作原理框图如图 6.2.3 所示。

图 6.2.3　DDS 函数信号发生器工作原理框图

6.2.3　整机调试步骤

由于元器件参数的分散性和装配工艺的局限性，使得装配完毕的电子产品可能达不到设计要求的性能指标，需要通过测试和调整来发现、纠正、弥补，使其达到技术文件所规定的功能和指标要求，这就是电子产品的调试。整机调试的目的是使各部件的电气性能更有效地衔接，确保整机的技术指标完全达到设计要求。

整机调试是把所有经过调试的各个部件组装在一起进行的有关测试。由于较多调试内容已在分块调试中完成，整机调试只需检测整机的技术指标是否达到原设计要求即可，若不能达到则再做适当调整。整机调试流程一般有以下几个步骤：

（1）整机外观的检查，主要是检查其外观部件是否齐全，外观调节部件和活动部件是否灵活。

（2）整机内部结构的检查，主要是检查其内部连线的分布是否合理、整齐，内部传动部件是否灵活、可靠，各单元电路板或其他部件与机座是否紧固连接，以及它们之间的连接线、接插件有没有漏插、错插、插紧等。

（3）对单元电路性能指标进行复检调试。该步骤主要是针对各单元电路连接后产生的相互影响而设置的，其主要目的是复检各单元电路性能指标是否有改变，若有改变，则须调整有关元器件。

（4）整机技术指标的测试。对已调整好的整机必须进行严格的技术测定，以判断它是否达到原设计的技术要求。

任务实施

扫一扫看函数信号发生器的整机调试微视频

按照下面的调试工艺文件要求，完成TFG1905B函数信号发生器的整机调试。

<table>
<tr><td rowspan="2">函数信号发生器调试工艺</td><td>名称</td><td></td><td rowspan="2">编号</td><td rowspan="2"></td></tr>
<tr><td>图号</td><td></td></tr>
</table>

扫一扫下载函数信号发生器的整机调试教学课件

扫一扫下载函数发生器调试指导书PDF文件

一、测试设备

数字万用表SA5052；

数字示波器TDS2012；

通用计数器SS7200A。

二、调试环境

电源电压：AC 100～240 V； 电源频率：45～65 Hz；

环境温度：(20±5) ℃； 相对湿度：<80%；

电磁环境：无影响检验工作的电磁场干扰和其他因素；

仪器预热：30 min。

三、技术要求

频率准确度：±（设置值×2×10^{-5}＋40 mHz）；

幅度准确度：±（设置值×1%+2 mV）（有效值，常用rms表示）；

偏移准确度：±（设置值×1%+30 mV）（直流，常用DC表示）；

幅度平坦度：±10%（5 V）（峰峰值，常用pp表示）；

大信号输出时应无失真现象。

四、调试方法

1．外观检查

仪器面板贴膜要求平整、印字清晰，仪器表面不得有明显凹痕、划伤、裂缝和变形，表面涂层不应起泡、龟裂和脱落，金属部分不应有锈蚀和损坏。

2．电源检查

检查开关电源的输出电压，电路板的电源部分是否安装正确，电源对地是否短路。当检查完毕，接通电源，如发现异常，立即关断电源重新检查。如无异常，测量电路板的各种电压都应正常。

电路板电压：

TP28 1.5 V； TP22 3.3 V；

TP24 5 V； TP25 15 V；

TP26 −15 V。

3．功能检查

检查电源开关、按键、旋钮和连接器件都应灵活可靠，电气接触良好。检查正弦波、方波、斜波和其他13种波形都应正常。设置频率、幅度、偏移等参数，输出应基本准确。检查频率扫描功能应正常。

4．参数校准

仪器预热30 min，波形选择正弦波，按【Cal】键，输入校准密码1900，按【N】键，校准开通。

按【Menu】键，左边显示校准值，右边显示校准序号，调整校准值，使输出符合表6.2.2规定的指标。在校准过程中，可以随时按【Cal】键，再按【Menu】键，使校准序号返回00。

当校准完毕，按【Cal】键，显示1900，按任一数字键，再按【N】键，存储校准参数，校准功能关闭。

<table>
<tr><td></td><td></td><td></td><td></td><td></td><td>设计</td><td></td><td></td><td colspan="3">阶段标记</td></tr>
<tr><td></td><td></td><td></td><td></td><td></td><td>审核</td><td></td><td></td><td></td><td></td><td></td></tr>
<tr><td>更改标记</td><td>数量</td><td>更改单号</td><td>签名</td><td>日期</td><td></td><td></td><td></td><td colspan="3">第 1 页 共 3 页</td></tr>
</table>

续表

函数信号发生器调试工艺	名称		编号	
	图号			

表 6.2.2 校准参数

序号	默认校准值	输出标称值	调整校准值使输出在误差范围之内
00	2047	0 V（直流）	零点校准：输出直流电压-30～+30 mV（直流）
01	870	10 V（直流）	偏移校准：输出直流电压 9.87～10.13 V（直流）
02	873	7 V（有效值）	幅度校准：输出交流电压 6.928～7.072 V（有效值）
03	300	0.71 V（有效值）	幅度校准：输出交流电压 0.701～0.719 V（有效值）
04	500	1 MHz	频率校准：输出频率 1 MHz±20 Hz
05～**	100	5 V（峰峰值）	平坦度校准：输出幅度 4.8～5.2 V（峰峰值）

** TFG1905B 序号为 04～08；TFG1910B 序号为 04～13；TFG1920B 序号为 04～23。

5．指标测试

（1）频率测试：设置输出频率值 F_0，用通用计数器测量实际输出频率值 F_c，计算频率误差 $\delta=F_0-F_c$，应符合频率准确度的要求。

（2）幅度测试：设置输出幅度值 A_0，用数字电压表测量实际输出幅度值 A_c，计算幅度误差 $\delta=A_0-A_c$，应符合幅度准确度的要求。

（3）幅度平坦度测试：设置频率从 1 MHz 连续变化到最高频率值，用数字示波器测量输出幅度，不同频率时的幅度变化量应符合幅度平坦度的要求。

（4）偏移测试：设置输出偏移值 D_0，用数字电压表测量实际输出偏移值 D_c，计算偏移误差 $\delta=D_0-D_c$，应符合偏移准确度的要求。

（5）方波边沿和过冲测试：设置方波边沿时间 T_0，用数字示波器测量上升和下降边沿时间 T_c，计算边沿时间误差 $\delta=T_0-T_c$，应符合方波边沿时间准确度的要求。同时测量方波幅度过冲，应符合方波幅度过冲的要求。

（6）脉冲宽度测试：设置方波占空比换算成脉冲宽度值 P_0，用通用计数器测量实际输出脉冲宽度值 P_c，计算脉冲宽度误差 $\delta=P_0-P_c$，应符合脉冲宽度准确度的要求。

在外触发输入端接入外部触发 TTL 信号，使用外部信号触发扫描，脉冲串和 FSK 功能都应工作正常。

（7）同步输出测试：用数字示波器测量 Sync 输出端口，应有 TTL 信号。

（8）测试记录：在进行指标测试的过程中，要认真填写测试记录表 6.2.3。

表 6.2.3 测试记录

型号： 机号： 调试员： 日期：

项 目	测 试 条 件	设 定 值	实 测 值	技 术 指 标
外观检查	机壳，面板，显示，印字			无缺陷
操作检查	开关，按键，旋钮，端口			无缺陷
频率上限	正弦波 1 V（峰峰值）			5 MHz，10 MHz，20 MHz
频率准确度	正弦波 1 V（峰峰值）	1 MHz		≤±20 Hz
		1 kHz		≤±0.04 Hz

					设计		阶段标记		
					审核				
更改标记	数量	更改单号	签名	日期			第 2 页 共 3 页		

续表

函数信号发生器调试工艺	名称		编号	
	图号			

续表

项　目	测 试 条 件	设 定 值	实 测 值	技 术 指 标
幅度准确度	正弦波 1 kHz 幅度衰减 Auto 偏移 0 V（直流）	7.0 V（有效值）		6.928～7.072 V（有效值）
		0.7 V（有效值）		0.691～0.709 V（有效值）
		70 mV（有效值）		67.3～72.7 mV（有效值）
偏移准确度	幅度 0 V 幅度衰减 0 dB	+10 V（直流）		9.88～10.12 V（直流）
		−10 V（直流）		−（9.88～10.12）V（直流）
		+1 V（直流）		0.97～1.03 V（直流）
		−1 V（直流）		−（0.97～1.03）V（直流）
		0 V（直流）		≤±20 mV（直流）
幅度平坦度	正弦波 20 V（峰峰值）	1 MHz～上限		≤10%
方波边沿时间	频率 1 MHz，幅度 20 V（峰峰值）	幅度 10%～90%		≤35 ns
方波过冲	同上	过冲/幅度		≤10%
方波占空比	同上	30%		270～330 ns
同步输出	正弦波 1 MHz	电平幅度		低<0.3 V，高>4 V
		边沿时间		≤20 ns
小信号输出	正弦波，频率 1 kHz	幅度 5 mV（峰峰值）		无明显噪声
大信号输出	正弦波，方波，频率上限	幅度 20 V（峰峰值）		波形不失真
频率扫描	默认设置			工作正常
脉冲串	频率 1 kHz			工作正常
调制	FM，AM，PM，PWM，FSK			工作正常
外部触发	扫描，脉冲串，FSK	幅度 TTL		工作正常
电源适应	AC 100～240 V			工作正常
测试结论				

					设计			阶段标记		
					审核					
更改标记	数量	更改单号	签名	日期				第 3 页　共 3 页		

任务评价

根据表 6.2.4 对整机调试的效果进行考核评价，选出优秀作品进行展示和点评，总结学生在任务完成过程中出现的问题，帮助学生提升技能，并填写得分。

表 6.2.4 考核评价

序号	评 价 指 标	分值	得分
1	仪器面板贴膜要求平整、印字清晰，仪器表面不得有明显凹痕、划伤、裂缝和变形	5	
2	检查电源开关、按键、旋钮和连接器件都应灵活可靠，电气接触良好	10	
3	检查正弦波、方波、斜波和其他 13 种波形都应正常	20	
4	依照调试工艺测试记录表检测频率准确度	10	
5	依照调试工艺测试记录表检测幅度准确度	10	
6	依照调试工艺测试记录表检测偏移准确度	10	
7	依照调试工艺测试记录表检测幅度平坦度	10	
8	正确使用仪器仪表，安全用电、规范操作	10	
9	整理工作台面，及时清扫地面，维护整洁有序的工作环境	10	
10	沟通协调，团队合作	5	
总分		100	

任务小结

1. 整机调试的目的是使各部件的电气性能更有效地衔接，确保整机的技术指标完全达到设计要求。

2. 整机调试流程一般有以下几个步骤:

（1）整机外观的检查;

（2）整机内部结构的检查;

（3）对单元电路性能指标进行复检调试;

（4）整机技术指标的测试;

（5）整机老化。

3. 调试过程应严格按照调试工艺文件要求进行操作。

参考文献

[1] 刘红兵，邓木生. 电子产品的生产与检验. 北京：高等教育出版社，2012.
[2] 王薇，王计波，郝敏钗. 电子技能与工艺. 北京：国防工业出版社，2008.
[3] 李雪东. 电子产品制造技术. 北京：北京理工大学出版社，2011.
[4] 王成安，王洪庆. 电子产品生产工艺. 大连：大连理工大学出版社，2010.
[5] 岑卫堂. 电子产品工艺、装配与检验. 北京：机械工业出版社，2013.
[6] 王卫平. 电子产品制造工艺. 北京：高等教育出版社，2006.
[7] 廖芳. 电子产品制作工艺与实训（第 4 版）. 北京：电子工业出版社，2016.
[8] 清华大学电子工艺实习教研组. 电子工艺实习. 北京：清华大学出版社，2003.